U0161884

河南省“十四五”普通高等教育规划教材

C语言程序设计

主　编　鄢靖丰　李梅莲

副主编　邱颖豫

参　编　徐　尽

机械工业出版社

本书共十四章，主要介绍了程序语言的基础语法知识，包括顺序、分支、循环三种程序结构；以及一维数组、二维数组、函数、指针、结构体、文件等内容；本书最后介绍了如何利用程序语言知识进行综合应用开发。本书把程序语言的基础知识与日常生活中的应用案例相结合，讲解清晰、透彻，针对书中的每个经典案例，提炼求解问题的关键思路，归纳总结编程过程中的易错点。书中的二维码链接的是部分重点内容的讲解视频，帮助初学者理解书中相应的知识点，快速掌握程序语言的编程方法与技巧。

本书用案例引出知识点，内容由浅入深，将程序设计与开发以及部分算法的思想等渗透和贯穿到每个知识点模块的讲解中。

本书适合作为普通高校计算机专业的教材，也适合非计算机专业的学生作为程序设计的入门教材。

本书配有电子课件、习题答案和教学大纲，欢迎选用本书作教材的教师登录 www. cmpedu. com 注册下载，或发邮件至 jinacmp@ 163. com 索取。

图书在版编目（CIP）数据

C语言程序设计/鄢靖丰，李梅莲主编．—北京：机械工业出版社，2022.1（2024.8 重印）

河南省“十四五”普通高等教育规划教材

ISBN 978-7-111-70022-7

Ⅰ.①C… Ⅱ.①鄢… ②李… Ⅲ.①C 语言-程序设计-高等学校-教材 Ⅳ.①TP312.8

中国版本图书馆 CIP 数据核字（2022）第 007523 号

机械工业出版社（北京市百万庄大街 22 号 邮政编码 100037）
策划编辑：吉 玲 责任编辑：吉 玲
责任校对：史静怡 张 薇 封面设计：张 静
责任印制：单爱军
保定市中画美凯印刷有限公司印刷
2024 年 8 月第 1 版第 7 次印刷
184mm×260mm · 22.25 印张 · 549 千字
标准书号：ISBN 978-7-111-70022-7
定价：65.00 元

电话服务 网络服务
客服电话：010-88361066 机 工 官 网：www. cmpbook. com
010-88379833 机 工 官 博：weibo. com/cmp1952
010-68326294 金 书 网：www. golden-book. com
封底无防伪标均为盗版 机工教育服务网：www. cmpedu. com

前言

C语言是一门结构化编程语言，用途广泛、功能强大、使用灵活方便。“C语言程序设计”是计算机相关专业的一门基础性课程，是绝大多数理工科专业学生学习编程的入门课程。传统的程序设计语言教材大多围绕知识点进行讲解，先讲原理，后讲应用，强调知识细节本身。由于C语言知识点众多，初学者很难在短时间内掌握，导致学生学完该课程后无法将C语言应用到解决现实问题中。本书围绕解决实际问题来组织相关知识点的讲解。让学生在解决问题中感性切入并逐步提升，而不是在C语言的知识细节中徘徊。本书强调编程实践与编程经验总结，侧重以案例来带动对语言知识的深入理解，将程序设计与开发以及部分算法的思想等渗透和贯穿到每个知识点模块的讲解中。

本书具有以下特点：①知识框架完整。知识细节不必死记硬背，通过案例讲解，学生更容易理解。每个案例均对思路、过程、方法进行解析，对容易出现的编译错误和逻辑错误做了多方位剖析，并提供了案例模板。②按问题求解的过程组织章节内容。通过层次化、模块化、系统化，循序渐进地讲解问题的C语言编程求解。由解决问题的想法映射到算法思想，形成最终的代码，让学生能够使用C语言编程解决一般的实际应用问题。每章的综合案例是本章知识点和重点算法的综合应用。③采用OJ系统标准案例描述方式。传统的手工写程序进行验证的方法已基本淘汰了，目前主流高校基本都采用OJ在线测试平台进行程序功能的验证，为了配合OJ平台的使用，本书绝大多数案例、课后习题均采用OJ系统的标准案例描述方式，及多组输入输出测试方式，便于学生无缝对接各类在线测试平台。④注重与后继课程衔接。本书针对后继的数据结构、算法设计与分析等课程进行了铺垫和延伸，有助于学生过渡到后续课程的学习。

本书的编者都具有十几年程序设计类课程的教学经验，并辅导过学生参加各类程序设计竞赛（如ICPC-ACM、蓝桥杯、CCPC、天梯赛等），本书是近几年来课程组成员精品课程建设、优质课程建设、课程教学改革、专业认证的成果结晶，被河南省教育厅列入了河南省“十四五”省级规划系列教程立项教材。

本书由鄢靖丰编写第1、2、3、5、9、14章，李梅莲编写第6、7、8、13章，邱颖豫编写10、11、12章，徐尽编写第4章，本书由鄢靖丰统稿。

本书适合作为普通高校计算机专业的教材，也适合非计算机专业的学生作为程序设计的入门教材。本书所有的代码都经过调试、测试，运行结果正确。由于时间仓促，加上编者能力有限，书中存在不妥之处，敬请读者批评指正。

鄢靖丰

目 录 Contents

前 言

第 1 章 C 语言初探 …… 1

1.1 C 语言简介 …… 1

1.2 C 语言编程环境 …… 2

1.3 简单编程案例 …… 6

1.4 本章小结 …… 12

习题 1 …… 13

第 2 章 数据类型与表达式 …… 15

2.1 案例初探 …… 15

2.2 数据类型 …… 16

2.3 变量 …… 21

2.4 常量 …… 21

2.5 运算符 …… 22

2.6 位运算 …… 24

2.7 数据类型强制转换 …… 28

2.8 格式化输入输出 …… 29

2.9 编译预处理 …… 35

2.10 本章小结 …… 37

习题 2 …… 39

第 3 章 简单分支及其应用 …… 42

3.1 案例初探 …… 42

3.2 关系运算、逻辑运算、条件运算 …… 45

3.3 if 分支 …… 53

3.4 if 语句嵌套 …… 57

3.5 简单分支综合应用 …… 59

3.6 本章小结 …… 66

习题 3 …… 66

第 4 章 多分支语句 …… 72

4.1 案例初探 …… 72

4.2 switch 分支 …… 73

4.3 多分支综合应用 …… 76

4.4 本章小结 …… 85

习题 4 …… 85

第 5 章 简单循环 …… 90

5.1 案例初探 …… 90

5.2 for 语句 …… 91

5.3 while 和 do while 语句 …… 97

5.4 简单循环综合应用 …… 103

5.5 本章小结 …… 107

习题 5 …… 107

第 6 章 复杂循环及其应用 …… 115

6.1 案例初探 …… 115

6.2 多重循环、循环嵌套 …… 116

6.3 break 和 continue 语句 …… 119

6.4 复杂循环综合应用 …… 122

6.5 本章小结 …… 132

习题 6 …… 132

第 7 章 一维数组及其应用 …… 137

7.1 一维数组初探 …… 137

7.2 一维数组定义、使用 …… 138

7.3 选择排序与冒泡排序 …… 144

7.4 一维数组综合应用 …… 149

7.5 本章小结 …… 158

习题 7 …… 158

第 8 章 二维数组及其应用 …… 163

8.1 二维数组初探 …… 163

8.2 二维数组定义、使用、初始化 …… 165

8.3 二维数组综合应用 …… 171

8.4 本章小结 …… 179

习题 8 …… 179

第 9 章 函数及其应用 …… 184

9.1 函数初探 …… 184

9.2 函数定义、调用关系 …… 186

9.3 函数参数传递 …… 190

9.4 变量的作用域与存储类别 …… 195

9.5 递归函数 …… 203

9.6 字符串处理函数 …… 210

9.7 函数应用综合案例 …… 216

9.8　本章小结 …… 222
习题 9 …… 223
第 10 章　简单指针及其应用 …… 227
10.1　指针初探 …… 227
10.2　一维指针定义、使用 …… 228
10.3　一维指针与数组的关系 …… 230
10.4　一维指针及其应用 …… 234
10.5　本章小结 …… 239
习题 10 …… 239
第 11 章　复杂指针及其应用 …… 245
11.1　复杂指针初探 …… 245
11.2　二级指针 …… 246
11.3　指针数组、数组指针 …… 250
11.4　指针函数、函数指针 …… 255
11.5　复杂指针综合应用 …… 257
11.6　本章小结 …… 261
习题 11 …… 261
第 12 章　结构体及其应用 …… 265
12.1　结构体案例初探 …… 265
12.2　结构体定义与使用 …… 267
12.3　结构体与数组、指针的关系 …… 274
12.4　链表 …… 278
12.5　结构体综合应用 …… 280
12.6　本章小结 …… 286
习题 12 …… 286
第 13 章　文件 …… 292
13.1　文件初探 …… 292
13.2　文件定义、打开关闭 …… 293
13.3　常用的文件处理函数 …… 297
13.4　文件的输入、输出重定位 …… 303
13.5　文件综合应用 …… 306
13.6　本章小结 …… 309
习题 13 …… 310
第 14 章　综合案例 …… 312
14.1　学生成绩管理系统 …… 312
14.2　学生信息管理系统 …… 320
14.3　链表的综合运算 …… 332
习题 14 …… 337
附录 …… 340
附录 A　相关参考表 …… 340
附录 B　Dev C++的调试步骤 …… 343
参考文献 …… 349

第 1 章 C 语言初探

导读

C 语言是一门面向过程、结构化的程序设计语言，具有自顶向下、逐步求精、逐步分解、简单高效、灵活性强、易于移植等特点，广泛应用于底层开发。本章重点介绍 C 语言的特点、C 语言集成化编辑工具软件 Dev 的安装与使用、简单 C 语言程序的编写和程序的编译运行等内容。

C 语言初探

本章知识点

1. C 语言的编程全过程。
2. Dev 软件的安装与参数设置。
3. 简单 C 语言程序的语法介绍及程序演示过程。

1.1 C 语言简介

C 语言是一种通用的编程语言，广泛应用于系统软件与应用软件的开发。1972 年，在贝尔实验室工作的 Dennis Ritchie（丹尼斯・里奇）在 B 语言的基础上设计并开发了 C 语言。为了移植和开发出 UNIX 操作系统，他又和 Ken Thompson（肯・汤姆逊）一起使用 C 语言构造了一批软件工具作为开发平台。这些平台包括不依赖于计算机硬件的操作系统和语言编译软件。1978 年以后，C 语言已先后被移植到大中型、小型及微型机上。它可以作为工作系统设计语言、系统应用程序设计语言和应用程序设计语言，也可以编写上文中提到的不依赖于计算机硬件的应用程序。C 语言数据处理能力强大，广泛应用于软件开发和各类科研项目，适合编写系统软件、三维、二维图形、动画，例如，单片机以及嵌入式系统的开发等。

目前，在不同类型的操作系统下，有不同版本的 C 语言编译程序，这些编译程序各有特点。一般来说，1978 年 B. W. Kernighan（布赖恩・柯尼汉）和 Dennis Ritchie（丹尼斯・里奇）（简称 K&R）合著的 *The C Programming Language* 是各种 C 语言版本的基础，称之为旧标准的 C 语言。1983 年，美国国家标准化协会（ANSI）制定了新的 C 语言标准，简称为 ANSIC。目前 Microsoft C、Turbo C 等版本把 ANSIC 作为一个子集，并在此基础上做了合乎它们各自特点的扩充。无论哪种版本的 C 语言都有如下共同特点：

1）C 语言简练、紧凑、灵活。C 语言一共保留了 32 个关键字和 9 种控制语句，程序书写形式自由，压缩了一切不必要的成分。

2）C 语言是一种结构化语言。它包括多种结构化程序的基本控制语句，如 if else 语句、while 语句、do... while 语句等。C 语言的主要成分是函数，函数是构成 C 语言程序的基本单位，每个函数具有独立的功能，函数之间通过参数传递数据。程序的许多操作可由不同功能的函数有机组装而成，从而达到结构化程序设计中模块的要求。

3）C 语言生成的目标代码质量高。由 C 语言编写的目标代码的运行效率只比汇编语言编写的低约 15%~20%，这是其他高级语言无法比拟的。

4）C 语言具有强大的处理能力。C 语言具有丰富的数据类型，表达能力强。C 语言具有现代语言的各种数据类型，如字符型、整型、浮点型、数组、指针、结构体等，可以实现诸如链表、堆栈、队列、树等各种复杂的数据结构。其中指针使参数的传递变得更加简单迅速，节省了内存。

5）C 语言的程序易于移植。C 语言将与硬件有关的因素从语言主体中分离出来，通过库函数或其他程序将它们一一实现。这特别体现在输入输出操作上，C 语言不把输入输出作为语言的一部分，而是作为库函数由具体应用程序实现，这大大提高了程序的可移植性。

1.2 C 语言编程环境

1. 程序的编译

为什么要有程序的编译？这是因为计算机硬件能理解的只有计算机指令，用程序设计语言编写的程序不能被计算机直接识别，需要一个软件将相应的程序转换成计算机能直接理解的指令序列。对于 C 语言等许多高级程序设计来说，这种软件就是编译程序（Compiler，又称为编译器）。编译程序首先要对源程序进行词法分析，然后进行语法与语义的分析，最后生成可执行的代码。如果程序中有语法错误，编译器会直接指出来。但是编译程序能生成可执行代码并不意味着程序就没有错误，编译程序发现不了程序中的逻辑错误，必须通过程序的调试才能发现。

2. 编程环境

编写一个程序需要做很多工作，包括编辑程序、编译、链接、运行等过程。

1）编辑程序。编辑程序就是根据题目要求，写出相应的代码。这个过程我们可以在相应的编程软件（Dev-C ++）上编写，还可以在记事本上编写，保存文件时扩展名改为 . c 即可。如 my. c，my 是文件名，. c 是扩展名。Dev 编辑器默认的后缀名为 . cpp，也可以修改后缀名为 . c。C 语言的后缀名为 . c；C ++ 程序语言默认的后缀名为 . cpp。

2）编译。编译就是把写好的 C 语言代码转换成计算机能识别的二进制代码。若编译通不过，说明程序中存在语法上的错误，若通过也不能说明程序是没有问题的，它仅仅代表语法没有错误，可能逻辑还存在错误，这就需要对程序进行调试，调试程序是很重要的环节。

3）链接。对正确编译得到的 . obj 文件做进一步的语义检查、逻辑功能检查等。如果链接有错误的话，直接返回编辑阶段。

4）运行。如果链接没有错误，就会生成 . exe 程序，执行 . exe 程序可以得到运行结果。

在 2）3）4）过程中都可能发生错误，因此需要进行调试。编译错误一般可以直接修改，链接错误与运行错误就需要断点调试（debug），一步一步地跟踪程序的执行过程，记录每个变量结果的变化情况，特别是循环的初始、结束条件等都容易产生一些异常结果，这就需要有足够的耐心来查找错误的位置以及出错的原因，避免再犯类似的错误。

总的来说，要掌握一门程序设计语言，最基本的是要根据程序设计语言的语法要求，掌握表达数据、实现程序控制的方法和手段，并会使用编程环境进行程序设计。

C语言的工具软件很多，常用的有VC++6.0、C-Free、VS2010、Dev-C++等。本书所有的程序都是在Dev-C++上编译运行的，Dev-C++也是目前绝大多数高校和程序竞赛举办方使用的通用软件。下面介绍Dev-C++的详细安装过程。

下载Dev-C++软件，本书下载的版本为5.11，双击此软件图标，进行安装。

第一步，选择所需要的语言版本，通常选择英文版本，即在下拉菜单选项中选择“English”选项，单击“OK”按钮，安装语言选择设置效果如图1-1所示。

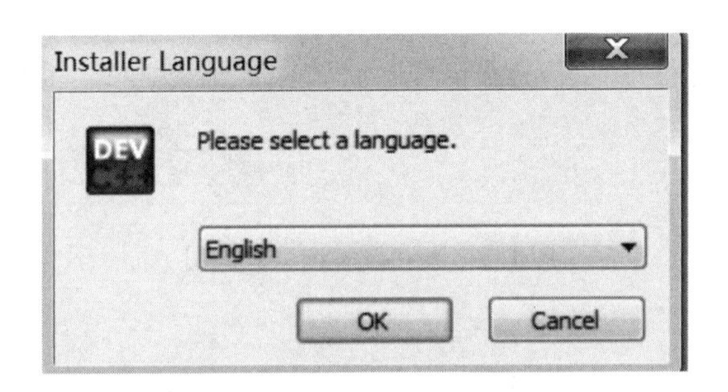

图1-1　安装语言选择设置效果图

第二步，单击“I Agree”按钮，同意该安装，设置效果如图1-2所示。

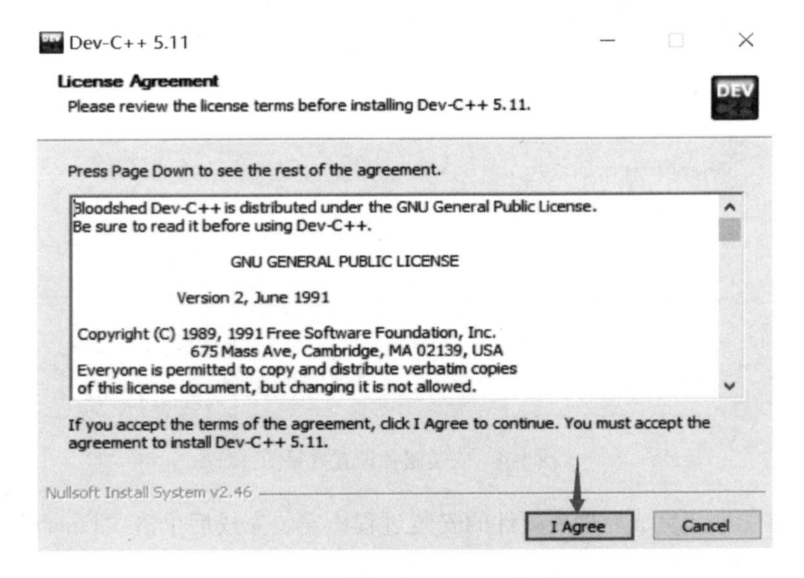

图1-2　同意安装选项设置效果图

第三步，在第二步操作完成后的页面单击“Next”按钮，具体设置效果如图1-3所示。

第四步，在第三步完成后进行“安装路径”选项设置，把软件安装到默认的C盘目录里面，然后单击“Install”按钮，效果如图1-4所示。

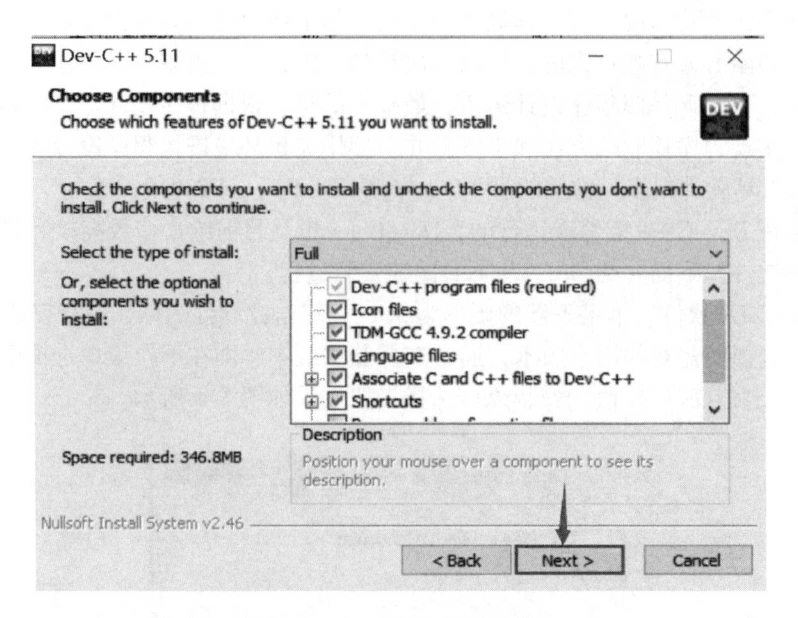

图 1-3　Next 设置选项效果图

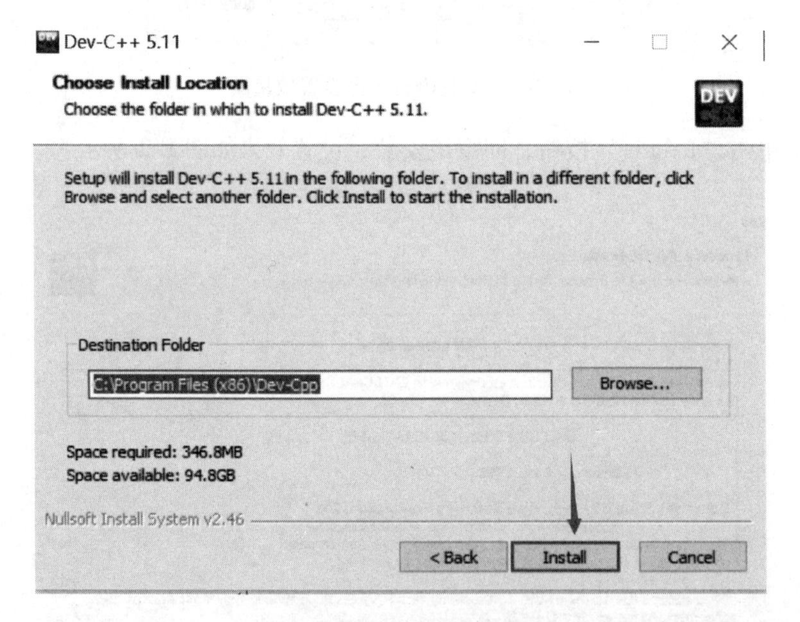

图 1-4　安装路径设置效果图

第五步，在第四步完成后进入软件的安装过程，安装完成后单击“Finish”按钮，效果如图 1-5 所示。

经过上面的操作，软件的安装部分已经基本完成，后面再进行一些简单的参数设置即可。第一次启动 Dev-C ++ 软件，可以进行“语言选项”选择设置，一般建议大家选择“简体中文”选项，之后单击“保存”按钮。这样编辑器安装与设置就完成了，可以正常工作。

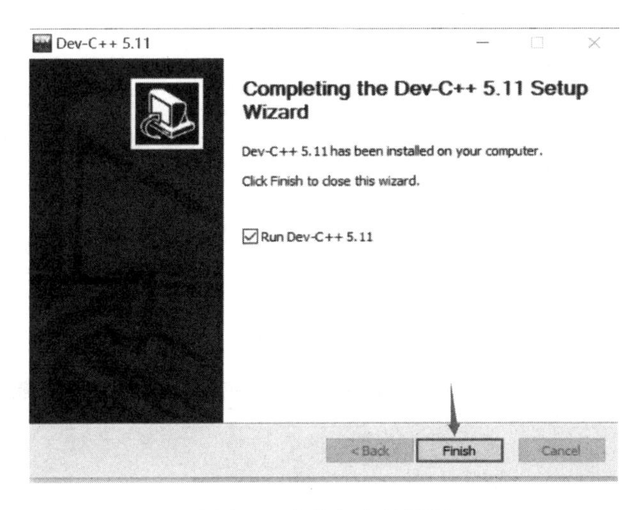

图 1-5　安装完成效果图

如果设置完成后，不小心将语言版本设置成了其他语言，可以对语言版本进行修改。具体修改过程如下：单击菜单选项中的“工具”菜单，找到“环境选项”并单击，从弹出的对话框中选择“基本”选项，从“基本”选项中设置语言版本为“简体中文/Chinese”，设置效果如图 1-6 所示。

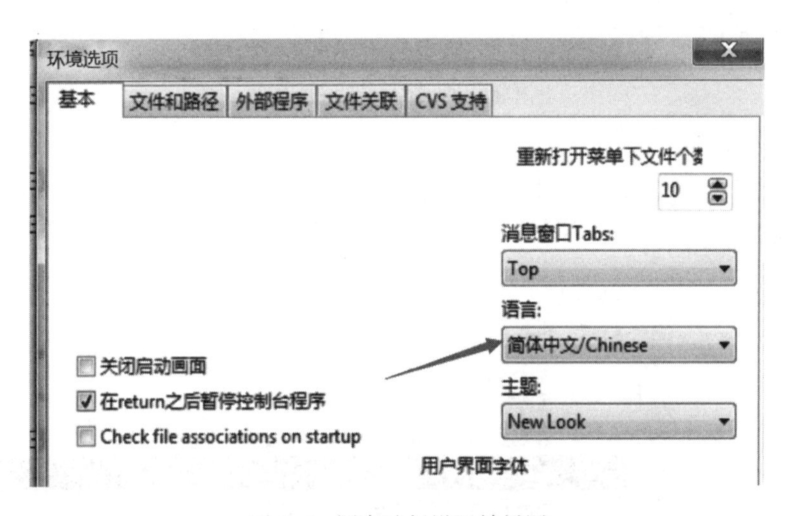

图 1-6　语言选择设置效果图

如果需要修改文本编辑区的字体大小与样式时，可以在“工具”菜单下选择“编译器属性”选项，然后切换到“显示”选项，进行字体大小与样式的设置，设置过程如图 1-7 所示。此外，在之后的程序编写调试中，还需要把程序调试功能打开。具体操作步骤如下：单击菜单中的“工具”按钮，单击“编译器属性”，然后切换到“代码生成/优化”选项卡，再单击“连接器”选项卡，选择“产生调试信息”对应的“Yes”选项，如图 1-8 所示。

为了了解程序的运行过程，发现程序的逻辑错误，在编译器中常常启用调试功能，设置断点，添加测试变量，观察变量的变化情况，简单的设置效果如图 1-9 所示，具体详细的断点调试方法详见本书附录 B。

图 1-7　字体设计者效果图

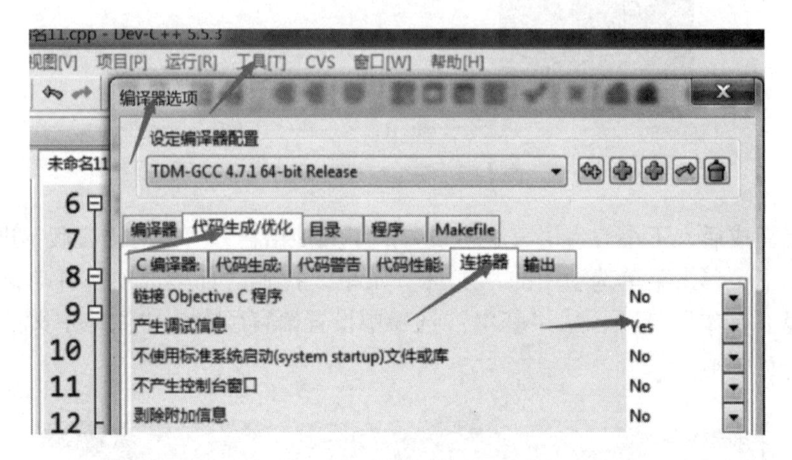

图 1-8　调试信息设置效果图

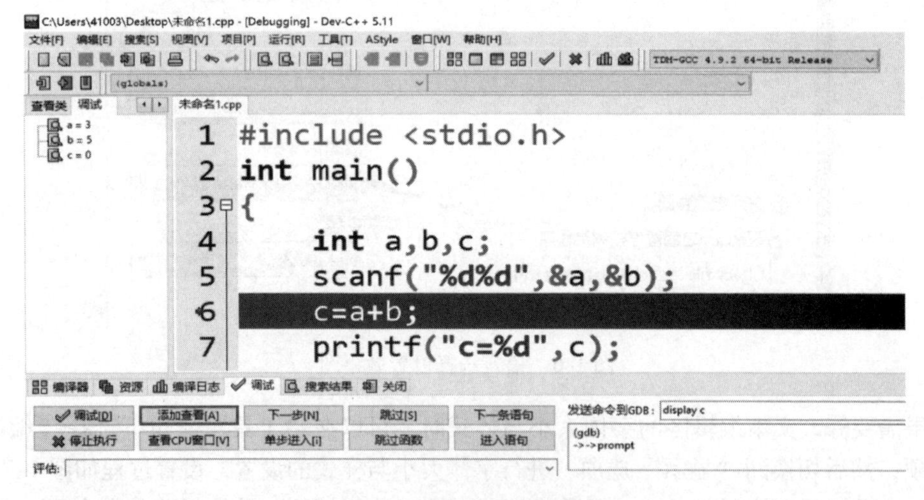

图 1-9　设置断点调试效果图

1.3　简单编程案例

【案例 1-1】　在屏幕上显示“欢迎您学习 C 语言!”

源程序

```
/*显示"Hello World!"*/                /*注释*/
#include <stdio.h>                     /*编译预处理命令*/
int main(void)                         /*定义主函数 main()*/
{
    printf("欢迎您学习 C 语言! \n");   /*调用 printf()函数输出文字*/
    return 0;                          /*返回一个整数*/
}
```

上一节讲到了编辑器的安装，成功安装后就可开始写程序。程序写在什么位置，下面以【案例 1-1】为例做详细说明。

第一步：打开 Dev-C++软件，单击菜单栏的“文件”菜单→“新建”→“源代码”菜单（也可以用工具栏提示的快捷键 Ctrl+N），效果如图 1-10 所示。

图 1-10　编辑器打开效果图

第二步：在空白地方，写入上面的代码，效果如图 1-11 所示。

```
1 /*显示"Hello World!"*/          /*注释*/
2 #include <stdio.h>              /*编译预处理命令*/
3 int main(void)                  /*定义主函数main()*/
4 {
5    printf("欢迎您学习C语言!\n");/*调用printf()函数输出*/
6    return 0;          /*返回一个整数*/
7 }
```

图 1-11　程序编辑效果截图

第三步：编译链接源程序代码（在“运行”菜单里面选择“编译”选项操作），在没有提示错误信息的情况下，直接单击“运行”按钮得到结果。程序编译、运行设置效果如图 1-12 所示。

案例运行结果：

欢迎您学习 C 语言!。

下面分析具体的代码功能，初步了解程序是如何书写的。

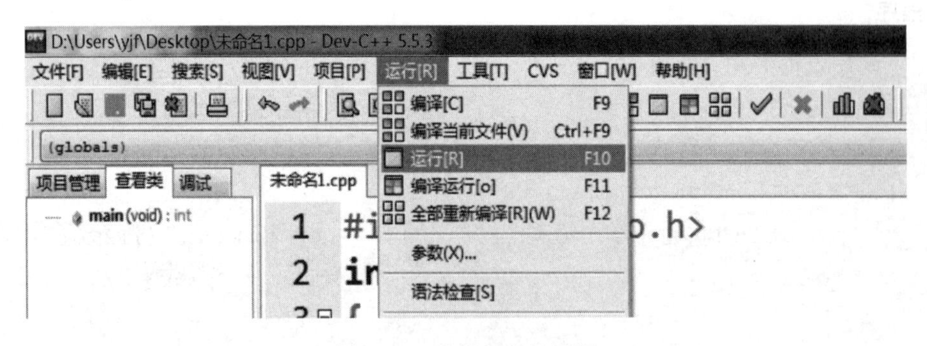

图 1-12　编辑过程效果图

1. 程序第一行

/ * 显示”欢迎您学习 C 语言!” * /　　/ * 多行注释 * /

它是程序的注释，用来说明程序的功能，注释必须包含在/ * 和 * /之间。注释是对程序的解释，它可以是任何可显示的字符，注释对程序的编译过程和执行结果没有任何影响。注意“/”和“ * ”之间不能有空格，并且“/ * ”和“ * /”必须成对出现。注释还有另一种类型，即单行注释，这时用“//”符号表示，具体注释内容放在该符号的后面。

2. 程序第二行

#include <stdio. h>

它是编译预处理命令，之所以要使用预处理，是因为程序中会使用到库里提供的函数，如【案例 1-1】中的程序就调用了 printf( ) 函数。该函数是 C 语言提供的标准输出函数，需要在系统文件 <stdio. h>（称为“输入输出头文件”）中声明，因此在程序的开始处要使用 #include 将该文件包含进来，以后可能还会使用到#include <math. h>、#include <string. h> 等其他头文件。需要注意的是，C 语言有效的预处理命令总是以#开始的，而且预处理命令的末尾不加分号。

3. 程序第三行

int main （void)

它定义了一个名字为 main 的函数。该函数的返回值是整数（int)，参数在函数名后面的一对括号中定义，这里的 void 表示 main( ) 函数不需要任何参数（也可以省略 void)。在 C 语言中、main( ) 函数是一个特殊的函数，被称为“主函数”，任何一个程序都必须有且只有一个 main( ) 函数，程序运行的时候会首先从 main( ) 函数开始执行。

4. 程序第五行

printf(“欢迎您学习 C 语言！\n”);

它由两部分组成，一部分是函数调用，另一部分是分号。它调用了标准输出函数，将引号中的内容原样输出到屏幕上（C 语言的默认设备为屏幕），\n 表示换行，语句末尾的分号表示该语句结束。注意，C 语言中除复杂语句外的所有语句都必须以分号结束。

5. 程序中的第六行

return 0;

它结束 main( ) 函数的运行，并向系统返回一个整数 0，作为程序的结束状态。如果返回0，说明程序运行正常，返回其他值则表示不同的错误情况。系统根据返回值判断程序是否运行成功。

6. 如果想在屏幕上输出两行文字，可以将【案例1-1】改写如下：

```
#include <stdio.h>
int main(void)
{
    printf("Hello,同学们\n");
    /*\n表示换行,即输出这一句后,另换一行进行输出*/
    printf("Welcome to XCU!");
    return 0;
}
```

【案例1-2】 设长方形的长为4，宽为3，求长方形的周长和面积。

源程序

```
#include <stdio.h>
int main(void)
{
    int l,w,z,area;/*l,w,z,area分别表示长方形的长、宽、周长、面积*/
    l=4;                /*为长赋值*/
    w=3;                /*为宽赋值*/
    z=(l+w)*2;          /*求周长*/
    area=l*w;           /*求面积*/
    printf("长方形的周长为%d\n长方形的面积为%d\n",z,area);
    return 0;
}
```

案例运行结果：

长方形的周长为14

长方形的面积为12

案例结果总结：程序第四行定义了四个整型变量分别表示长方形的长、宽、周长、面积。

程序的第五、六行是为变量赋值。

程序的第七、八行是根据长方形的周长公式、面积公式求长方形的周长和面积。

最后打印输出。

如果求周长、面积的公式用的不对，就相当于是犯了逻辑上的错误。虽然编译语法上能通过，但是求的结果是不对的，这就需要学会调试所编写的程序。

注：打印输出那一行先后有两个%d，这里的%d充当了占位符的作用，代替了后面的变量。在这里大家先有一个大概的印象，后面还会详细探讨。

【案例1-3】 从键盘读入两个数，求它们的和、差、积、商。

源程序

```
#include <stdio.h>
int main(void)
{
    int a,b,c;                              /*定义三个整型变量*/
    printf("请输入第一个整数:\n");           /*显示提示信息*/
    scanf("%d",&a);                     /*从键盘读入一个整型数字,赋值给a*/
    printf("请输入第二个整数:\n");           /*显示提示信息*/
    scanf("%d",&b);                     /*从键盘读入一个整型数字,赋值给b*/
    c=a+b;                                  /*求a+b的和并赋值给c*/
    printf("%d与%d的和为%d\n",a,b,c);   /*将结果显示在屏幕上*/
    c=a-b;                                  /*求a-b的差并赋值给c*/
    printf("%d与%d的差为%d\n",a,b,c);
    c=a*b;                                  /*C语言中的乘用*表示*/
    printf("%d与%d的积为%d\n",a,b,c);
    c=a/b;
    printf("%d与%d的商为%d\n",a,b,c); /*C语言中的除用/表示*/
    return 0;
}
```

输入测试数据:

输入:

10　6

请输入第一个整数:

10

请输入第二个整数:

6

案例运行结果:

10与6的和为16

10与6的差为4

10与6的积为60

10与6的商为1

案例结果总结: 这个程序需要注意两点。一是scanf(),scanf()是系统中的一个函数,其作用就是从键盘读入想要的数据。输入变量之前,“&”这个符号一定要带上,不然虽然编译上能通过,但实际输入数据的时候会发生错误。二是求商的结果,这里除是整除,即10里面有几个6。再比如15/6的结果为2;20/6的结果为3。如果想求精确值的话,需要转换一下数据类型,即把int型转化为double型。数据类型相互转换的详细内容在第2章会涉及。

【案例1-4】 输入两个整数,将它们进行交换。

源程序

```
#include <stdio.h>
int main(void)
{
    int a,b,c;              /*定义所用的变量*/
    printf("请输入第一个整数:\n");
    scanf("%d",&a);
    printf("请输入第二个整数:\n");
    scanf("%d",&b);
    printf("交换前:\n");
    printf("a=%d\n",a);
    printf("b=%d\n",b);
    c=a;                    /*将a的值赋给c*/
    a=b;                    /*将b的值赋给a*/
    b=c;                    /*将c的值赋给b*/
    printf("交换后:\n");
    printf("a=%d\n",a);
    printf("b=%d\n",b);
    return 0;
}
```

输入测试数据:

请输入第一个整数:

10

请输入第二个整数:

6

案例运行结果:

交换前:

a=10

b=6

交换后:

a=6

b=10

案例结果总结:

(1) 这个案例考查的是对“=”的理解。首先需要明白的是，在C语言中“=”是赋值号，并不是等于号，表示的是把“=”右边的值赋给左边的变量。如果判断两个数是否相等，应该用“==”。

(2) 在该程序中c变量起到一个保存数据的作用。先把a的值赋值给c，再把b的值赋给a，最后再把c的值赋给b，这样就完成了a和b的交换，千万不要a=b; b=a;，这样是交换不了的。

通过上面的案例，了解了程序的编辑、编译和运行。下面概括一下程序运行的全部过程。这个过程分为 6 个步骤，前面 4 个步骤属于程序的编辑阶段，后面 2 个步骤为编译阶段、运行阶段。

步骤 1：撰写包含的所有头文件，定义所有的变量（包括已知量与未知量）。

步骤 2：对部分数据成员进行数值输入或者进行赋值运算。

步骤 3：根据题意，由已知量计算未知量，写出计算的步骤与过程。

步骤 4：输出题目要求的结果（包括常量、变量）。

步骤 5：编译源程序代码。如果通过的话，执行步骤 6，如编译不通过，出现报错情况，则必须返回前面步骤 1 ~4，重新修改源程序代码，然后再进行步骤 5，直到编译通过为止。

步骤 6：运行结果。程序有输出结果，不代表该结果是正确的。所谓正确结果，指的是程序的执行结果与题目的期望结果一致。如果单纯说程序有结果，只表明步骤 1 ~5 没有语法错误，至于是否存在语义上面的错误，则需要与题目要求所期望的结果相一致。本书附录 B 详细地介绍了调试程序详细的步骤与方法，便于大家分析找到程序的语义错误。

1.4 本章小结

1. 对 C 语言有一个大致的认识。

2. 能够运用集成 C 语言开发工具软件（如 Dev-C ++）独立写出“欢迎学习 C 语言!”程序，认识简单的 C 语言输入输出程序结构框架。框架如下：

```
#include <stdio.h>          /*编译预处理命令*/
int main(void)              /*定义主函数 main()*/
{
    一系列 C 语句;
    return 0;               /*返回一个整数*/
}
```

3. 在编写出第一个 C 程序的基础上，理解每一部分的作用。

4. 学会调试程序，由于写程序难免会出现这样那样的问题，因此修改错误是一个不断学习的过程。有时候语法错误很容易看出来，但是语义、逻辑错误就需要断点调试了，希望大家在以后的学习过程中逐步掌握断点调试的功能。

5. 给初学者的几点建议：

1）首先，要做到亲自动手写代码。不能眼高手低，认为一看就懂，没必要敲代码，这种做法非常不好。必须积累一定量的代码才能厚积薄发。

2）在勤奋写代码的基础上，学会思考，思考每一行代码有什么作用。学会加注释，并形成习惯。

3）上课时一定要认真听讲，可以边听讲、边思考，必要的时候一定要勇于提问，多向老师和同学请教。对于初学者而言，学会解决程序中出现的错误十分关键。

4）学好计算机语言的诀窍之一就是每天至少写一个小时的代码，如果能坚持下去，编程能力定会大幅提高。既然选择了这个专业，就必须掌握一门高级语言。C语言是一门基础性的高级语言，如果能学好C语言，以后学习Java、Python等语言就很容易上手。

习　题　1

1. 选择题

（1）一个C语言程序的执行是从______。

A）本程序的main函数开始到main函数结束

B）本程序文件的第一个函数开始到本程序文件的最后一个函数结束

C）本程序的main函数开始到本程序文件的最后一个函数结束

D）本程序文件的第一个函数开始到本程序main函数结束

（2）以下叙述正确的是______。

A）在C语言程序中，main函数必须位于程序的最前面

B）C语言程序的每一行只能写一条语句

C）C语言本身没有输入输出语句

D）在对一个C语言程序进行编译的过程中，可发现注释中的拼写错误

（3）以下叙述不正确的是______。

A）一个C语言源程序可由一个或多个函数组成

B）一个C语言源程序必须包含一个main函数

C）C语言程序的基本组成单位是函数

D）在C语言程序中，注释说明只能位于一条语句的后面

（4）C语言规定：在一个源程序中，main函数的位置______。

A）必须在最开始　　　　B）必须在系统调用的库函数后面

C）可以任意　　　　D）必须在最后

（5）一个C语言程序是由______。

A）一个主程序和若干个子程序组成　　　　B）若干函数组成

C）若干过程组成　　　　D）若干子程序组成

2. 填空题

（1）C源程序的基本单位是__________。

（2）一个C源程序中至少应包括一个__________。

（3）在一个C源程序中，注释部分两侧的分界符分别为__________和__________。

（4）在C语言中，输入操作是由库函数__________完成的，输出操作是由库函数__________完成的。

3. 编程题

（1）在屏幕上显示“Programming is fun.”。

（2）在屏幕上显示两行文字。第一行为“你好”，第二行为“我叫×××”。

（3）给定直角三角形的两条直角边分别为a=3，b=4，求三角形的面积。

（4）从键盘中读入矩形的长和宽，分别为a和b，求其周长和面积。

（5）设球的半径为r，球的体积为v，球的表面积为f。本题要求从键盘中读取半径r，

输出球的表面积和体积，保留2位小数。（球的体积公式为 $v=\frac{4}{3}\pi r^3$，表面积公式为 $f=4\pi r^2$，$\pi=3.14$）

（6）现给定a=3，b=4，请将a，b进行交换，并将交换后的值显示在屏幕上。（可参考案例1-4）

（7）从键盘读入两个整型数a，b，将其进行交换，并将交换前后的a，b值显示在屏幕上。

（8）编写程序，输出指定的由“*”组成的三角图案，提示直接使用输出函数，注意换行格式。

输入格式：

本题无输入

输出格式：

按照下列格式输出由“*”组成的三角图案。

```
* * * * *
* * * *
* * *
* *
*
```

第 2 章 数据类型与表达式

导读

第 1 章已经掌握了 C 语言编程的基本步骤，本章主要介绍程序语言涉及到的数据类型、变量、常量、各种运算符、表达式以及格式化的输入输出方式、程序的简单预处理命令等。

本章知识点

1. 常用的数据类型。
2. 变量、常量的定义与使用。
3. 各种运算符的运算规律，不同数据类型的转换规则。
4. 格式化的输入输出方式。
5. 预处理命令。

2.1 案例初探

在 C 语言程序设计中，程序语言总共有三种结构，即顺序结构、选择结构（分支结构）和循环结构。本章节的绝大多数程序结构是顺序结构。所谓顺序结构就是严格按照程序语句的先后顺序进行执行的结构，下面举例说明顺序结构程序的执行情况。

【案例 2-1】 问题描述：实现输入一个教职工的姓名、工号（8 位）、年龄、工资（浮点数），并输出职工的各种信息，工资保留小数点后面 2 位，测试数据集如下：

请输入姓名：

zhangsan

请输入工号：

12007065

请输入年龄：

27

请输入工资：

3567.897

输出姓名：zhangsan，输出工号：12007065

输出年龄：27，输出薪水：3567.90

案例要点解析：本案例里面涉及到了三种数据类型的输入输出，分别是整型、单精度浮点数和字符型。其中字符数组变量的输入输出方式要采用%s；整型变量的输入输出方式采用% d；浮点数变量的输入输出方式采用% f。如果浮点型变量的输出结果要求保留小数点后面 2 位有效数字，则用%. 2f 的格式化输出方式进行输出。

源程序

```
#include <stdio.h>
int main()
{
    char name[20];          //姓名,长度不超过 20
    char id[8];             //工号,长度 8 位
    int age;
    float salary;
    printf("请输入姓名:\n");
    scanf("%s",name);
    printf("请输入工号:\n");
    scanf("%s",id);
    printf("请输入年龄:\n");
    scanf("%d",&age);
    printf("请输入工资:\n");
    scanf("%f",&salary);
    printf("输出姓名:%s,输出工号:%s\n",name,id);
    printf("输出年龄:%d,输出薪水:%.2f\n",age,salary);
    return 0;
}
```

案例结果总结：要注意不同数据类型的格式化的输入输出方式，特别是字符数组的输入方式，变量前面不要加上“&”符号，另外浮点数结果保留 2 位有效数字采用的格式化输出方式为%. 2f。

2.2 数据类型

常用单位的介绍：

1. 位

最小存储单位，简称 bit（缩写为 b），在计算机中用一位二进制数表示，即 0 或 1。

2. 字节

几乎对于所有的机器，1 个字节均为 8 位，又名 Byte（简写为 B）。由于每个位的值可能是 0，也可能是 1，所以一个 8 位的字节包含 256（2^8）种可能的 0、1 组合。这些组合可用于表示 0 到 255 的整数或者一组字符。

3. 字

对于一种给定的计算机设计，字是自然的存储单位。对于 64 位的机器，一个字正好有 64 位。32 位机器的字是 32 位，目前主流计算机中的字是 64 位，8 个字节。

4. 基本数据类型

空类型（void）、整型（short，int，long，long int，long long），实型（单精度 float，双精度 double），字符型 char。

构造的数据类型（结构体，数组、枚举，指针，共用体），后面章节会陆续介绍。

（1）十进制整型

十进制整型常量，由正、负号和0至9这十个数字组成，没有小数部分。

int 型：32、345、12 、-65、 -32768、32767

long int 型：234L、2345674531、32L、321、 -2147483648L，2147483647l

unsigned int 型：345u、238U、65535u

unsigned long int 型：256ul、12345678UL、4294967295uL

（2）八进制整型

八进制常常在数码前加数字0，例如，012 = 10（十进制）。八进制的数码范围为0-7，如032u、0364L、0567453ul。

（3）十六进制整型

十六进制数通常在数字前加0x（字母x，大小写均可），例如，0x12 = 18（十进制）。

十六进制总共有16个不同数字符号，其中0～9代表数字0～9，英文字母a～f（A～F）代表数字10～15，数字组合如0x1f、0x1FL、0xFul、0x10L均为十六进制数。

【案例2-2】 输出不同进制的整型数据，分析程序的执行结果。

源程序

```
#include <stdio.h>
int main(void)
{
    printf("%d,%o,%x\n",10,10,10);
    printf("%d,%d,%d\n",10,010,0x10);
    printf("%d,%x\n",012,012);
    return 0;
}
```

案例运行结果：

10，12，a

10，8，16

10，a

案例结果总结：%o为八进制、%d为十进制、%x为十六进制的格式化输出。

【案例2-3】 根据整型数据的输入输出特征，结合测试数据，分析程序的结果，了解整型数据的输入、输出处理方式。

输入测试数据：

input a，b：10 12

输出结果：

8　　　12

8，12

源程序

```
#include <stdio.h>
int main(void)
{
    int a,b;
    printf("input a,b:");
    scanf("%o%d",&a,&b);
    printf("%d%5d\n",a,b);
    printf("%x,%d\n",a,b);
    return 0;
}
```

输入测试数据：

input a，b：3 5

案例运行结果：

3   5

3，5

案例结果总结：格式控制%5d 占五位，右对齐，位数不够的话左边补空格，%-5d 占 5 位，左对齐，位数不够则右边补齐空格，如果数据的真实位数（1234567）超过规定的位数%5d，则输出真实的位数（1234567）。

（4）十进制实型

它由整数和小数两部分组成，这两部分可以省略其中的一个部分，但不能同时都省略（小数点不能省略）。12.35 和 35.689（没有特殊说明，浮点数默认为 double 型常量），可以使用 sizeof( ) 函数测试数据所占用存储空间的字节数，double 类型为 8 个字节，float 类型为 4 个字节。

printf("sizeof(1.0)=%d\n",sizeof(1.0))，结果为 8。1.0 数据默认是 double 类型。

指数形式：

在小数表示法后面加字母 E（或 e）表示指数。1e-2、0.5E10、35.56E-3、7.e-2 均为 double 型常量。

特别注意：e 和 E 前面必须有数字，后面必须是整数，1e-2 代表 $1*10^{-2}$，0.5E10 代表 $0.5*10^{10}$。

注意事项

1）用指数形式表示的浮点数必须有尾数，指数部分必须是整数，如 e12，.e43，0.25e4.5，e 等是错误的。

2）在浮点数常量的后面用字母 F（或 f）表示 float（单精度浮点类型）型，如 1e-2f 表示 float 型。

3）字母 L（或 l）表示 long double（长精度浮点）型，如 3.2L 表示 long double 型。

4）如果在浮点数常量的后面不加字母，则表示是一个 double（双精度浮点）型常量，如2.1e-2、0.689默认均为double型常量。

(5) 字符型

定义

1) 字符常量由一个字母或转义字符两边用单引号括起来表示，如：'a'、'D'、'\n'等。

2) 字符常量在计算机内存放的值，为该字符ASCII编码值。

例如，'0'字符的ASCII编码值为48，而不对应数值0，注意区分整数0与字符'0'。'A'的ASCII码值为65，'a'的ASCII码为97。对于同一字母来说，小写字母的ASCII码比大写字母的ASCII码大32。

3) 字符常量也可以用它的ASCII码值来表示，具体表示方法为：

八进制用'\ddd'表示，其中ddd代表三位八进制数，如'\101'代表字母'A'，'\60'代表字符'0'（零）。

十六进制用'\xhh'表示，其中hh代表两位十六进制数，如'\x41'代表字母'A'，'\x30'代表字符'0'（零）。

(6) 转义字符

在C语言中，一个字符除了可以用它的实体（也就是真正的字符）表示，还可以用编码值表示。这种使用编码值来间接地表示字符的方式称为转义字符（Escape Character）。常用的转义字符以及对应的ASCII值如表2-1所示。

表2-1 ASCII码对应关系一览表

转义字符	意　义	ASCII码值（十进制）
\a	响铃（BEL）	007
\b	退格（BS），将当前位置移到前一列	008
\f	换页（FF），将当前位置移到下页开头	012
\n	换行（LF），将当前位置移到下一行开头	010
\r	回车（CR），将当前位置移到本行开头	013
\t	水平制表（HT）	009
\v	垂直制表（VT）	011
\'	单引号	039
\"	双引号	034
\\	反斜杠	092

(7) 字符串

1) 字符串常量是由一对双引号括起来的包含0个或多个字符序列。例如，"How are you!"表示字符串How are you!。" "表示空字符串；"a"表示字符串a。

字符'a'与字符串"a"，两者有本质的区别。除了形式上的区别，占用空间也有所不同，字符串后面多一个'\0'，所占用的空间数等于有效字符的个数+1。

2) 在字符串中也可使用转义字符。例如，"Please enter \"Y\" or \"N\":"表示字符串：

Please enter "Y" or "N":。

3）字符串中可以包含空字符、空格字符、转义字符和其他字符，也可以包含汉字等文字符号。例如，"请输入 x 和 y 两个数据！" 表示字符串：请输入 x 和 y 两个数据!。

需要测算测试数据所占用的存储空间，可以调用 sizeof 函数，具体计算办法为：printf("%d\n",sizeof(类型名))。例如，sizeof(int)=4、sizeof(float)=4、sizeof(char)=1、sizeof(double)=8 等。

在 C 语言中，每一个字符在计算机 ASCII 编码中对应一个 0~255 的整数，例如，'b' 的 ASCII 码 98，'B'的 ASCII 码等于 66 等，字符与它对应的 ASCII 码可以相互转换。

【案例 2-4】 根据 ASCII 码对应关系，寻找整型与字符的转换关系，分析程序的执行结果。

源程序

```
#include <stdio.h>
int main(void)
{
    char ch = 'b';
    printf("%c,%d\n",'b','b');
    printf("%c,%d\n",98,98);
    printf("%c,%d\n",97,'b'-1);
    printf("%c,%d\n",ch-'a'+'A',ch-'a'+'A');
    return 0;
}
```

案例运行结果：

b，98

b，98

a，97

B，66

案例结果总结： 0~255 的任意整数可以等价某一个字符的 ASCII 码，可以按照整型格式（%d），也可以按照字符格式（%c）进行输出操作。同一字符的大写字母与小写字母的 ASCII 码相隔 32，且小写字母 ASCII 码较大，字母的 ASCII 码严格按照字母的顺序依次递增，例如，a 比 b 小 1，B 比 C 小 1…依次类推，同样，数字字符和整数也可以相互转换，它们的转换关系如下。

9-0='9'-'0'

'9'=9+'0'

'8'-'0'=8

'm'-'a'+'A'='M'

'M'-'A'+'a'='m'

'8'-'0'=8

8+'0'='8'

2.3 变量

标识符： 由字母、数字、下画线混合组成，且第一个字符必须是字母或下画线，后面是字母、数字、下画线的混合体。例如，a1、_sa 等都是标识符，但是 1a、￥a、s-a 等不是标识符。

变量基本要素： 变量名、变量的数据类型、变量的值。

变量名： 变量名的命名必须满足标识符的定义规范。

关键点： C 语言对字母的大小写是严格区分的，标识符的长度是任意的，但自定义的标识符不能使用系统有明确含义的关键字（int，auto 等）。

变量定义给变量分配存储空间，变量初始化是给变量赋初值。变量所标识的内存单元可能保留先前使用该单元时留下的内容，未赋初值的变量不代表该变量中没有数值，只是表明该变量中尚未定义特定的值。

变量的使用规则有两点：

1）必须先定义，后使用。

2）应该先赋值（或者输入一个值），后引用计算。

2.4 常量

1. 直接常量

在程序中直接引用的数据。

整型：

十进制：

int 型，如 32、－12；

long int 型，如 234L、32l；

unsigned int 型，如 345u、238U；

unsigned long int 型，如 256ul、258UL。

八进制：在数码前加数字 0，如 032u、0364L。

十六进制：在数码前加 0x a-f（A-F）代表 10-15，如 0x1f、0x1FL。

2. 实型常量

十进制形式：由整数和小数组成，可以省略其中一部分，但不能同时省略（小数点不能省略），例如，12.35、35.689 都是 double 型常量。

指数形式：在小数后面加 E（e）表示指数，例如，1e-2、1.5E10、35.56E-3、7.e-2e（E），前面必须有数字，后面必须是整数。

在浮点数常量后面加 F（f）表示 float 型，如 1e-2f。

3. 字符型常量

由一个字母组成或者由转义字符‘\’加上其他字符组成，如'a'，'\n'。字符常量在计算机内存放的值为该字符的 ASCII 编码值，如'0'＝48、'A'＝65。字符常量也可以用它的 ASCII 码值表示，八进制用'\ddd'表示，ddd 代表 3 位八进制数，如'\101'代表 A，

'60'代表0。十六进制用'xhh'表示，hh代表十六进制数'\x41'代表A，'\x30'代表0。

转义字符：

4. 字符串常量

由双引号括起来的0个或多个字符序列。

在字符串中也可以使用转义字符，如“please enter \"Y" or \"N"”不加\，则输出please enter。字符串中可以包含空字符、空格字符、转义字符和其他字符，也可以包含汉字等文字符号。

5. 符号常量

用标识符表示一个数据（在程序中不能赋值）。

定义#define 标识符 常量数据

使用符号常量增强程序的可读性和可维护性。

6. 利用 const 定义的常量

const 常量：其值在程序运行的过程中不会发生改变，但是定义常量的时候可以设置初始值。C语言中使用const关键字来定义一个常量，可以指定数据类型。

```
const int a =10;        //备注:a 是常量
```

下面的两种方式是一样的，都是定义一个常量。

```
const int b =4;
int const c =5;
```

对于常量，编译器会将其放在一个只读的内存区域，其值不能发生改变。常量的好处就在于灵活，程序中多次用到常量，修改其值只需要改变定义时的常量值就可以了。

2.5 运算符

1. 算术运算符和算术表达式

基本算术运算符分为单目运算符、双目运算符、三目运算符三类。

单目运算符：有+（正）、-（负号）、++、--。

++、--只能对整型变量进行运算，不能够常量或者其他数据类型进行操作。下面举例说明：

a =3;

a ++；//内含两层含义：a ++是一个表达式，表达式的值为a的初值3，但是变量a的值加了1，为4。

a =6;

++a; //内含两层含义：变量a的值加了1，为7。

++a是一个表达式，表达式的值为a的末值7。

同样的--a或者a--也是如此，对于变量来说无论运算符在前还是在后，变量a的值均变化了1，但是表达式的值前者等于a的末值，后者等于a的初值。

经验总结：对于变量的自增或者自减来说，无论符号在前还是在后，变量的值都变化了1，但是对于表达式来说，如果符号++、--在变量前面的话，表达式的值等于变量的最终值，反之等于变量的初值。

常用的双目运算符有 +（加）、-（减）、*（乘）、/（除）和%（求余数）。

这五个运算符的优先级为：

*、/和%同级，但比 + 和 - 高，即先乘除后加减。

两个整数相除，结果为整数；分子小于分母，结果为零。

例如，5/2 结果为 2，两个整数的除法，求解的是两个整数的商。

5 对 2 求商，结果为 2。

2/5 结果为 0。

2 对 5 求商，结果为 0。

-5/2 结果为 -2 。

5/ -2 结果为 -2。

-5/ -2 结果为 -2。

“/” 两端为整数，则按照求商计算，此时需注意余数的符号与被除数相同。根据余数的符号反推出结果的符号。如果要按照除法计算的话，则将分子或分母通过乘 1.0 或强制转换的方式让一侧或两侧变为浮点数。

例如，a，b 为整型，想求 a 除以 b 的结果存放在浮点数 f 中，采用如下公式：

```
f = a * 1.0/b;
f = (double)a/b;
```

常见错误是企图通过赋值给一个浮点数改变整除，如下所示：

```
int a,b;
double f;
scanf("%d%d",&a,&b);
```

f = a/b; //f 为 a 整除 b 的结果，然后再变成浮点数赋值给 f。例如，a = 1、b = 2，经过上面运算后，f 的值为 0.0；不是期望的 0.5。

大家思考一下（double）（5/2）与（double）5/2 两个表达式的结果一样吗？有什么区别吗？

(double)(5/2) = 2.000000

(double)5/2 = 2.500000

整数求余（%）计算方法（% 要求前后的数据均为整数）。

5%3　余数是 2

5%8　余数是 5

-5%3 余数是 -2（注意：结果的正负与被除数的符号相同）。

5% -3 余数是 2（注意：结果的正负与被除数的符号相同）。

-5% -3 余数是 -2（注意：结果的正负与被除数的符号相同）。

+、-、*、/和 % 这五个运算符的结合性为：从左至右。例如，10 + 6 - 4 * 2，第一步计算 4 * 2，得结果 8；第二步先计算 10 + 6，得结果 16；然后用第二步计算的结果减第一步计算的结果，得结果 8。

请根据上面的规律计算 5/ -3、-5/3、-5%3 等结果的值。（先根据余数的符号反过来确定商的值，余数的符号与被除数的符号相同）。

三目运算符有?:等符号，例如(a > b? a:b)。如果 a > b 成立的话，表达式值取问号（?）

后面的值 a。否则的话，取冒号（:）后面的值 b。具体内容在模块三的 3.2 中详细介绍。

2. 算术表达式

算术表达式是由算术运算符和操作数组成的表达式。表达式的值是一个数值，表达式的类型具体由运算符和操作数确定，例如：

5 +3 *（6 -2）表达式的类型为 int 型。

3 +4.0 -3/2.0 表达式的类型为 double 型。

3. 赋值符号（=）

它表示将赋值符右边表达式的值赋给赋值符左边的一个变量。赋值运算符的数据类型若不一致，则要进行类型转换。转换方式为：

将实型数据赋给整型变量时，舍弃实数的小数部分。例如，int i; i =5.65; i 的值为 5（去掉小数，不是四舍五入）。

将整型数据赋给实型变量时，数值不变，如下：

```
float f; f =23;        //先 23→23.00000，再存储在 f 中
double d; d =23;       //先 23→23.000000000000000，再存储在 d 中
```

将字符数据赋给整型变量时，将字符数据放到整型变量低 8 位中，例如：

```
int i;
char ch = '0';
i = ch;    //i =48
```

将整型变量赋给字符数据时，将整型变量低 8 位放到字符数据中，例如：

```
int i =65;
char ch;
ch = i;    //ch = 'A'
```

4. 复合的赋值运算符

复合的赋值运算符共十个：+=，-=，*=，/=，%=，<<=，>>=，&=，^=，|= 例如：

a +=3 等价于 a =a +3

x * =y +8 等价于 x =x *（y +8）

x% =3 等价于 x =x%3

x/ =2 等价于 x =x/2

x - =2 等价于 x =x -2

其他表达式依次类推。

2.6 位运算

位运算、输入输出和预处理

C 语言位运算将变量转换为二进制，每一位对位进行相关操作。

注意：参与位运算的元素必须是 int 型或者 char 型，以补码形式出现，常用位运算如下：

1）按位或（|）

2）按位与（&）

3）按位异或（^）

4）按位取反（~）

5）左移、右移（<<，>>）

1. 按位与（&）

每一位数字对位进行与运算，对位两个数全部为1，其结果为1，其他情况结果为0。

&运算常应用于迅速清零、保留指定位、判断奇偶性，如下所示：

a&1=1；判断a为奇数

b&1=0；判断b为偶数

【案例2-5】 位运算应用案例，根据与（&）运算规则，分析程序的执行结果。

源程序

```
#include <stdio.h>
int main()
{
    int a=4;
    int b=7;
    int c=a&b;
    printf("c=%d\n",c);
    return 0;
}
```

案例运行结果：

c=4

案例结果总结： 与运算，就是两个二进制数对位进行与运算，两个数都是1，结果才是1，其他情况对位与运算的结果都是0。

2. 按位或（|）运算

就是对两个二进制数进行逐位运算，若两个二进制数位中只要有一位数为1，对位进行或运算，则结果为1；如果两个数位都为0的话，则结果为0。位或（|）用途：设定数据的指定位。

【案例2-6】 根据或运算的计算规则，分析程序的执行结果。

源程序

```
#include <stdio.h>
int main()
{
    int a=9;
    int b=5;
    int c=a|b;
    printf("c=%d\n",c);
    a=a|0xFF;
    printf("a=%d\n",a);
```

```
    return 0;
}
```

案例运行结果：

c = 13

a = 255

案例结果总结： 两个二进制数对位进行或运算，只要有一个数为1，其结果为1，两个数全部为0的话，其结果为0。

3. 按位异或^运算

它是指对两个二进制数进行逐位对位运算，如果两个数相同，则该位的运算结果为0，反之，相异的话运算结果为1。

异或运算常应用于下面两种情况：

1）定位反转

2）交换数值

//交换a和b的值，不使用其他变量进行存储的方法。

a = a^b;

b = b^a;

a = a^b;

后面也有其他功能代码实现两个数据的交换，如t = a; a = b; b = a。

【案例2-7】 利用异或来实现数据的交换功能。

源程序

```
#include <stdio.h>
int main()
{
    int a =9;
    int b =5;
    int c =a^b;
    printf("c =%d\n",c);
    a =a^b;
    b =b^a;
    a =a^b;
    printf("a =%d,b =%d\n",a,b);
    return 0;
}
```

案例运行结果：

c = 12

a = 5, b = 9

案例结果总结： 异或，就是两个二进制变量每一位对位进行异或运算，结果相异为1，结果相同为0。

4. 按位取反（~）

它是对每一位二进制数依次取反，取反的规则：如果该位是1的话，取反结果为0；如果该位是0的话，取反的结果为1。

5. 左移、右移

二进制左移N位，高位丢弃N位，低位补充N个0，得到的新值＝原值 $*2^N$，右移N位，左边补充N个0，右边丢弃N位，得到的新值＝原值$/2^N$。

左移、右移作用：实现数的扩大或者缩小（右移几位相当于原数缩小2的几次方。左移几位，相当于原数扩大2的几次方），可能存在的问题：int是有符号类型，有时候左移可能会把符号左移出去，发生溢出现象。

【案例2-8】 问题描述：将一个变量a左移4位，计算新的a的值。

测试用例：

输入a的值为3

输出结果：

48

源程序

```
#include <stdio.h>
int main()
{
    int a =3;
    a=a<<4;
    printf("%d\n",a);
}
```

案例运行结果：

48

案例结果总结： 左移一位扩大2倍，左移n位扩大2^n倍，左移了4位，扩大了16倍，其结果为48，同样如果右移的话，则缩小对应的倍数。

【案例2-9】 问题描述：计算十进制数n转换为二进制数中1的个数，例如，13转换二进制数为1101，1的个数为3个。

案例要点解析： 右移一位缩小为原来的二分之一（取整），if（n&1）判断n是否为奇数，因为奇数最后一位数字为1，如果if（n&1）结果为真的话，则n为奇数。注意一定要把数字先转换为二进制数，然后才能够进行相关位运算，右移一位左边增加1个0，右边舍弃最高位。

源程序

```
#include <stdio.h>
int main()
{
    int n;
    int num =0;
```

```
        scanf("%d",&n);
        while(n)
        {
        if(n&1)
        num++;
        n=n>>1;
        }
    printf("%d",num);
    }
```

案例运行结果：

13

3

案例结果总结： if（n&1）判断n是否为奇数，如果为奇数，结果为1。while(n）判断n是否不等于0，执行循环体，等于0退出循环。

2.7 数据类型强制转换

1. 强制转换

也称强制类型转换，指的是直接将某数据强制转换成指定的数据类型。强制类型转换变量值本身未变化，例如：

(double）a表示将a强制转换为双精度的浮点型。

(int)(x+y）表示将（x+y）的结果再强制取整。此时，要注意与（int)x+y区分开来，后者是先把x的值转换成int型，然后再加y。

(float)(5%3）表示将5%3的结果2转换为浮点数2.0。

int i=3;

i=i+(int）9.801；将9.801强制转换为9，再加上3，再赋值给i，则i的值为12。

2. 隐式转换

在编译时由编译程序按照一定规则自动完成，无需人为干预。一般情况转换原则是精度低的可以无条件的自动转换为精度高的，但是精度高的转换为精度低的，需要强制转换。

数据参加运算前要进行下列转换：

char，short→int→float→double

混合运算时数据类型由低级→高级：

unsigned→int→long→double

以上并不意味着unsigned必须到int再到long的依次转换，而是由算式中的最高级进行转换的。

【案例2-10】 请根据数据类型的转换关系，分析程序的运行结果。

源程序

```
#include <stdio.h>
```

```
int main(void)
{
    int i;
    double x;
    x =3.8;
    i = (int) x;
    printf("x =%f,i =%d\n",x,i);
    printf("(double)(int)x =%f\n",(double)(int)x);
    printf(" x mod 3 =%d\n",(int)x % 3);
    return 0;
}
```

案例运行结果:

x =3.800000,i =3

(double)(int)x =3.000000

x mod 3 =0

案例结果总结: 精度低的变量可以自动转换为精度高的变量，但是精度高的变量转换为精度低的变量，需要进行强制转换，所谓强制转换就是在变量或者表达式前面加上转换的数据类型，强制转换存在精度损失、数据丢失等情况。

3. 浮点数的两种四舍五入的方法

(1) 整形 +0.5 强制取整

浮点数四舍五入经验总结：将浮点型强制转换为整型的话，一般情况是去掉小数点后面的尾数，无论尾数有多大。这种转换不是数学意义上的四舍五入。例如，(int) 3.99 的结果为3。如果要浮点数按照数学上的四舍五入转换为整数，可以将这个数 +0.5，再进行强制取整，这样可以实现四舍五入。若这个数小于3.5，加上0.5的话，还是小于4，强制取整数的结果为3；若这个数大于等于3.5且小于4的话，加上0.5，这个数的范围就是大于等于4.0，再进行强制取整的话，其结果为4，实现了四舍五入。其四舍五入公式为 =(int)(x +0.5);

(2) 浮点数保留0位小数

将浮点数四舍五入为整数还有另外一种方法，就是采用%.0f的方式，将小数点后面的位数保存为0位，如 float a =3.49; printf("%.0f",a);，此时的结果为3；如果 float a = 3.69; printf("%.0f",a);，此时程序的运行结果为4。

2.8 格式化输入输出

在程序的使用中，经常可以看到这么一个场景：用户需要输入数据，经过程序运算，得到结果后输出。在C语言中，输入数据和输出数据都是由库函数完成的，通过语句来输入或者输出。

1. 格式化输出——printf() 函数

C语言程序运算的结果在内存中，需要将其输出到指定设备中，才可以看到数据。

printf 是 print format 的缩写，意思是“格式化打印”。“打印”的意思就是在屏幕上显示内容，所以我们称 printf 是格式化输出。

在前面的章节中初步地应用过 printf( ) 函数。printf( ) 函数的一般语法格式如下：printf (" <格式化字符串>", <输出列表>)；

1）格式化字符串：指用双引号括起来的字符串。对于字符串所包含的普通字符，printf( ) 函数将其原样输出到屏幕上；以"%" 开头的格式字符，printf( ) 函数将数据转换为指定的格式后再输出到屏幕上。

2）输出列表：指待输出到屏幕的数据，其中包括常量、变量或者表达式。

#include < stdio. h >，printf( ) 函数用于格式化输出到屏幕，在头文件 stdio. h（标准输入输出头文件）中声明。当编译器调用 printf( ) 函数时，如果没有头文件，会发生编译错误。实例中，printf( ) 函数只有“格式化字符串”，省略了“输出变量列表”，该语句只输出常量字符串。

（3）printf( ) 函数的字符格式

格式化字符串中如果包含以“%”开头的格式字符，printf（）函数就会先把数据转换为指定的格式，然后再输出到屏幕上。格式化字符串中包含三部分，即原样输出文字、控制字符、转义字符。如果输出列表由两个或两个以上的变量组成，则变量之间需要用逗号隔开，多个变量与格式字符串的控制字符一一对应。输出不同的类型需要使用不同的控制符，这里汇总了一些常见的控制符，如表 2-2 所示。

表 2-2　数据格式的输入输出表

格式字符	意　义
%d %u %ld %ll	一般对应%d 代表 int 类型，%u 是无符号的整数，%ld 代表长整形，%ll 代表 long long 类型
%b %o %0x	输出二进制、输出八进制，十六进制整数
%c	输出字符，一般对应 char 类型
%f	输出实数，一般对应 float 类型，double 类型
%lf	输出十进制实数，一般对应 double 类型，float 类型
%%	输出百分号（%）

（4）输出宽度控制

A = 12，printf("%4d",a)；/∗注释：结果为“　12”，数字 12 前面有 2 个空格，%4d 默认是右对齐，总共占 4 个字节。∗/

printf("%-4d",a)；/∗注释：结果为“12　”，数字 12 后面有 2 个空格，%-4d 是左对齐。

printf("%7. 2f",12. 345)；　∗/

/∗注释：总共有 7 个有效数字，小数点后面占 2 位，小数点占 1 位，前面占 4 位，不够的用空格代替。最终的结果为“　12. 36”，数字 12 前面有 2 个空格。∗/

2. 格式化输入——scanf( ) 函数

输入是向程序填充一些数据。scanf( ) 函数用于从标准输入设备（比如键盘）读取格式化数据。scanf 是 scan format 的缩写，意思是“扫描格式化”。这里称 scanf 是格式化输入。

scanf() 函数也是一个标准库函数，在头文件中，scanf( ) 函数的一般语法格式如下：

scanf("<格式化字符串>",<地址列表>);

（1）格式化字符串：用双引号括起来的字符串，一般只有"%" 开头的格式字符。

（2）地址列表：各个变量的地址通过取地址符号"&" 和变量名得到。例如，&a 代表变量 a 的地址。不需要关心具体的地址是什么，只需要在变量名前加上取地址符号"&" 即可。需要注意的是 scanf() 函数要求给出地址，如果只有变量名则会报错。

scanf() 函数也可以和 printf() 函数一样可以接受多个值，变量之间用逗号隔开，需要一一对应。

如果在输入的时候，a 与 b 之间需要用逗号（,）隔开，则采用 scanf("%d,%d",&a,&b);若 a 与 b 之间需要用冒号（:）隔开，则采用 scanf("%d:%d",&a,&b);。总之，数据隔开的符号要与 scanf() 数据隔开的符号一一对应，例如，如果 a 与 b 之间需要用斜杆（/）隔开，则要采用 scanf("%d/%d",&a,&b);。

（3）scanf() 函数进行输入时，易错点总结以及注意事项：

1）scanf() 函数中要求必须给出变量的地址，如果前面没有加上 & 符号，就容易出错，例如，scanf("%d",x); 是错误的，正确的写法：scanf("%d",&x);。

2）scanf() 输入方式跟 printf 输出方式不一样，不能够对浮点数进行准确的精度控制，例如，scanf("%5.2f",&x); 这和描述方法是错误的，正确的方式：scanf("%f",&x);。

3）在输入多个数据时候，如果格式控制串中没有非格式字符作为输入数据之间的隔开方式，在输入数据的时候，可以用换行、tab 或者空格进行数据隔开。如果提前遇到非法字符的话，则输入数据提前结束。例如，%d 输入整数，当输入的数据为 2345A 的时候，系统自动识别到 A 字符时，整型有效数据结束，有效数据为 2345;

4）如果输入数据的格式控制类型与数据的类型不一致，编译可能不会报错，但是结果可能不正确;

5）在输入字符数据与其他数字类型数据的时候，一定要注意它们之间采用隔开方式，避免错误。例如，scanf("%d%c%d",&x,&y,&z); 输入数据的时候：1A23，系统自动识别 x 为整数 1、y 为字符 A、z 为整数 23;

【案例 2-11】 问题描述：通过格式化输入方式，分析程序的运行结果。

输入数据：A，12，3.546，56.789

输出结果：

字符 ch 为：A

整数 x 为：12

浮点数 y 为：3.55

双精度浮点数 z：56.79

案例要点解析：scanf("%c,%d,%f,%lf",&ch,&x,&y,&z)键盘输入数据的时候，它们之间务必用“,”隔开。字符的输入输出格式控制采用%c，单精度的浮点型输入输出格式控制采用%f，双精度的浮点型的输入输出格式控制采用%lf，整型的输入输出格式控制采用为%d，题目中%5d 代表整数占 5 位，默认右对齐，不够 5 位的左边补充空格。%.2f 表示取小数点后面的 2 位有效数字，小数点后面的 3 位数字四舍五入向小数点第 2 位进位处理。%6.2f 表示总共占 6 位，小数点后面占 2 位，小数点 3 位向前四舍五入，另外 6 位包括小数点 1 位，不够 6 位的左边补充空格。

源程序

```
#include <stdio.h>
int main()
{
    char ch;
    int x;
    float y;
    double z;
    scanf("%c,%d,%f,%lf",&ch,&x,&y,&z);
    printf("字符 ch 为:%c\n",ch);
    printf("整数 x 为:%5d\n",x);
    printf("浮点数 y 为:%.2f\n",y);
    printf("双精度浮点数 z:%6.2f\n",z);
    return 0;
}
```

输入测试数据：

A，12，3.546，56.789

案例运行结果：

字符 ch 为：A

整数 x 为：12

浮点数 y 为：3.55

双精度浮点数 z：56.79

案例结果总结：格式化的输入输出方式对程序的结果是否正确非常关键，请大家掌握格式化的输入输出方式。

【案例 2-12】 问题描述：通过格式化输入时间并且输出时间信息。程序的逻辑功能可以在第三章学习后再深入理解，本案例的重点在格式化的输入输出处理。

时间的格式化输入输出，以 hh:mm:ss 的格式输出某给定时间再过 x 秒后的时间值（超过 23:59:59 就从 0 点开始重新计算），最终小时位、分钟位、秒钟位的输出结果均占 2 位，位数不够 2 位的左边补充 0。

输入格式：

输入在第一行中以 hh:mm:ss 的格式给出起始时间，第二行给出整秒数 n（<60）。

输出格式：

输出在一行中给出 hh:mm:ss 格式的结果时间。

输入样例 1：

11:59:59

2

输出样例 1：

12:00:01

输入样例2:
06:20:10
10
输出样例2:
06:20:20

案例要点解析: 主要要求大家掌握格式化的输入输出方式。本题解题思路: 无论是秒钟位、分钟位还是小时位, 它们之间的进制都是六十进制, 也就是逢60往前进1, 具体情况需要判断秒钟位+延迟的时间之和是否超过60s。若超过, 需要向分钟位进1。如果不超过60s, 则小时、分都不变, 其结果就是秒直接加上延时秒数为最终的结果; 超过60s往前面进1, 最终结果的秒数=原来的秒+延时的秒数-60, 往前面分钟进1; 如果分钟超过60分, 往小时进1, 如果小时超过24h, 则重新回到0点。

源程序

```
#include <stdio.h>
int main()
{
    int s;              //小时
    int f;              //分钟
    int m;              //秒
    int x;              //过去的时间
    scanf("%d:%d:%d",&s,&f,&m);
    scanf("%d",&x);
    if(m+x<60)
        m+=x;
    else if(f<59)
    {
      m=m+x-60;
      f+=1;
    }
    else
    {
      m=m+x-60;
      f=0;
      if(s>=23)
        s=0;
        else
        s++;
    }
    printf("%02d:%02d:%02d",s,f,m);
```

```
    return 0;
}
```

输入测试数据：

12:40:50

40

案例运行结果：

12:41:30

案例结果总结：本题输入的格式数据时间是用 scanf("%d:%d:%d",&s,&f,&m);隔开。根据题目描述，针对小时位、分钟位、秒钟位都需要采用2位的格式化输出方式，具体的格式化输出方式为%02d，如果位数不够2位的话，左边补充0。本题的重点在于掌握格式化的输入输出，案例中出现的分支结构，请读者学完第三章之后，再反过来研究本题的分支结构。

3. getchar() 函数和 putchar() 函数进行字符的输入输出

getchar() 函数用于接收键盘输入的下一个字符，并把它返回为一个整数，在同一个时间内只会读取一个字符。当调用 getchar() 函数时，程序就会等待。输入的字符被存放在输入缓冲区中，直到按回车为止。输入的字符会回显在屏幕上。getchar() 函数从输入缓冲区中读入第一个字符。其函数原型如下：

int getchar(void);

该函数的参数是 void，不需要任何参数。当发生读取错误的时候，返回 -1。当读取正确的时候，它会返回从键盘输入的第一个字符的 ASCII 码。

putchar() 函数把字符输出到显示器上，并返回相同的字符，在同一个时间内只会输出一个字符。其函数原型如下：

int putchar(int ch);

该函数的参数是 int 类型。然后参数被转换为对应字符的 ASCII 码，最后输出该 ASCII 码对应的字符。

【案例 2-13】 问题描述：根据字符的格式化输入输出方式，分析程序的运行结果。案例的输入输出方式如下：

输入数据：

AB

输出结果：

A#B

源程序

```
#include <stdio.h>
int main(void)
{
    char ch1,ch2;
    ch1 =getchar();
    ch2 =getchar();
```

```
        putchar(ch1);
        putchar('#');
        putchar(ch2);
        return 0;
    }
```

输入测试数据：

CD

案例运行结果：

C#D

案例结果总结： getchar( ) 和 putchar( ) 函数是用来进行字符变量的输入和输出。首先定义了一个字符类型 ch 变量，然后我们从键盘输入 ‘a’ 字符加上回车。这个时候，输入缓冲区中有字符 a 以及回车符号。getchar( ) 函数从输入缓冲区中读取第一个字符，将 a 存入到变量 ch 中，然后 putchar( ) 函数将其输出。对于字符的单个输入输出建议使用 getchar( ) 与 putchar( ) 函数，有一些特殊的字符使用 scanf("%c",&ch);输入方式不能接收到有效字符，例如，换行字符的输入必须使用 getchar( ) 函数。

2.9 编译预处理

1. 宏常量

概念：使用标识符来表示一个数据

特点：在程序中不能赋值

定义形式：#define 标识符 常量数据

【案例 2-14】 利用宏定义求圆柱体体积，分析程序的运行结果。

源程序

```
#include <stdio.h>
#define PI 3.14              //符号常量 PI
int main()
{
    float v,r,h=2.5;
    scanf("%f",&r);
    v=PI*r*r*h;
    printf("Volume=%f",v);
    return 0;
}
```

输入测试数据：

2.0

案例运行结果：

Volume=31.400000

案例结果总结：利用 define 定义的常量与表达式，只是机械的替换，不参与中间优先级运算，而且它只是按照规则进行简单的机械替换，替换完成后，根据运算符实际的优先级进行计算，确定最终的结果。

【案例 2-15】 根据宏定义替换原理，分析程序的运行结果。

源程序

```
#include <stdio.h>
#define  S  a+b
int main()
{
    int a,b;
    scanf("%d%d",&a,&b);
    int c;
    c=S*S;
    printf("c=%d",c);
    return 0;
}
```

输入测试数据：

3 2

案例运行结果：

c=11

案例结果总结：输入 a=3，b=2；期望结果为 c=25？如果这样理解就错了，正确的结果 c=3+2*3+2=11。如果要得到 25，需要修改前面的宏定义：#define S（a+b），（a+b）需要加上括号，改变表达式的运算顺序，这样才能先计算 a+b 的结果，然后再执行乘法。

2. define 与 const 两种定义常量的区别与联系

常量是在程序中不能更改的量，在 C 语言中有两种方式定义常量，一种是利用 define 宏定义的方式，一种是利用 const 定义常变量的方式，前面可以加上数据类型，下面主要讨论它们之间的相关问题。

define 定义常量：define 是预处理指令，它用来定义宏，宏定义只是一个简单机械替换。

1）define 是一个预处理指令，const 是一个关键字。

2）define 定义的常量编译器不会进行任何检查，const 定义的常量编译器会进行类型检查，相对来说 const 比 define 更安全。

3）define 的宏在使用时是替换不占内存，而 const 则是一个变量，占内存空间。

4）define 定义的宏在代码段中不可寻址，const 定义的常量是可以寻址的，在数据段或者栈段中存放。

5）define 定义宏在编译前预处理操作时进行替换，而 const 定义变量是在编译时决定。

6）define 定义的宏是真实的常量，不会被修改，const 定义的实际上是一个变量，可以通过相关的方法进行修改。

3. 库函数

要使用一些常用的库函数，需要在函数的前面包含这些函数所在的头文件。例如，前面已经介绍过的输入输出头文件，以及其他的一些常用的函数。下面通过一个表格列举出来，如表 2-3 所示，常用标准头文件，本书后面的附录 A 也有详细的说明。

表 2-3 常用头文件与库函数

#include < stdio. h >	scanf( ) 输入函数 printf( ) 输出函数
#include < math. h > //定义数学函数	sqrt( ) 开方，pow(x, y) 指数函数，ln(x) 对数函数，fabs(s) 绝对值，rand( ) 随机函数
#include < string. h >//字符串处理函数	strcmp 比较函数，strcpy 拷贝函数，strcat 链接函数
#include < file. h >//文件处理函数	fopen 文件打开，fclose 文件关闭
#include < stdlib. h >//定义杂项函数及内存分配函数	malloc 申请内存空间，free 释放内存空间等
time. h 支持系统时间函数	rand( )，random 等随机函数发生器

2.10 本章小结

本章主要讨论了基本的数据类型、运算符与表达式及格式化输入输出函数的使用。程序的主要功能是描述数据和处理数据。数据是程序处理的对象，是程序设计中的重要组成部分。C 语言提供了丰富的数据类型、运算符及语法规则。变量和常量是程序处理的两种基本数据。运算符指定将要进行的操作。表达式则把变量和常量结合起来生成新的值。数据的类型决定该数据可取值的范围以及可以对该数据进行的操作。对于基本数据类型，按其取值是否可改变又分为常量和变量两种。常量是程序运行中不能改变的量，包括常数和存放在内存单元中的标识常量。变量是可改写的内存单元中的标识。所有常量、变量都属于某种数据类型。类型决定了数据的存储和操作方式。

本章常见错误：

1. 基本程序框架常见错误

1）#include < stdio. h > 书写问题：“#”号不写；include 预处理指令写错；stdio. h 拼写错误，导致搜索不到库文件；< > 没在英文状态下输入。

2）int main( ) 常见错误：拼错 main，拼错将找不到程序执行入口；末尾加“;”(不是语句不能加)；int 和 main 间无空格。

3）return 0；常见错误：return 和 0 间无空格；末尾丢“;”。

2. 格式输出函数 printf( ) 常见错误

1）错误地将输出项包含在格式控制串中，例如，printf("BMI:%.1lf\n,bmi")；导致 bmi 变成普通字符输出。

2）格式控制字符和输出项类型不一致。例如，float a = 3.15；printf("%d\n",a)；将输出乱码。

3）占位格式字符和各输出项在数量和类型上不一致。例如，printf("%d\n",a,b)，变量 b 的值将不被输出，printf("%d%d%d\n",a,b)；将多输出一个随机整数。

4）错误地将转义字符放在格式控制串外。例如，printf("%d%d"\n,a,b)；将出现编译错误。

5）错误地在输出变量前加“&”，导致不能输出变量的值，而是地址。

6）格式控制字符串的双引号使用了中文符号，括号使用了中文符号，末尾的分号使用了中文符号。

7）末尾漏加英文分号，表示语句的结束。

3. 格式输入函数 scanf( ) 函数常见错误

1）错误地将输入项包含在格式控制串，例如，scanf("%lf,&f")；导致变量 f 无法正常从控制台输入数据。

2）scanf( ) 函数中没有类似 printf( ) 的精度控制，也没有转义字符。例如，scanf("%5.2f",&a)；是非法的。不能用此语句输入小数为 2 位的实数。

3）在 scanf( ) 函数的“输入参数”中，变量前面忘记取地址符 &。

4）“输出控制符”和“输出参数”无论在“顺序上”还是在“个数上”没有一一对应。

5）“输出控制符”中有普通字符，在输入数据时没有输入普通字符。结果将导致数据不能正常赋值给变量，建议尽量不要有普通字符。

4. 变量使用常见错误

1）变量不定义就使用。编译错误会提示用到的标识符未定义，如程序片段：

```
int a =5,b =6;
c =a +b;
```

出现错误提示：

```
error C2065:“c”:未声明的标识符。
```

2）变量未赋值就使用。结果使用了变量的随机值，计算结果不准确，编译器给出警告，使用的变量没有初始化。

如程序：

```
#include <stdio.h >
int main()
{
  int a,b,c;
  c =a +b;
  a =5;
  b =6;
  printf("%d",c);
  return 0;
}
```

出现提示信息如下：

```
Run-Time Check Failure #3 - The variable 'a' is being used without being initialized.
```

```
Run-Time Check Failure #3 - The variable 'b' is being used without being initialized.
```

运行结果：-1717986920

3）不区分实际应用，把所有变量都定义成 int，导致计算带有小数的数据错误。

4）忽略数据类型的表示范围，错误使用数据类型，导致数据溢出。

5）变量的类型与输入输出格式不一致，导致不能正确输入输出数据。

习　题　2

1. 选择题

（1）以下不正确的叙述为______。

A）在 C 语言程序中，逗号运算符的优先级最低

B）在 C 语言程序中，APH 和 aph 是两个不同的变量

C）若 a 和 b 类型相同，在计算表达式 a = b 后，b 的值将放入 a 中，而 b 中的值不变

D）当从键盘输入数据，对于整型变量只能输入整型数值，实型变量只能输入实型数值

（2）下面四个选项中，均是不正确的八进制或十六进制数的选项为______。

A）016	B）0abc	C）010	D）0a12
0x8f	017	-0x11	7ff
018	0xa	0x16	-123

（3）已知各变量的类型说明如下，则不符合 C 语言语法规定的表达式为______。

```
int  k,a,b;
unsigned long w =5;
double x =1.42;
```

A）x%(-3)　　　　B）w += -2

C）k = (a = 2, b = 3, a + b)　　　　D）a += a - = (b = 4) * (a = 3)

（4）已知字母 A 的 ASCII 码为十进制数 65，且 c2 为字符型，则执行语句 c2 = 'A' + '6' - '3'后 c2 的值为______。

A）D　　B）68　　C）不确定的值　　D）C

（5）设变量 n 为 float 型，m 为 int 型，则以下能实现将 n 中的数值保留小数点后两位，第三位进行四舍五入的表达式为______。

A）n = (n * 100 + 0.5)/100.0　　　　B）m = n * 100 + 0.5，n = m/100.0

C）n = n * 100 + 0.5/100.0　　　　D）n = (n/100 + 0.5) * 100.0

（6）下面正确的字符常量为______。

A）“c”　　B）“\\”　　C）'W'　　D）“”

（7）若有说明语句：char c = '\72'；则变量 c ______。

A）包含 1 个字符　　　　B）包含 2 个字符

C）包含 3 个字符　　　　D）说明不合法，c 的值不确定

（8）设变量 a 是整型，f 是实型，i 是双精度型，则表达式 10 + 'a' + i * f 的值的数据类型为______。

A）int　　B）float　　C）double　　D）不确定

2. 填空题

（1）在C语言中（以64位PC机为例），一个char型数据在内存中所占的字节数为__________；一个int型数据在内存中所占的字节数为__________。

（2）若有定义：int a=7；float x=2.5，y=4.7；则表达式x+a%3*(int)(x+y)%2/4的值为__________。

（3）若有以下定义，int m=5，y=2；则计算表达式y+=y-=m*=y后y的值为__________。

（4）若有定义：int b=7；float a=2.5，c=4.7；则表达式a+(int)(b/3*(int)(a+c)/2)%4的值为__________。

（5）C语言中的标识符只能由三种字符组成，它们是__________、__________和__________。

（6）若有定义：int a，b；表达式a=2，b=5，a++，b++，a+b的值为__________。

（7）若s是int型变量，则表达式s%2+(s+1)%2的值为__________。

（8）若x和n均是int型变量，且x和n的初值均为5，则计算表达式x+=n++语句后x的值为__________，n的值为__________。

（9）假设m是一个三位数，从左到右用a、b、c表示各位的数字，则从左到右各个数字是bac的三位数表达式为__________。

3. 编程题

（1）本题要求编写程序，输出一个短句“Programming in C is fun!”。

（2）本题要求编写程序，计算华氏温度160°F对应的摄氏温度。计算公式：C=5×(F-32)/9，式中C表示摄氏温度，F表示热力学温度，输出数据要求为整型。

（3）本题要求编写程序，计算2个正整数的和、差、积、商并输出，题目保证输入和输出全部在整型范围内。

输入格式：输入在一行中给出2个正整数A和B。

输出格式：在4行中按照格式“A 运算符 B=结果”顺序输出和、差、积、商。

（4）本题要求编写程序，计算4个整数的和与平均值。题目保证输入与输出均在整型范围内。

输入格式：输入在一行中给出4个整数，其间以空格分隔。

输出格式：在一行中按照格式“Sum=和；Average=平均值”顺序输出和与平均值，其中平均值精确到小数点后一位。

（5）模拟交通警察的雷达测速仪。输入汽车速度，如果速度大于等于60mile/h，则显示“Overspeed”，否则显示“OK”。

输入格式：输入在一行中给出1个不超过500的非负整数，即雷达测到的车速。

输出格式：在一行中输出测速仪显示结果。

（6）本题要求编写程序，顺序读入浮点数1、整数、字符、浮点数2，再按照字符、整数、浮点数1、浮点数2的顺序输出。

输入格式：在一行中顺序给出浮点数1、整数、字符、浮点数2，其间以1个空格分隔。

输出格式：在一行中按照字符、整数、浮点数1、浮点数2的顺序输出，其中浮点数保留小数点后2位。

输入样例：1. 25 65 a 5. 3

输出样例：a 65 1. 25 5. 30

（7）本题要求编写程序，输出指定的由“*”组成的倒三角图案。

输出格式：按照下列格式输出由“*”组成的倒三角图案。

```
* * * *
 * * *
  * *
   *
```

（8）一个物体从200m的高空自由落下。编写程序，求它在前3s内下落的垂直距离（双精度浮点型）。设重力加速度为$10m/s^2$。

第3章 简单分支及其应用

导读

C语言程序有三种基本结构：顺序结构、分支结构（选择结构）和循环结构。本章重点介绍简单分支语句的使用方法与应用范围。通过运用三种不同的if语法结构，学会分支语句的使用方法与技巧，能够应用分支结构求解日常生活中的问题。

本章知识点

1. 运算符（关系运算，逻辑运算，条件运算）。
2. 三种if分支语句（if，if...else，if...else if...else）的使用方法与技巧。
3. if语句的嵌套规律。
4. 运用if解决日常生活中的问题。

3.1 案例初探

【案例3-1】 问题描述：为鼓励居民节约用水，自来水公司采取按用水量阶梯式计价的办法，居民应交水费y（元）与月用水量x（吨）相关：当x不超过15吨时，y=4x/3；超过后，y=2.5x-17.5。请编写程序实现水费的计算。

测试用例1

输入用水量x：

0

应交水费为13.33

测试用例2

输入用水量x：

0

应交水费为32.50

案例要点解析：在第1章C语言的特点中提到C语言是一种结构化语言。如果按照结构化程序设计的观点，任何程序都可以使用三种基本的控制结构来实现，即顺序结构、分支结构、和循环结构。其中分支结构就是根据条件的真或者假来选择所要执行的语句，一般分为双分支和多分支两种结构。本题采用的就是双分支结构。

1）首先定义两个double型变量x，y。

2）从键盘中读入用水量x，注意读入x进行格式化输入的时候用的是%lf格式控制，如果定义的变量x是int型，那么就需要用%d进行格式化控制，如果是float数据类型，对应格式化控制方式为%f。

3）根据输入x的值，进行一次判断，如果满足条件x<15，就执行if后面的大括号里面的语句。如果给定的x>=15，就忽略if大括号里面的内容，去执行else里面的内容。

4）最后打印y的值，%.2f格式是将y保留小数点后面两位有效小数。

源程序

```
#include <stdio.h>
int main()
{
    double x,y;                 /*定义两个double型的变量*/
    printf("请输入用水量x:\n");
    scanf("%lf",&x);            /*从键盘上读取用水量数据x,double类型
                                  用%lf*/
    if(x<15)                    /*若满足x<15*/
    {
        y=4*x/3;
            printf("您应交水费为%.2f",y);
                                /*%.2f表示保留2位小数*/
    }
    else                        /*不满足x<15*/
    {
        y=2.5*x-17.5;
        printf("您应交水费为%.2f",y);
    }
    return 0;
}
```

C语言编程中，为了验证程序的正确性，需要一次测试很多组数据。为了便于一次测试多组数据，一般情况下是把输入数据放在while条件里面。如果停止测试的话，输入ctrl+z可以直接结束测试。后面章节中的程序大家可以根据需要自行改写，方法基本类似。本案例多次测试结果的程序改写为源程序改进版本。

源程序（改进版本）

```
#include <stdio.h>
int main(void)
{
    double x,y;/*定义两个double型的变量*/
//  printf("请输入用水量x:\n");
    while(scanf("%lf",&x)!=EOF) //while(scanf("%lf",&x))
```

```
    //或 while(~scanf("%lf",&x))
        {
        if(x <15)                                    /*若满足 x <15 */
        {
            y =4 * x/3;
            printf("您应交水费为%.2f",y);  /*%.2f 表示保留 2 位小数*/
        }
        else                                         /*不满足 x <15 */
        {
            y =2.5 * x-17.5;
            printf("您应交水费为%.2f",y);
        }
        }
        return 0;
    }
```

输入测试数据:

10

案例运行结果:

您应交水费为 13.33

输入测试数据:

20

案例运行结果:

您应交水费为 32.50

输入测试数据:

3

案例运行结果:

您应交水费为 4.00

输入测试数据:

ctrl + z

案例运行结果:

程序终止运行，结束。

案例结果总结: 请大家注意如何循环测试多组数据，采用的方式是把输入的条件放在循环里面，即 while(scanf("%lf",&x)! = EOF)，这样可以重复测试多次，直到输入 ctrl + z 结束。

上一章主要涉及程序的三种结构之一的顺序结构。顺序结构严格按照程序语句的先后顺序执行，直到程序结束。从本章起会逐渐接触到程序的另外两种结构，分支结构和循环结构。为了便于大家了解程序的执行过程，在此使用流程图来表示程序执行的步骤，常用的流程图符号如图 3-1 所示。

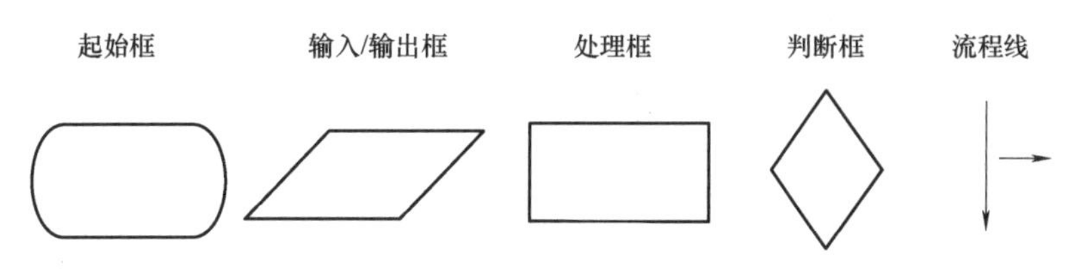

图 3-1　流程图符号

下面把经典的【案例 3-1】用流程图的形式展示给大家。如图 3-2 所示，流程图能够直观地反映程序执行的过程。该案例给大家提供了循环结构与选择结构的流程图，大家在以后的程序编写中可以尝试自己画流程图。

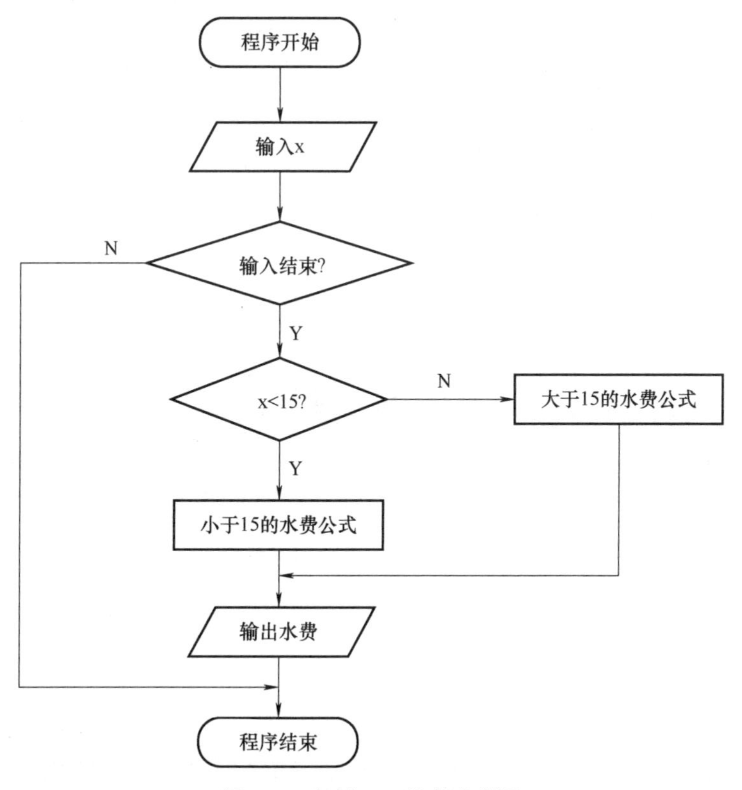

图 3-2　案例 3-1 程序流程图

3.2　关系运算、逻辑运算、条件运算

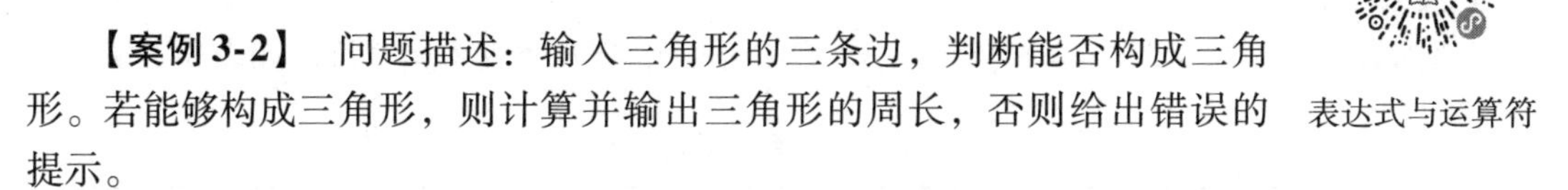

表达式与运算符

【案例 3-2】　问题描述：输入三角形的三条边，判断能否构成三角形。若能够构成三角形，则计算并输出三角形的周长，否则给出错误的提示。

测试用例 1：输入 3 4 5；结果输出三角形的周长为 12。

案例要点解析：本案例有两种条件语句思路，构成三角形时边的关系或者不构成三角形时边的关系。不构成三角形时边的关系，即：任意两边之和小于等于第三边就不构成三角

形，用或连接（如 a + b <= c || a + c <= b || b + c <= a），或者构成三角形时边的关系，任意两边之和大于第三边（a + b > c&&a + c > b&&b + c > a）。

源程序

```
#include <stdio.h>
int main(void)
{
    int a,b,c,z;                               /*定义4个整型变量,表示三
                                                 角形的三条边和周长*/
    printf("请输入三角形的三条边长:\n");
    scanf("%d",&a);
    scanf("%d",&b);
    scanf("%d",&c);
    if(a+b<=c||b+c<=a||a+c<=b)                 /*判断能否构成三角形*/
    {
        printf("不能构成三角形\n");            /*给出错误提示*/
    }
    else
    {
        z=a+b+c;
        printf("输出三角形的周长为:%d\n",z);
    }
    return 0;
}
```

输入测试数据：

1 2 4

案例运行结果：

不能构成三角形。

案例结果总结：注意构成三角形的条件，构成三角形需要满足边的关系，或者不构成三角形需要满足边的关系。

3.2.1 关系运算符和关系表达式

1. 关系运算符

关系运算符用于判断两个操作数的大小。在 C 语言中有 6 个关系运算符，如表 3-1 所示。

表 3-1 关系运算符

运 算 符	含 义
>	大于
>=	大于等于

（续）

运算符	含义
<	小于
<=	小于等于
==	等于
!=	不等于

注：

1）关系运算符都是双目运算符，其结合方向都是自左结合。

2）关系运算符的优先级低于算术运算符，但是高于赋值运算符。

3）关系运算符中“>”“<”“>=”“<=”的运算优先级相同，“==”“!=”的优先级相同，其中前者的优先级又高于后者，即“>”的优先级高于“==”。

2. 关系表达式

用关系运算符将两个表达式连接起来的式子称为关系表达式。关系表达式的一般形式为

表达式1　关系运算符　表达式2

功能：比较两个表达式的大小，返回一个逻辑值，例如，“a+b>=m+n”“x<=1/2”“a+1!=c”“a+b==x+y”都是合法的表达式。

关系表达式中允许出现嵌套的情况，例如，“x>(y>z)”“a!=(c==d)”等。

注：

1）区分运算符“=”和“==”的不同，“=”是赋值运算符，“==”是关系运算符。

2）对实数进行相等判断可能得不到正确的结果，在运算过程中可能会损失精度，例如，“1.0/3*3.0==1.0”的结果不一定为真（1），也可能为假（0）。

3）关系表达式中可以出现赋值运算符，如“m>(n=0)”，但是不能写成“m>n=0”的结果式。因为关系运算符的优先级高于赋值运算符，表达式“a>b=0”相当于“(a>b)=0”，赋值运算符左边不是变量，会出现编译错误。

关系表达式主要用于分支结构的条件判断。关系表达式的结果是一个逻辑值“真”或“假”。由于C语言中没有逻辑类型的数据，因此用“1”表示“真”，用“0”表示“假”，例如，关系表达式“(a=3)>(b=8)”的值为0。【案例3-2】中判断能否构成三角形的那一行if条件中用的就是关系表达式。为了更好地理解上面的关系运算与逻辑运算的结果，下面的程序大家自行分析结果，再与机器运行结果进行比对。

【案例3-3】 问题描述：分析下面关系运算符代码的执行结果，理解并掌握关系运算符的运算规律。

源程序

```
#include <stdio.h>
int main(void)
{
    int a,b,c,d;
```

```
    a=1,b=2,c=3,d=4;
    printf("输出 a>b 的值:\n");
    printf("%d\n",a>b);
    printf("输出 c<d 的值:\n");
    printf("%d\n",c<d);
    printf("输出(a+b)<(c+d)的值:\n");
    printf("%d\n",(a+b)<(c+d));
    printf("输出(a+c)>(b+d)的值:\n");
    printf("%d\n",(a+c)>(b+d));
    return 0;
}
```

案例运行结果:

1 大于 2 的结果 0

3 小于 4 的结果 1

1+2 小于 3+4 的结果为 1

1+3 大于 2+4 的结果为 0

案例结果总结: 关系运算结果为真，用 1 表示；结果为假，用 0 表示。

3.2.2 逻辑运算符和逻辑表达式

1. 逻辑运算符

关系表达式只能描述单一的条件，对于较复杂的符合条件，例如，“x<10 且 x 大于4”，如果用关系表达式“4<x<10”来描述，则当 x=2 时，由于关系运算符是向左结合的，因此先计算的是“4<x”，其值为0；然后再计算“0<10”，其值为1；即说明当 x=2 时，满足关系“4<x<10”，这显然是错误的。此时就需要用逻辑运算符将若干个关系表达式连接起来，正确表达式为 x>488，x<10。逻辑运算符的规则如表 3-2 所示。

表 3-2 逻辑运算符表

运算符	!	&&	||
名称	逻辑非	逻辑与	逻辑或
结合性	右结合	左结合	左结合

注：此表中的优先级顺序是从左向右，由高到低。另外，与运算符 && 和或运算符 || 都是双目运算符，非运算符! 为单目运算符。

2. 逻辑表达式

用逻辑运算符将两个表达式连接起来的式子称为逻辑表达式。逻辑表达式的一般形式为

表达式 1　逻辑运算符　表达式 2

逻辑表达式的结果也是一个逻辑值“真”或“假”，即为“1”或“0”。逻辑运算的真值表如表 3-3 所示。

表 3-3 逻辑表达式运算规则

a	b	! a	a&&b	a || b
0	0	1	0	0
0	非 0	1	0	1
非 0	0	0	0	1
非 0	非 0	0	1	1

关于逻辑表达式的说明：

1）参与逻辑运算的数据可以是 1 和 0，也可以是非零值和 0，还可以是任何类型的数据。但最终都是以非 0 和 0 来判断它们是“真”或“假”。

2）在逻辑表达式中也可以使用赋值运算符，如“a&&(b =0)”，但是不能写成“a&&b = 0”的形式。因为逻辑运算符的优先级高于赋值运算符，表达式“a&&b = 0”相当于“(a&&b) =0”，赋值运算符左边不是变量，会出现编译错误。

3）C 语言规定，只对决定整个表达式值所需的最少数目的子表达式进行运算，即在由若干子表达式组成的逻辑表达式中，从左向右计算。当计算出一个子表达式的值就能确定整个逻辑表达式的值时，此后就不再计算右边剩余的表达式的值，这种情况称为“短路”。下面列举常见的两种短路情况。

a）对于逻辑与（&&）运算，若“&&”的左边表达式为假，则可以得出整个表达式的值为假，那么“&&”右边的表达式将不再进行计算；只有当“&&”左边的表达式为真时才计算右边表达式的值。

b）但是对于计算逻辑或（||）运算则同逻辑与相反，若“||”左边的表达式的值为真时，则可以得出整个的表达式的值为真，那么“||”右边的表达式的值将不再进行计算；只有当“||”左边的表达式为假时，才计算右边的表达式的值。

【案例 3-4】 问题描述：若有 x =3，y =4，z =5，则执行表达式“(x >y)&&(y +=z) || (z +=y)”后，分析程序中 x，y，z 的结果。

源程序

```
#include <stdio.h >
int main(void)
{
    int x =3,y =4,z =5;
    int w;
    w = (x >y)&&(y +=z) || (z +=y);/ * 把最终结果赋值给 w * /
    printf("%d,%d,%d,%d",w,x,y,z);/ * 输出 w,x,y,z * /
    return 0;
}
```

案例运行结果：

1, 3, 4, 9

案例结果总结：

1）表达式“y +=z”其实就是“y =y +z”，另外“&&”的优先级高于“||”的优先级。

2）从程序上看 w=1，其原因是表达式先计算“x>y”其值为假（0），（y+=z）忽略不计算，整个表达式相当于是((x>y)&&(y+=z))||(z+=y)，因此会执行“(z+=y)”，执行完后 z=9，该值为真（1），最终是“0||1”其值为真，x，y 的值都没有变化，z 的值变成9。

3）对于或运算符（||），如果第一个表达式或者变量为1，则后面的表达式无意义，产生“短路”，即后面的表达式的值不参与计算；对于与运算符（&&）来说，如果前面的变量或者表达式的值为0的话，则后面的变量或表达式产生“短路”。

【案例3-5】 本案例是短路或和短路与的应用案例。为了更好地理解“短路”规则，请分析程序的运行结果，观察变量的变化情况。

源程序

```
#include <stdio.h>
int main()
{
    int a,b,c,e,f,g;
    a=3;
    b=2;
    c=4;
    int d=a++||++b&&c++;
    printf("%d %d %d %d\n",a,b,c,d);
    e=0;
    f=3;
    g=e++&&f++;
    printf("%d %d %d",e,f,g);
    return 0;
}
```

案例运行结果：

4 2 4 1

1 3 0

案例结果总结：从 d 表达式来看，最后是两个表达式的或运算，因为 a++ 表达式值为3，但是 a 增加了1，所以前面表达式为真，后面表达式或者变量全部短路，b、c 的值不会发生任何变化，这就是短路或的运算规则。对于后面的变量 e、f、g 来说，e++ 表达式的值为0，e 的值增加了1，因为表达式值为0，对于与来说，后面的结果没有意义，产生了“短路”。所有 f 后面的值没有变化，最终 g 变量的结果为0。

各种运算优先级结合顺序如表3-4所示，详细的规则可以查看本书的附录表2。

表3-4 各种运算符的优先级从高到低的顺序

运算符	!	算术运算符	关系运算符	&& 和 ||	赋值运算符
结合性	右结合	左结合	左结合	左结合	右结合
优先级	从左到右，由高到低				

将下列语句转换为对应的表达式：

1）ch 是空格或者回车。

2）number 是偶数

3）year 是闰年，即 year 能被 4 整除但不能被 100 整除，或 year 能被 400 整除。

4）字母的判定（大写字母或者小写字母）

解答：

1）逻辑表达式（ch == ' '）||（ch == '\n'）

2）number%2 ==0

3）（year%4 ==0&&year%100! =0）||（year%400 ==0）

4）（ch >= 'a'&&ch <= 'z' || ch >= 'A'&&ch <= 'Z'）

【案例 3-6】 问题描述：输入 10 个字符，统计其中英文字母、数字字符和其他字符的个数。

测试用例：输入：abc123 + - d4

输出：letter =4，digit =4，other =2

案例要点解析： 输入 10 个字符，分类判断字符所属类型并分类统计个数，其中需要注意的是：空格或者回车也算一个“其他字符”，特别注意使用 getchar( ) 进行字符输入会较为准确，一般情况不要用 scanf（"%c"，&ch）的形式来输入字符，如果采用了 scanf( ) 的形式输入的话，回车字符是不能被判断为有效字符的，导致“其他字符”计数累计错误。另外需要注意，字母字符包括大写字母或小写字母。

源程序

```
#include <stdio.h>
int main(void)
{
    int digit,i,letter,other;
    char ch;
    digit = letter = other =0;
    printf("Enter 10 characters:");
    for(i =1; i <=10; i ++)
    {
    ch =getchar();                    /* 从键盘输入一个字符,赋值给变量
                                         ch */
    if((ch >='a'&&ch <='z' ) || (ch >='A'&&ch <='Z'))
        letter ++;
    else if(ch >='0'&&ch <='9')       /* 如果 ch 是数字字符 */
        digit ++;
    else
    other ++;
    }
```

```
        printf("letter =%d,digit =%d,other =%d\n",letter,dig-
it,other);
        return 0;
    }
```

输入测试数据：

Enter 10 characters：abc@！@12

A

案例运行结果：

letter =4，digit =2，other =4

案例结果总结：需要特别注意的是换行（回车）也是“其他字符”，不要漏统计了，另外针对可能存在的换行字符需要使用getchar( ) 函数进行字符的输入。

3.2.3 条件运算符和条件表达式

1. 条件运算符

条件运算符由“?”和“:”两个符号组成，用于条件求值。它是一个三目运算符，需要三个操作数。条件运算符的优先级低于逻辑运算符，但高于赋值运算符，它是右结合的。

2. 条件表达式

由条件运算符将三个表达式连接起来的式子称为条件表达式，其一般形式为：

表达式1？表达式2：表达式3

条件表达式的执行顺序是：先计算表达式1的值，若值为非0，表示条件为真，则将表达式2的值作为整个条件表达式的值；否则将表达式3的值作为整个条件表达式的值。例如，2 >1？4：3的值为4。

若已有声明“int a =2，b =1”，则表达式a <b？a ++：b ++的值为1。

分析：对于条件表达式“a <b？a ++：b ++”，先计算表达式“a < b”的值，结果为0，则将表达式“b ++”的值作为条件“a <b？a ++：b ++”的值，即1，而变量b的值为2。

关于条件表达式的说明：

1）条件表达式中表达式1的类型可以与表达式2和表达式3不同；表达式2和表达式3的类型也可以不同，此时系统会自动进行转换，结果为表达式2和表达式3中级别类型较高的，并将其作为条件表达式的类型。例如条件表达式“a？1：2.0”的结果为double型的1.0。

2）条件表达式中表达式2和表达式3不仅可以是数值表达式，还可以是赋值表达式或函数表达式，例如，“x >y？x =1:(z =2)”，可以写成“x >y？x =1：z =2”的形式。因为在表达式“x > y？x =1：z =2”中，条件运算符的优先级高于赋值运算符，上述表达式相当于“(x >y？x =1:z) =2”，但因为赋值符号左边不是变量，故在编译时会报错。

3）条件表达式允许嵌套。例如，“x >3？y:z >2？1:0”，根据条件表达式的结合性，它相当于“x >3？y:(z >2？1:0)”。

【案例3-7】 问题描述：用三目运算符表达式求两个数中较小的数。

源程序

```
#include <stdio.h>
int main(void)
{
    int a,b;
    printf("请输入两个整数:\n");
    scanf("%d,%d",&a,&b);
    printf("两个数中较小的数为:%d\n",a<b? a:b);/*返回两个数中较
                                                  小的数*/
    return 0;
}
```

输入测试数据1：

请输入两个整数：

5，10

案例运行结果：

两个数中较小的数为：5

输入测试数据2：

请输入两个整数：

5，3

案例运行结果：

两个数中较小的数为：3

案例结果总结： 程序中使用到了三目运算符 a<b? a：b（?:），是根据表达式的值（a<b）的真假来执行后面的语句，如果条件表达式为真，最终表达式的值为 a；反之，最终表达式的值为 b。

3.3 if 分支

各种 if 分支讲解

if 是选择分支语句，常用的分支选择语句有三种，单分支 if（通过案例3-2 介绍），二分之一分支 if...else（通过案例3-6 介绍），还有多分支的嵌套，将在3.4 节详细介绍。

【案例3-8】 问题描述：输入任意一个值，输出其绝对值的相反数。

测试用例1：

输入：4

结果：-4.00

源程序

```
#include <stdio.h>
```

```
int main(void)
{
    float a;
    printf("请输入一个数:\n");
    scanf("%f",&a);
    if(a>0)
        a=-a; /*如果a是正数,则取其相反数*/
    printf("%.2f",a);
    return 0;
}
```

输入测试数据:

-5

案例运行结果:

-5.00

案例结果总结:注意%.2f格式化输出方式，代表保留小数点后面2位有效数字。

【案例3-9】 问题描述：编写程序，输入任意两个数，要求输出其中较大的数。

测试用例:

4 5

两个数中的最大数为：5

源程序

```
#include<stdio.h>
int main(void)
{
    int a,b;
    printf("请输入两个整数:\n");
    scanf("%d%d",&a,&b);
    if(a>b)
        printf("两个数中的最大数为:%d\n",a);/*输出a的值*/
    else
        printf("两个数中的最大数为:%d\n",b);/*输出b的值*/
    return 0;
}
```

输入测试数据:

7 3

案例运行结果:

两个数中的最大数为：7

案例结果总结:先来看一下【案例3-9】。这是一个双分支if语句。其一般形式如下:

if（表达式）
　　语句1；
else
　　语句2；

双分支 if... else 语句首先需要求解表达式，如果表达式的值为“真”，则执行语句1；若表达式的值为“假”，则执行语句2；无论是语句1还是语句2，执行完以后都会结束整个 if 语句。

【案例3-2】和【案例3-9】都是双分支的 if-else 语句的具体应用。

现在来看案例3-8，这是一个单分支的 if 条件语句。单分支 if 条件语句形式如下：

if（表达式）
　　语句；

双分支的 if... else 语句中，若缺少了“语句2”时，就构成了单分支 if 语句。它同样首先计算的是表达式，如果表达式的值为“真”，则执行语句；否则不执行语句，直接执行 if 语句的下一条语句。

【案例3-10】 问题描述：小明平时喜欢吃橘子，经常去购买橘子，有一次小明去超市买了一箱橘子，数量为 n，不幸的事情发生了，箱子里面混进去了一条小虫，小虫喜欢吃橘子，假设小虫吃橘子的速度是每 x 小时吃一个完整橘子，并假设小虫在没有吃完这个橘子之前，不去吃其他完整的橘子，经过了 y 小时后，问箱子里面还有多少个完整的橘子没有被小虫吃掉。

测试用例：

输入 n x y 的值：

6 2 2

输出结果：

5

案例要点解析：本案例主要考察整除问题，如果 y 能够被 x 整除，则毁坏的橘子的数量为 y 对 x 求商，剩下的橘子数量等于 n - y/x，如果 y 不能够被 x 整除的话，则毁坏的橘子数量为 y/x + 1，然后求解剩下的橘子数量 n - y/x - 1，上面两种情况采用 if... else 分支结构来进行求解。剩余橘子数量必须大于等于0。

源程序

```
#include <stdio.h>
int main(void)
{
    int n,x,y;
    int result;          //完整的剩下橘子
    scanf("%d%d%d",&n,&x,&y);
    if(y%x==0)
    result=n-y/x;
    else
```

```
        result = n-y/x-1;
        printf("%d",result);
          return 0;
    }
```

输入测试数据：

输入 n x y 的值：

8 3 7

案例运行结果：

5

【案例 3-11】 问题描述：有如下分段函数，x！ =0，y = -1；x =0，y =1，请根据 x 的值，求 y 的值。测试用例如下：

用例 1：

x =0

y =1

案例要点解析： 本案例 x 的值有两种情况，可以采用 if... else 结构。

源程序

```
    #include <stdio.h>
    int main(void)
    {
        int x,y;
        printf("x =");
        scanf("%d",&x);
        if(x ==0)
            y =1;                    /* x ==0 时,y =1 */
        else
            y = -1;                  /* 当 x 为非 0 时,y = -1 */
        printf("y =%d",y);
        return 0;
    }
```

输入测试数据：

x =1

案例运行结果：

y = -1

案例结果总结： 无论是双分支还是单分支 if 语句，被执行的语句都是单个语句，如果想控制执行一组语句（语句条数大于等于 2），则必须将这一组语句用｛｝括起来，形成复合语句；否则，条件语句只对紧跟着的语句进行控制执行，后面的语句与条件控制语句没有任何关系，不构成条件控制。

3.4 if 语句嵌套

【案例 3-12】 问题描述：输入一个 x 的值，按以下函数计算并输出 y 的值。

x >0，y =1，x =0，y =0，x <0，y = -1；

测试用例 1：

请输入整数 x：

2

y =1

测试用例 2：

请输入整数 x：

0

y =0

案例要点解析： 本案例 x 的值有三种情况，必须使用 if 语句的嵌套进行复合，主框架可以采用 if... else 结构，然后在 else 结构里面内嵌 if... else 语句，再次进行双分支选择。

源程序

```
#include <stdio.h>
int main(void)
{
    int x,y;
    printf("请输入整数 x:\n");
    scanf("%d",&x);
    if(x >0)
    y =1;
    else/*注意,else 下面的语句不是复合语句,这其实就是单个语句*/
    if(x ==0)
        y =0;
    else
        y = -1;
    printf("y =%d\n",y);
    return 0;
}
```

输入测试数据：

请输入整数 x：

-1

案例运行结果：

y = -1

案例结果总结： 注意多分支 if 语句的使用方法与技巧，另外注意 else 与就近的 if 进行匹配。

上面案例是一个多分支的 if 语句，它与内嵌的 if 语句不同，是一种实现多路分支的方法。其一般形式如下：

```
if (表达式1)
    语句1;
else if (表达式2)
    语句2
    ⋮
else if (表达式 n-1)
    语句 n-1
else
    语句 n
```

它的执行过程为：首先求解表达式1，如果表达式1的值为“真”，则执行语句1，并结束整个 if 语句的执行；如果表达式1为假，再判定表达式2的情况，如果表达式2为真，执行语句2，如果表达式2为假，再判断表达式3的真假…，最后判断表达式 n-1 的真假，若表达式1至n的值都为“假”时，执行语句n。

1. 分支语句经验总结

在上一节中，简单地介绍过分支结构 if 语句的基本形式。如果要解决的问题的分支少于等于2个，那么使用简单的 if 语句或者 if... else 语句会十分方便，但是在实际中可能经常遇到两个以上分支或者需要在多个不同的条件下执行不同语句的情况，这就需要掌握 if 语句嵌套以及多分支 if 结构。

一个 if 语句中又包含一个或多个 if 语句的现象被称为“if 语句的嵌套”。

现在回顾一下 if... else 条件的基本形式。

```
if (表达式)
    语句1;
else
    语句2;
```

其中“语句1”或“语句2”都可以嵌套另一个 if 语句，因此其形式有很多种，案例3-10是其中的一种。另外，在单分支的 if 语句中也可以嵌套另一个 if 语句。其形式如下：

```
if (表达式)
    if (表达式)
        语句1;
    else
        语句2;
```

另外在嵌套的 if-else 语句中，如果内嵌的 if 省略了 else 部分，则可能在语义上产生二义性。现假设有以下形式的 if 语句，第一个 else 与哪个 if 匹配呢？

```
if (表达式1)
    if (表达式2) 语句1;
else/* 与哪一个 if 匹配? */
```

if（表达式3）语句2；

else 语句3；

2. 关于 else 匹配 if 语句的经验总结

else 和 if 的匹配准则为：else 总是与它上面的距离它最近的一个未被否定的 if 相匹配。如果这个 if 条件没有被否决，则该条件成为其他被执行语句的前提（肯定）条件。

这里虽然第一个 else 与第一个 if 书写格式对齐，但它与第二个 if 对应，因为它们的距离最近。一般情况下，内嵌的 if 最好不要省略 else 部分，这样 if 的数量就和 else 的数量相同，从内层到外层一一对应，结构清晰，不易出错。现举例说明：

改写下列 if 语句，使 else 和第一个 if 配对。

```
if(x<2)
    if(x<1)  y=x+1;
    else  y=x+2;
```

解答：上述 if 语句中，else 与第二个 if 匹配。如果要改变 else 与第一个 if 的配对关系，一般采用下列两种方法。请读者自行测试一下结果，看看方案（1）与方案（2）的作用效果是否相同。

（1）使用大括号，构造一个复合语句。

```
if(x<2)
{
    if(x<1)  y=x+1;
}
    else  y=x+2;
```

（2）增加空的 else。

```
if(x<2)
    if(x<1)  y=x+1;
    else;
else y=x+2;
```

3.5 简单分支综合应用

【案例 3-13】 问题描述：（1）邮资计算问题：根据邮件的重量和用户是否选择加急计算邮费。（2）计算规则：重量在 1000 克以内（包括 1000 克），基本费 8 元。超过 1000 克的部分，每 500 克加收超重费 4 元，不足 500 克部分按 500 克计算；如果用户选择加急，多收 5 元，加急输入字符'y'，不加急输入字符'n'。

输入测试样例：

1200 y

输出结果：

17

案例要点解析：本章的第一节介绍了流程图的使用方法，大家可以根据题目要求，画出流程图或写出算法步骤，算法步骤如下。请大家根据算法的步骤，自行画出算法的流程图。

算法步骤：

（1）输入邮件重量 w 及是否加急 u。

（2）如果 w <= 1000，邮资 cost = 8；否则如果 w-1000 能够整除 500，则 cost = 8 + (w - 1000)/500 * 4；否则 cost = 8 + ((w - 1000)/500 + 1) * 4。

（3）如果 u 等于'y'，cost = cost + 5。

（4）输出邮资 cost。

编写代码：

首先考虑定义变量，变量命名尽量见名知义，符合标识符命名规则。变量定义先考虑输入数据存放变量，其次考虑定义存放结果变量，最后考虑临时存放数据变量，如本题超重部分可设临时变量。

本题需要输入一个整数和一个字符，需要计算邮资，可先考虑定义变量：

```
int w;          //存放重量
char u;         //是否加急
int cost;       //邮资
int d;          //超重
```

源代码

```
#include <stdio.h>
int main()
{
    int w,cost;                     //重量、邮资
    char u;                         //是否加急
    int d;                          //临时变量超重部分
    scanf("%d %c",&w,&u);           //读入数据
    if(w <=1000)                    //不超过 1000 克普通邮资
      cost =8;
    else                            //超过 1000 克普通邮资
    {
      d =w-1000;                    //超重数量
    if(d%500 ==0)                   //超重恰好是 500 倍数
      cost =8 +d/500* 4;
    else                            //超重不是 500 倍数,取整数部分加 1
      cost =8 +(d/500 +1)* 4;
    }
    if(u =='y')                     //是否加急
      cost =cost +5;
```

```
    printf("%d",cost);          //输出邮资
    return 0;
}
```

输入测试数据：

1800 n

案例运行结果：

16

案例结果总结：本案例要求重量不超过500的部分，按照500计算，需要使用if语句进行判断重量是否是500的倍数，如果是则直接按照500的倍数进行计算，如果不是则需要重量对500求商，然后加1进行计算。

【案例3-14】 问题描述：田忌赛马的故事大家都听说过，为了比赛，田忌需要把三匹马的速度按照从慢到快的顺序排列，先输入三匹马的速度，将排序后的马的速度按照从小到大顺序输出。

测试用例：

5 4 6

输出结果：4 5 6

案例要点解析：先比较两匹马A、B的速度a、b，如果a>b，交换a b位置，保证a小b大，然后再比较两匹马A、C的速度a、c，比较方法同a、b，如果c比a小，则c与a交换位置，然后再比较两匹马B、C的速度b、c，如果c小于b的话，则c与b交换位置，最终保证a最小，b次之，c最大。

源程序

```
#include <stdio.h>
int main()
{
    int a,b,c;
    int t;              //交换临时存储变量
    scanf("%d%d%d",&a,&b,&c);
    if(a>b)
    {
        t=a;
        a=b;
        b=t;
    }
    if(a>c)
    {
        t=a;
        a=c;
        c=t;
```

```
    }
    if(b > c)
    {
        t = b;
        b = c;
        c = t;
    }
    printf("%d %d %d",a,b,c);
    return 0;
}
```

输入测试数据:

8 7 6

案例运行结果:

6 7 8

案例结果总结: 关于两个变量值的交换问题，一定要预先存储某一个元素的值，例如，本例的 t = a，避免后面在交换过程中其初始值被覆盖，千万不要采用 a = b、b = a 这样的方式交换。

【案例 3-15】 问题描述：输入一个整数，判断该数是奇数还是偶数。

测试用例:

输入一个数:

6

输出结果:

6 是偶数

案例要点解析: 本案例需要判断数是奇数还是偶数，两种情况，使用 if... else 即可，奇数对 2 整除余数为 1，偶数对 2 整除余数为 0。

源程序

```
#include <stdio.h>
int main(void)
{
    int a;
    printf("输入一个数:\n");/* 提示语 */
    scanf("%d",&a);
    if(a%2 ==0)
    {
        printf("%d 是偶数\n",a);
    }
    else
```

```
        {
            printf("%d是奇数\n",a);
        }
    }
```

输入测试数据:

5

案例运行结果:

5是奇数

【案例3-16】 问题描述：输入一个C语言考试成绩，判定是通过还是不通过，大于等于60，输出“Pass”，否则输出“No Pass”。输入的成绩超过100或小于0，输出“Data Error”。

测试用例1:

78

输出结果:

Pass

测试用例2:

56

输出结果:

No Pass

案例要点解析: 本案例需要判断成绩的范围，并给出对应的结果，成绩有三种情况，60~100，0~59，其他无效成绩（小于0，或者大于100），可以使用if...else的嵌套来实现。先判断无效范围，否则成绩有效，成绩在有效范围内，再进一步划分其区间。

源程序

```
#include <stdio.h>
int main()
{
    int grade;
    scanf("%d",&grade);
    if(grade >100 || grade <0)          //先考虑不合法成绩
    printf("Data Error");
    else if(grade >=60)
    printf("Pass");
    else
    printf("No Pass");
    return 0;
}
```

输入测试数据:

120

案例输出结果：

Data Error

案例结果总结： 先判断不合法成绩的范围，输出对应的结果，否则说明成绩合法，再进一步划分合法的规则，读者可以考虑其他方法，如先逐步判断有效分数范围，最后再判断无效分数，修改程序，并与上面程序做一下比较分析。

【案例 3-17】 问题描述：编写程序由键盘输入一个字符，若该字符为小写字母，则将其转换为大写字母；若该字符为大写字母，则将其转换为小写字母；否则将其转换为 ASCII 码表中的下一个字符。

测试用例 1：

请输入一个字符：

a

A

案例要点解析： 本案例需要对输入的字符按照规则进行转换，总共有三种规则，大写字母转换小写字母，小写字母转换大写字母，“其他字符”，变成这个字符 ASCII 码的下一个字符，可以采用 if... else if 的结构进行程序编写。

源程序

```
#include <stdio.h>
int main(void)
{
    char c1,c2;             /*定义两个字符变量*/
    printf("请输入一个字符:\n");
    c1 =getchar();
    if(c1 >='a'&&c1 <='z')
        c2 =c1-32;
    else if(c1 >='A'&&c1 <='Z')
        c2 =c1 +32;
    else
        c2 =c1 +1;
    putchar(c2);
    return 0;
}
```

输入测试数据：

请输入一个字符：

B

案例运行结果：

b

案例结果总结： 函数 getchar() 和 putchar() 分别处理单个字符的输入或输出，即调用一次函数只能输入或输出一个字符。大写字母与小写字母的 ASCII 码之间相隔 32，且小写字母 ASCII 码大，连续两个顺序字符之间的 ASCII 码相隔 1，例如，'1'字符与'2'字符 ASCII 码之间相隔整数 1。

【案例 3-18】 问题描述：求解简单的四则运算表达式。输入一个形式如“操作数 运算符 操作数”的四则运算表达式，输出运算结果。

测试用例 1：

输入一个表达式：2+3

=5.00

测试用例 2：

输入一个表达式：5-3

=2.00

案例要点解析： 本案例根据输入运算符的不同，有多种分支情况，如+、-、*、/，需要采用多分支语句处理上述问题。根据运算符号的不同，执行对应符号的运算结果。

源程序

```
#include <stdio.h>
int main()
{
    double a,b;
    char op;
    printf("输入一个表达式:");
    scanf("%lf%c%lf",&a,&op,&b);
    if(op=='+')
        printf("=%.2f\n",a+b);
    else if(op=='-')
        printf("=%.2f\n",a-b);
    else if(op=='*')
        printf("=%.2f\n",a*b);
    else if(op=='/')
        printf("=%.2f\n",a/b);
    else
        printf("运算符输入有错");
    return 0;
}
```

输入测试数据：

输入一个表达式：8*9

案例运行结果：

=72.00

输入测试数据：

输入一个表达式：15/3

案例运行结果：

=5.00

案例结果总结：运算符和操作数之间必须连续输入，中间不能有空格，特别是第一个浮点数与字符之间不要用空格隔开，因为空格也是字符，容易出错，或者在输入格式中加入空格隔开，例如 scanf ("%lf %c %lf", &a, &op, &b),%.2f 浮点数结果保留 2 位有效数字，对于除法运算，注意分母是否等于 0 的情况。

3.6 本章小结

1）关系运算符有 6 个，并且都是双目运算符，结合方向是向左结合，关系运算符的优先级低于算术运算符，但是高于赋值运算符。

2）关系表达式的功能是比较两个表达式的大小，返回一个逻辑值。表达式允许出现嵌套，如“a > (b > c)”。注意区分赋值运算符“ = ”和关系运算符“ == ”。注意：判断一个数落在某个区间的书写方法与数学上的方法不一样，比如判断 x 在区间［3，5］之间，应该写成“x >= 3&&x <= 5”，不能写成“3 <= x <= 5”。

3）逻辑运算符可以将若干个关系表达式连接起来，掌握其结合性和优先级。

4）逻辑表达式的最终结果是“真（1）”或“假（0）”。另：①对于逻辑与运算，若“&&”的左边表达式为假，则可以得出整个表达式的值为假，那么“&&”右边的表达式将不再进行计算；只有当“&&”左边表达式为真时，才计算右边表达式的值。②逻辑或运算则同逻辑与运算相反，若“||”左边的表达式的值为真，则可以得出整个表达式的值为真，那么“||”右边的表达式的值将不再进行计算；只有当“||”左边的表达式为假时，才计算右边表达式的值。

5）条件运算符由“?”和“:”两个符号组成，用于条件求值，它是一个三目运算符，需要三个操作数。条件运算符的优先级低于逻辑运算符，但高于赋值运算符，它是右结合的。

6）条件表达式的执行顺序是：先计算表达式 1 的值，若值非 0，表示条件为真，则将表达式 2 的值作为整个条件表达式的值，否则表达式 3 的值作为整个条件表达式的值。

7）if 分支结构分为单分支、双分支、多分支和 if 嵌套。但不管是哪一种，只要满足其中一个条件，执行该语句后，后面的语句都将不再执行。

习 题 3

1. 选择题

（1）下列运算符中优先级最高的为______。

A）<　　B）+　　C）&&　　D）!=

（2）逻辑运算符两侧运算对象的数据类型______。

A）只能是 0 或 1　　B）只能是 0 或非 0 正数

C）只能是整型或字符型数据　　D）可以是任何类型的数据

（3）能正确表示“当 x 的取值在［1，10］和［200，210］范围内为真”的 C 语言表达式为______。

A) (x>=1)&&(x<=10)&&(x>=200)&&(x<=210)

B) (x>=1)&&(x<=10)||(x>=200)&&(x<=210)

C) (x>=1)||(x<=10)||(x>=200)||(x<=210)

D) (x>=1)||(x<=10)&&(x>=200)||(x<=210)

(4) 有 int x=3, y=4, z=5; 则下面表达式中值为0的为______。

A) 'x'&&'y'　　B) x<=y

C) x||y+z&&y-z　　D)!((x<y)&&!z||1)

(5) 设有 int a=1, b=2, c=3, d=4, m=2, n=2; 执行 (m=a>b) && (n=c>d) 后 n 的值为______。

A) 1　　B) 2　　C) 3　　D) 4

(6) 以下不正确的 if 语句形式为______。

A) if (x>y&&x!=y);

B) if (x==y) x+=y;

C) if(x!=y) scanf("%d",&x) else scanf("%d",&y);

D) if(x<y) {x++;y++;}

(7) 以下程序的运行结果为______。

```
int main()
{
  int m=5;
if(m++>5)
    printf("%d",--m);
else
    printf("%d",m++);
    return 0;
}
```

A) 4　　B) 5　　C) 6　　D) 7

(8) 当 a=1, b=3, c=5, d=4 时，执行完下面一段程序后 x 的值为______。

```
if(a<b)
if(c<d) x=1;
else
  if(a<c)
    if(b<d) x=2;
    else x=3;
  else x=6;
else x=3;
```

A) 1　　B) 2　　C) 3　　D) 6

(9) 执行以下程序后的输出结果为______。

```
int w=3,z=7,x=10;
printf("%d",x>10? x+100:x-10);
printf("%d",w++||z++);
printf("%d",! w>z);
printf("%d",w&&z);
```

A）0111　　　B）1111　　　C）0101　　　D）0100

2. 填空题

（1）若 int a=3，b=2，c=1，f；表达式 f=a>b>c 的值为__________。

（2）以下程序的运行结果是__________。

```
#include <stdio.h>
int main()
{
    int x=1,y,z;
    x*=3+2;
    printf("%d\t",x);
    x*=y=z=5;
    printf("%d\t",x);
    x=y==z;
    printf("%d\n",x);
}
```

（3）设 x，y，z 均为 int 型变量，请写出描述“x，y，z 中有两个为负数”的表达式__________。

（4）以下程序实现：输入圆的半径 r 和运算标志 m，按照运算标志进行指定计算，请填空。

```
标志  运算
a  面积
c  周长
b  二者均计算
#define pi =3.14159
int main()
{
    char m;
      float r,c,a;
      printf("Input mark a c or b && r\n");
      scanf("%c %f",&m,&r);
      if (__________)
      {a=pi*r*r;printf("area is %f",a);}
```

```
        if (__________)
        {c=2*pi*r;printf("circle is %f",c);}
        if (__________)
        {a=pi*r*r;c=2*pi*r;
        printf("area && circle are %f %f",a,c);
        }
    return 0;
}
```

（5）以下程序对输入的一个小写字母进行循环后移5个位置后输出。如'a'变成'f'，'w'变成'b'。请分析程序填空。

```
#include <stdio.h>
int main()
{
    char c;
    c=getchar();
    if (c>='a'&&c<='u')__________;
    else if (c>='v'&&c<='z')__________;
    putchar(c);
    return 0;
}
```

（6）以下程序的运行结果为__________。

```
int main()
{
    int a,b,c;
    int s,w,t;
    s=w=t=0;
  a=-1;b=3;c=3;
  if(c>0)
      s=a+b;
  if(a<=0)
    {
        if(b>0)
        if(c<=0)
            w=a-b;
    }
  else if(c>0)
            w=a-b;
```

```
            else
                t=c;
        printf("%d %d %d",s,w,t);
        return 0;
    }
```

3. 编程题

（1）比较大小：输入三个整数，按从大到小的顺序输出。试编写程序。

（2）计算函数：根据键盘输入的 x 的值，计算 y 的值。$y=f(x)\begin{cases}x-1, x\leqslant 1\\x^2-1, x>1\end{cases}$

（3）编写程序由键盘输入一个字符，若该字符为小写字母，则将其转换为大写字母。若是大写字母，则将其转换为小写字母。

（4）简单的猜数游戏：输入你所猜的数（假定 1～100，事先定义），与计算机产生的被猜数（根据键盘输入的数）比较，若相等显示猜中，否则显示猜大或者猜小。

（5）编写程序：输入一个月份值，输出该月份是第几季度。

（6）成绩转换：输入一个百分制成绩，将其转换为四分制成绩。转换规则为：大于等于 90 分的成绩为 A，小于 90 分且大于或等于 80 分的成绩为 B，小于 80 且大于或等于 70 的成绩为 C，否则为 D。

（7）城镇公路超速处罚：按照规定在城镇公路上行驶的机动车，超出限速的 10% 则处 200 元罚款；若超出 50% 则吊销驾驶证。编写程序根据车速和限制自动判别对该机动车的处理。

（8）由键盘输入一个三位的整数，判断该数是否为降序数。如若输入的不是三位数，输出“输入错误”，降序数是指高位数依次大于低位数的数，如 654 是降序数。

（9）科幻电影《流浪地球》中一个重要的情节是地球距离木星太近时，大气开始被木星吸走，而随着不断接近地木“刚体洛希极限”，地球面临被彻底撕碎的危险。但实际上，这个计算是错误的。洛希极限（Roche limit）是一个天体自身的引力与第二个天体造成的潮汐力相等时的距离。当两个天体的距离少于洛希极限，天体就会倾向碎散，继而成为第二个天体的环。它以首位计算这个极限的人爱德华·洛希命名。大天体的密度与小天体的密度的比值开 3 次方后，再乘以大天体的半径以及一个倍数（流体对应的倍数是 2.455，刚体对应的倍数是 1.26），就是洛希极限的值。例如，木星与地球的密度比值开 3 次方是 0.622，如果假设地球是流体，那么洛希极限就是 $0.622\times 2.455=1.52701$ 倍木星半径；但地球是刚体，对应的洛希极限是 $0.622\times 1.26=0.78372$ 倍木星半径，这个距离比木星半径小，即只有当地球位于木星内部的时候才会被撕碎，换言之就是地球不可能被撕碎。请你判断一个小天体会不会被一个大天体撕碎。（题目来源浙江大学 PTA 程序设计比赛）

输入格式：

在一行中输入 3 个数字，依次为：大天体密度与小天体的密度的比值开 3 次方后计算出的值（≤1）、小天体的属性（0 表示流体、1 表示刚体）、两个天体的距离与大天体半径的比值（>1 但不超过 10）。

输出格式：

在一行中首先输出小天体的洛希极限与大天体半径的比值（输出小数点后2位）；随后空一格；如果小天体不会被撕碎，输出^_^，否则输出T_T。

输入样例1：

0.622 0 1.4

输出样例1：

1.53 T_T

输入样例2：

0.622 1 1.4

输出样例2：

0.78^_^

第 4 章

多分支语句

导读

第 3 章主要介绍了三种不同的 if 分支语句。在求解多分支问题的时候，使用 if 的嵌套语句非常麻烦，为此本章介绍求解多分支语句的其他方法，重点介绍 switch 语句以及 break 语句的使用方法与技巧。

多分支 switch

本章知识点

1. 多分支开关语句 switch 语句。
2. break 的使用方法与技巧。
3. 多分支语句及其应用。

4.1 案例初探

【案例 4-1】 问题描述：编写程序，输入一个月份值，输出该月份是第几季度。

测试用例 1：

请输入月份：2

2 月是第一季度

测试用例 2：

请输入月份：5

5 月是第二季度

案例要点解析： 每一次输入一个月份：根据月份（m－1)/3（m－1 对 3 求商）的值判定对应的季节；其他情况：如果输入月份非法（不在 1-12 月份之内），执行 default 语句，输出“输入的月份错误”等提示信息。

源程序

```
#include <stdio.h>
int main(void)
{
    int m;
    printf("请输入月份:");
    scanf("%d",&m);/*从键盘输入一个月份值*/
    if(m<1)
```

```
        {printf("输入的月份错误\n");return 0;}/*输入月份错误*/
        switch((m-1)/3)
        {
            case 0:
            printf("%d月是第一季度\n",m);
            break;
        case 1:
            printf("%d月是第二季度\n",m);
            break;
        case 2:
            printf("%d月是第三季度\n",m);
            break;
        case 3:
            printf("%d月是第四季度\n",m);
            break;
        default:
            printf("输入的月份错误\n");
            break;
        }
        return 0;
    }
```

输入测试数据：

请输入月份：9

案例运行结果：

9 月是第三季度

输入测试数据：

请输入月份：13

案例运行结果：

输入的月份错误

案例结果总结：本案例涉及到多分支结构，利用传统的 if... else if 等方式非常复杂，因而本案例采用了全新的多分支结构 switch 结构，如果输入的数据不在 1 ~ 12 范围内，输出结果“输入的月份错误”，后面会详细介绍 switch 的使用方法。

4.2 switch 分支

通过上一节的案例，相信大家对 switch 多分支语句一定有了初步的了解。下面将会为大家更详细地介绍有关 switch 语句。

switch 语句可以处理多分支的选择问题。根据其中 break 语句的使用方法，一般分为三种情况。

1. 在 switch 语句的每个语句中都使用 break 语句

这是 switch 语句的主要使用方法，一般形式如图 4-1 所示。

```
switch(表达式)
{
    case 常量表达式 1:语句段 1;break;
    case 常量表达式 2:语句段 2;break;
        …
    case 常量表达式 n:语句段 n;break;
    default:          语句段 n+1;break;
}
```

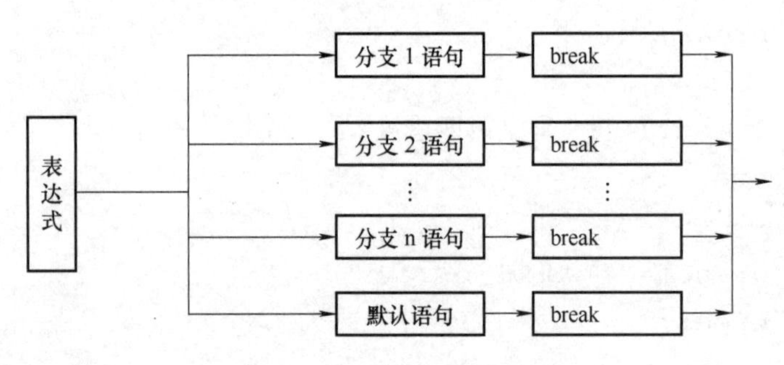

图 4-1　多分支流程执行图

1）首先需要求解表达式。如果表达式的值与某个常量表达式的值相等，则执行该常量表达式后的相应语句段；如果表达式的值与任何一个常量表达式的值都不相同，则执行 default 后的语句段，最后执行 break 语句，跳出 switch 语句。

2）在 switch 语句中，表达式的值和常量表达式的值一般是整型或字符型，所有的常量表达式的值都不能相等。每个语段可以包括一条或多条语句，也可以为空语句。

3）switch 语句中的 default 可以省略。如果省略了 default，当表达式的值与任意一个常量表达式都不相同时，就什么都不执行。

4）注意 case 和常量表达式之间有一个空格。常量表达式和后面的“:”之间没有空格，并且“:”不能省略。

总结：这种情况就是表达式的结果一共有 n+1 个选项，最终有且只执行一条满足 case 值的语句，最后跳出当前的 switch 语句。

2. 在 switch 语句中不使用 break 语句

break 语句在 switch 语句中是可选的，如果不使用 break 语句，switch 语句的形式是：

```
switch（表达式）
{
    case 常量表达式 1：语句段 1
    case 常量表达式 2：语句段 2
        …
    case 常量表达式 n：语句段 n
```

default：　　语句段 n+1；

}

【案例4-2】 根据分支语句的使用规则，如果 switch 分支中都没有 break，分析程序的执行过程与运行结果，掌握 switch 分支结构的原理。

源程序

```
#include <stdio.h>
int main(void)
{
  int a=3;
  switch(a)
  {
    case 2:a++;
    case 3:a++;
    case 4:a=a+3;
    default:a=a+1;
  }
  printf("%d",a);
  return 0;
}
```

案例运行结果：

8

案例结果总结：如果 switch 里面没有任何的 break，则根据表达式的值，找到首次匹配的 case 值，从这一项开始往后面执行，直到最后结束。例如，当表达式的值与常量表达式 2 的值相等，则从执行语句段 2 开始，继续执行语句 2 后面的所有语句段，即执行语句段 2 至语句段 n+1。本案例的执行情况应该是从满足的 case 项的值开始执行（a=3），到最后一条语句，相当于变量 a 执行了三次，第一次加 1，第二次加 3，第三次加 1，最后变量 a 的值变成了 8。

3. 在 switch 语句的某些语句段中部分使用 break 语句

有时，在 switch 语句中某些语句段的末尾部分使用 break，可以实现更多的功能。

【案例4-3】 switch 分支中部分有 break 案例源程序代码，分析程序的最终运行结果。

源程序

```
#include <stdio.h>
int main(void)
{
  int a=3;
  switch(a)
  {
    case 2:a++;
    case 3:a++;
```

```
        case 4:a=a+3; break;
        default:a=a+1;
      }
    printf("%d",a);
      return 0;
    }
```

案例运行结果：

7

案例结果总结：程序的执行过程为：从满足项 case 3：开始执行，a 增加了 1，变成 4，继续执行 case 4 语句，a = a + 3，a 的值变成了 7，遇到 break，终止 switch，最终 a 的值为 7。

4. switch 分支语句经验总结

以上三种情况，其实都可以概括为一种通用情况，即观察 switch 表达式的值与 case 选项列举的哪一项值相匹配。如果相匹配的话，则从这一项开始执行语句，直到首次遇到 break，跳出当前的 switch 分支；如果一直没有遇到 break 语句的话，则继续往后执行直至该分支结束。若没有相匹配的 case 选项时，则执行 default 里面的默认语句。

4.3 多分支综合应用

1. 在 switch 语句中的每个语句段的后面都使用 break 语句

【案例 4-4】 问题描述：判断给定年月日的日期是这一年的第多少天，在一行中按照格式“yyyy/mm/dd”（即“年/月/日”）输入日期。注意：闰年的判别条件是该年年份能被 4 整除但不能被 100 整除或者能被 400 整除。闰年的 2 月有 29 天。

输出格式：

在一行中输出日期是该年中的第几天。

输入样例 1：

2009/03/02

输出样例 1：

It is the 61th day.

案例要点解析：程序中使用 switch 语句实现了多分支结构。根据用户输入的月份选择执行与之匹配的 case 项。比如 month = 9，sum = 273；又如 month = 7，sum = 181；执行完这条语句以后，break 终止这条语句。后面的语句就不再执行，退出 switch 语句。如果 month 不在 1 ~ 12 这个范围，则执行 default 语句，然后退出 switch 语句。退出 switch 语句后，再加上最后输入的天数就求得当前年的第几天了。但是，应当注意到表达式的值与 case 的第三项值（3）相匹配时，sum = 59，这也就意味着 1 月 31 天、2 月 28 天，加起来一共 59 天，刚才输入的年份不是闰年，但如果我们输入的年份是闰年了怎么办呢？就需要判断该年是否是闰年。如果是闰年且月份大于 2 月，就需要在最终结果上多加上 1 天，注意一种特例：即使该年是闰年，但是月份是 1 月或者 2 月，就不需要加 1。

源程序

```
#include <stdio.h>
int main(void)
{
    int day,month,year,sum,leap;
    printf("\nplease input year,month,day\n");
    scanf("%d/%d/%d",&year,&month,&day);
    switch(month)          /*先计算某月以前月份的总天数*/
    {
        case 1:sum=0;break;
        case 2:sum=31;break;
        case 3:sum=59;break;
        case 4:sum=90;break;
        case 5:sum=120;break;
        case 6:sum=151;break;
        case 7:sum=181;break;
        case 8:sum=212;break;
        case 9:sum=243;break;
        case 10:sum=273;break;
        case 11:sum=304;break;
        case 12:sum=334;break;
        default:printf("data error");break;
    }
    sum=sum+day;           /*再加上某天的天数*/
    if(year%400==0||(year%4==0&&year%100!=0))
                           /*判断是不是闰年*/
        leap=1;
    else
        leap=0;
    if(leap==1&&month>2)
                           /*如果是闰年且月份大于2,总天数应该加一天*/
        sum++;
    printf("It is the %dth day.",sum);
    return 0;
}
```

输入测试数据:

2000/03/02

案例输出结果：

It is the 62th day.

案例结果总结： 注意闰年的判断公式，另外需要注意的是，如果是闰年且月份大于等于3月份，最终结果才增加1天，即2月份过完满天数为29天。其他情况2月份为28天，不要机械的设为闰年，结果就增加1天，一定要月份大于等于3月，才说明2月份已经过完了。

【案例4-5】 问题描述：求解简单的四则运算表达式。输入一个形式如“操作数 运算符 操作数”的四则运算表达式，输出运算结果，要求对除数为0的情况做特别处理。

测试案例1：

请输入一个表达式：1+2

=3.00

测试案例2：

请输入一个表达式：10-5

=5.00

测试案例3：

请输入一个表达式：8*9

=72.00

案例要点解析： 本案例要求输入两个操作数与一个操作符，而且操作符在中间。操作符将两个操作数连接起来。特别需要注意输入的格式问题与顺序问题，另外根据输入的操作符，进行分支判断，执行对应的分支选择结果，对于除法来说，正常情况分母不能为0，如果为0，则输出题目给定的提示信息。

源程序

```
#include <stdio.h>
int main(void)
{
    double a,b;
    char op;
    printf("请输入一个表达式:");
    scanf("%lf%c%lf",&a,&op,&b);
    switch(op)
    {
    case'+':
        printf("=%.2f\n",a+b);
        break;
    case '-':
        printf("=%.2f\n",a-b);
        break;
    case '*':
```

```
            printf("=%.2f\n",a*b);
            break;
        case '/':
            {
                if(b!=0)          /*对除数为0,做出处理*/
                {
                    printf("=%.2f\n",a/b);
                }
                else
                {
                    printf("除数不能为0\n");
                }
                break;
            }
        default:
            printf("输入的表达式有问题\n");
            break;
        }
            return 0;
    }
```

输入测试数据1：

请输入一个表达式：9/3

案例运行结果1：

=3.00

输入测试数据2：

请输入一个表达式：1/0

案例运行结果2：

除数不能为0

案例结果总结： 注意除法中分母为0的处理情况。

2. 在switch语句中部分语句段后面使用break语句

【案例4-6】 问题描述：编写程序，输入一个月份值，输出该月份是第几季度。

测试用例1：

输入月份：2

该月是第一季度

测试用例2：

输入月份：6

该月是第二季度

案例要点解析： 本案例要求输入一个月份，判断月份所在的季度，我们知道1~3月是一季度，4 ~6 月是二季度，7 ~9 月是三季度，10 ~12 月是 4 季度，输入其他月份，输出题目要求的信息。

源程序

```
#include <stdio.h>
int main(void)
{
    int month;
    printf("输入月份:");
    scanf("%d",&month);
    switch(month)
    {
        case 1:
        case 2:
        case 3:
          printf("该月是第一季度\n");
          break;
        case 4:
        case 5:
        case 6:
          printf("该月是第二季度\n");
          break;
        case 7:
        case 8:
        case 9:
          printf("该月是第三季度\n");
          break;
        case 10:
        case 11:
        case 12:
          printf("该月是第四季度\n");
          break;
        default:
          printf("输入的月份不在1至12之间");
          break;
    }
    return 0;
}
```

输入测试数据1:

输入月份: 7

案例运行结果1:

该月是第三季度

输入测试数据2:

输入月份: 13

案例运行结果2:

输入的月份不为1~12

案例结果总结: 注意输入的月份不在正常范围内，提示输出信息，每一个季度分为三个月份，只需要在这个季度的最后一个月上提示输出信息即可，然后使用break退出分支语句，不需要每个月份都提示输出结果信息，即多个不同的case语句可以共用一个break语句。

【案例4-7】 问题描述：加油站计划设计一个加油计费系统，目前加油站有四类油品(90, 93, 95, 98)，两种服务（自主加油，工作人员协助加油），目前各类油价的标准如下，90号汽油6.15元/升、93号汽油6.32元/升、95号汽油6.78元/升、98号汽油7.03元/升。为吸引顾客前来加油，自动加油站推出了“自助服务”和“协助服务”两个服务等级，分别可得到5%和3%的折扣。

按照上面要求编写程序，根据输入顾客的加油量a（浮点数）、汽油品种b（90、93或95、98）和服务类型c（'z'-自助，'x'-协助），计算并输出应付款。

输入格式:

在一行中输入两个整数和一个字符，分别表示顾客的加油量a、汽油品种b（90、93或95、98）和服务类型c（'z'-自助，'x'-协助）。

输出格式:

在一行中输出应付款额，保留小数点后两位。

输入样例1:

50 95x

输出样例:

328.83

输入样例2:

20 98z

输出样例:

133.57

案例要点解析: 本案例根据四种不同的油品进行分支选择，根据经验，选择switch分支来实现该程序结构较简单，另外每种油品又分为自主加油或协助加油，用if...else分支语句实现较简单，最后根据输入的油品量、油品的种类、加油种类计算出最终的价格。注意输入格式的变化：scanf("%lf%d%c",&a,&b,&c)；输入b与c之间千万不要有空格，因为空格也是字符，容易造成加油方式的识别错误，因为加油方式只有两种可能存在的字符'z'和'x'。

源程序

```
#include <stdio.h>
int main()
{
    double  a;//加油量
    int b;//油品种类
    char c;//加油的品种
    double s;//加油总花销
    scanf("%lf%d%c",&a,&b,&c);
    switch(b)
    {
    case 90:
      if(c=='z')
      s=a*(6.15*0.95);
    else if(c=='x')
    s=a*6.15*0.97;
      break;
    case 93:
    if(c=='z')
    s=a*(6.32*0.95);
    else if(c=='x')
    s=a*(6.32*0.97);
    break;
    case 95:
    if(c=='z')
    s=a*(6.78*0.95);
    else if(c=='x')
    s=a*(6.78*0.97);
    break;
    case 98:
    if(c=='z')  s=a*(7.03*0.95);
    else if(c=='x')
    s=a*(7.03*0.97);break;
    }
    printf("%.2f",s);
    return 0;
}
```

输入测试数据：

30 90z

案例运行结果：

175.28

案例结果总结：

注意输入油品类型与输入服务类型之间数据格式不要用空格隔开，针对油品有三种情况，用 switch 比较方便，针对服务类型有两种情况，用 if... else 判断比较方便。

【案例 4-8】 问题描述：查询自动售货机中商品的价格，假设自动售货机出售四种商品，分别为：薯片（crisps）、爆米花（popcorn）、巧克力（chocolate）和可乐（cola），售价分别是每份 3.0 元、2.5 元、4.0 元和 3.5 元。在屏幕上显示以下菜单，用户可以连续查询商品的价格，当查询次数超过 5 次时，自动退出查询；不到 5 次时，用户可以选择退出。当用户输入编号 1 ~4，显示相应商品的价格；输入 0，退出查询；输入其他编号，显示价格为 0。

[1] Select crisps

[2] Select popcorn

[3] Select chocolate

[4] Select cola

[0] Exit

源程序

```
#include <stdio.h>
int main(void)
{
    int choice,i;
    double price;
    for(i=1; i<=5; i++)
    {
        printf("[1] Select crisps \n");
        printf("[2] Select popcorn \n");
        printf("[3] Select chocolate \n");
        printf("[4] Select cola \n");
        printf("[0] exit \n");
        printf("Enter choice:");
        scanf("%d",&choice);
    if(choice==0) break;
        switch (choice)
        {
        case 1:price=3.0; break;
        case 2:price=2.5; break;
        case 3:price=4.0; break;
```

```
            case 4:price =3.5; break;
            default:price =0.0; break;
            }
            printf("price =%0.1f\n",price);
            }
            printf("Thanks \n");
    }
```

案例运行结果：

[1] Select crisps
[2] Select popcorn
[3] Select chocolate
[4] Select cola
[0] Exit

输入测试数据1：

Enter choice：1

案例运行结果1：

price =3.0
[1] Select crisps
[2] Select popcorn
[3] Select chocolate
[4] Select cola
[0] Exit

输入测试数据：

Enter choice：7

案例运行结果2：

price =0.0
[1] Select crisps
[2] Select popcorn
[3] Select chocolate
[4] Select cola
[0] Exit

输入测试数据3：

Enter choice：0

案例运行结果3：

Thanks

案例结果总结：注意 break 的用法，程序中涉及到多个 break，在 switch 中使用 break 跳出分支。在循环里面涉及到 break，如果条件触发，退出循环。例如，输入 0 时，结束循环。

4.4 本章小结

1）switch 后的表达式可以是任何表达式，其取值只能为整型、字符型，或者枚举型。

2）每个 case 后面的常量表达式必须互不相同，否则会出现互相矛盾的现象。

3）各个 case 和 default 的出现次序不影响程序最终的执行结果。

4）无论 switch 中是否全部有 break，还是部分有 break，都是从表达式或者变量的满足项开始匹配，执行匹配项后面的语句，首次遇到 break，终止 switch 分支。

5）switch 语句允许嵌套使用，使用 break 跳出的时候，是逐级跳出，即跳出当前所在的级的上一级。

6）if...else if 等多分支与 switch 分支的区别，两者本质的区别是 if...else if 语句更适合于对区间（范围）的判断，而 switch 语句更适合于对离散值的判断。举例说明：如果判断学生的分数是否在 65 分到 85 分之间，采用 if 分支语句较合适，因为 [65，85] 是区间；而判断一个学生的班级是一班、二班还是三班，采用 switch 分支语句更加适合，因为一班、二班、三班是离散值。所有的 switch 语句都可以改写成 if 分支语句，但是并不是所有的 if...else 语句都可以用 switch 语句来替换，因为区间里值的个数可能是无限个，并且 switch 所接受的值只能是整型或枚举型，所以不能用 case 来一一列举。

习　题　4

1. 选择题

（1）下列叙述中正确的为______。

A）在 switch 语句中必须使用 default

B）break 语句只能用于 switch 语句

C）break 语句必须与 switch 语句中的 case 配对使用

D）在 switch 语句中，不一定使用 break 语句

（2）下列关于 if 选择结构和 switch 选择结构的说法正确的为______。

A）if-else 选择结构中 else 语句是必须有的

B）多重 if 选择结构中 else 语句可选

C）嵌套 if 选择结构中不能包含 else 语句

D）switch 选择结构中 default 语句可选

（3）设整型变量 a 的值是 6，执行下列语句后 a 的值为______。

```
switch(a%2)
{
case 0:a - =2;
case1:a +=1;
default:a =6;
}
```

A）4　　　　B）5

C）6　　　　D）7

（4）下列语句序列执行后，k 的值为______。

```
int x=6,y=10,k=5;
switch( x%y )
{
case 0:k=x*y;
case 6:k=x/y;
case 12:k=x-y;
default:k=x*y-x;
}
```

A）60　　　　B）5

C）0　　　　D）54

2. 填空题

（1）根据以下嵌套的 if 语句所给条件，填写 switch 语句，使它完成相同的功能。（假设 mark 的取值为 1～100）。

```
if 语句:
if(mark<60) k=1;
else if(mark<70) k=2;
else if(mark<80) k=3;
else if(mark<90) k=4;
else k=5;
switch 语句:
switch(__________)
{__________ k=1;break;
case 6:k=2;break;
case 7:k=3;break;
case 8:k=4;break;
__________ k=5;
}
```

（2）设有如下程序段，若 grade 的值为'C'，则输出结果为__________。

```
switch(grade)
{case 'A':printf("85-100\n");
case 'B':printf("70-84\n");
case 'C':printf("60-69\n");
case 'D':printf("<60\n");
```

```
default:printf("error! \n");
}
```

（3）以下程序段的运行结果为__________。

```
int x=1,y=0;
switch(x)
{
  case 1:
    switch(y)
    {
      case 0:  printf("**1**\n");break;
      case 1:  printf("**2**\n");break;
    }
    case 2:printf("**3**\n");
}
```

（4）根据以下函数关系，对输入的每个 x 值，计算出相应的 y 值。请分析程序填空。

```
    x           y
    x<0         0
    0≤x<10      x
    10≤x<20    10
    20≤x<40    -0.5x+20
#include <stdio.h>
    int main()
    {
        int x,c;
        float y;
        scanf("%d",&x);
        if(__________) c=-1;
        else c=__________;
      switch(c)
      {
        case-1:y=0;break;
        case  0:y=x;break;
        case  1:y=10;break;
        case  2:
        case  3:y=-0.5*x+20;break;
        default:  y=-2;
      }
```

```
        if(________)
          printf("y=%f",y);
        else
          printf("error\n");
        return 0;
      }
```

（5）下面程序的运行结果为__________。

```
#include <stdio.h>
int main()
{
int x=1,y=0,a=0,b=0;
switch(x)
  {
  case 1:
  switch(y)
    {
    case 0:a++;break;
    case 1:b++;break;
    }
  case 2:a++;b++;break;
  }
  printf("a=%d,b=%d",a,b);
  return 0;
}
```

3. 编程题

（1）抽奖游戏：编写程序如果抽中1视为一等奖；如果抽中2、3为二等奖，如果是4、5、6、7、8、9视为三等奖，请编写程序实现这个游戏。

（2）求解简单表达式。输入一个形式如“操作数 运算符 操作数”的四则运算表达式，输出运算结果，要求使用switch语句编写。

（3）以下程序运行时输出的结果。

```
#include <stdio.h>
int main(void)
{
    int i=1,n=0;
    switch(i)
    {
```

```
        case 1:
        case 2:n++;
        case 3:n++;
    }
  printf("%d",n);
  return 0;
}
```

第 5 章

简单循环

导读

本章主要介绍另一个结构化的程序结构，即循环结构。掌握 for 循环结构与使用范围，while 与 do... while 两种循环的使用方法、适用范围以及二者间的区别与联系，学会使用上述三种循环求解日常生活中的实际问题。

本章知识点

1. for 循环特点、适用范围与编程方法。
2. while 循环特点、适用范围与编程方法。
3. do... while 循环的适用范围，与 while 循环的区别与联系。
4. 应用上述三种循环求解日常生活中的实际问题。

5.1　案例初探

【案例 5-1】 问题描述：使用 for 循环求解 1 +2 +3 + … +100 =5050。

案例要点分析：本案例要求求解 1 ~100 的和，如果使用顺序结构的话，需撰写执行 100 条语句，非常复杂，因此本案例引入循环结构求解。利用循环结构，每次累加求和一个数，总共循环 100 次，最终的累加之和就是案例的最终结果。

源程序

```
#include <stdio.h>
int main()
{
    int i;
    int sum =0;
    for(i =1;i <=100;i ++)
    {
        sum = sum + i;
    }
    printf("%d",sum);
    return 0;
}
```

案例运行结果：

5050

案例结果总结：所谓的循环就是判定循环条件是否满足，如果条件成立的话，一直重复执行循环体；如果条件不满足的话，结束循环。特别需要注意的是，累加变量 sum 的初值一定要赋值 0。

使用第 3 章介绍的画流程图的方法，描述上面的程序，具体流程图如图 5-1 所示。

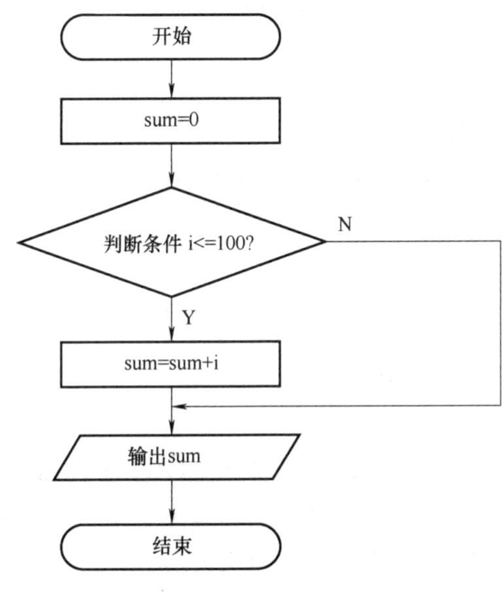

图 5-1　程序流程图

5.2　for 语句

【案例 5-1】就是一个简单的 for 循环语句。

for 循环语句的一般形式为：

```
for（表达式 1；表达式 2；表达式 3）
{
    循环体语句；
}
```

下面来看看它的执行过程：

第一步：求解表达式 1。

第二步：求解表达式 2。若其值为真，则执行 for 语句中指定的内嵌语句，然后执行第三步；若表达式 2 值为假，结束循环，转到第五步。

第三步：求解表达式 3。

第四步：转回上面第二步继续执行。

第五步：循环结束，执行 for 语句下面的语句。

循环流程图如图 5-2 所示。

现在分析一下 1 + 2 + 3 + … + 100 = 5050 这个程序。

第一步：执行表达式 1，即 i = 1 为循环变量赋初值。

第二步：执行表达式 2，即判断是否满足循环条件 i <= 100。满足则执行循环体，不满足执行第五步。此时的 i = 1 满足表达式 2，执行循环体语句，即 sum = sum + i = 0 + 1。

第三步：执行表达式 3，即 i ++，此时 i = 2。

第四步：转回第二步继续执行。

第五步：循环结束，执行 for 循环语句下面的语句。

最终得出结果：5050

根据上面的案例改写程序。

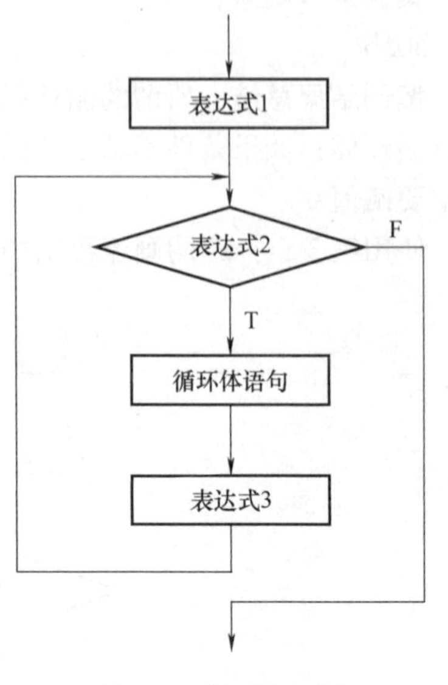

图 5-2　循环流程图

for 循环语句注意事项

1）表达式 1、表达式 2 和表达式 3 之间是用分号；隔开的，不能写成逗号。

2）for（表达式 1；表达式 2；表达式 3）的后面不要加分号，很多初学者都会犯这种错误，会情不自禁地在后面加分号，加分号没有语法错误，但是可能存在不满足语义要求。

3）如果循环体语句由多条语句组成，必须用大括号将它们作为一个整体括起来，变成一条大语句，否则，循环只对紧跟着这条语句有效。

4）在 for 循环语句后直接加分号，则表示循环体为空语句，作用是延时，而不是针对下面语句进行循环。

5）在 for 中，表达式 1、表达式 3 都可以省略，或者放到其他位置，但是里面的两个分号一个都不能少。

【案例 5-2】 问题描述：输出 1 + 3 + 5 + … + 99 的计算结果，相当于［1，99］奇数项的和，总共 50 项，输出最终结果之和。

案例要点解析：

1）循环控制变量及初始条件确定：由题意可知，奇数变量 i 作为循环控制变量，初值为第 1 个奇数，即 i = 1。另外还需定义求和累计变量 sum = 0。

2）循环条件表达式的确定：循环控制变量 i 为［1，100］间的奇数。故循环条件表达式为 i <= 100，同时，为了进行下次循环，为计算下一个奇数做准备，需要对控制变量做增量处理，即 i += 2。

3）循环体确定：该题循环体中包含把当前奇数变量 i 累加到求和变量 sum 中，即 sum += i。

源程序

```
#include <stdio.h>
int main()
```

```
{
    int i;
    int sum=0;
    for(i=1;i<=100;i=i+2)
    {
        sum=sum+i;
    }
    printf("%d",sum);
    return 0;
}
```

案例运行结果：

2500

案例结果总结： 奇数项的和，可以让变量i初值为1，每次增加2，这样只需要循环50次，每次取的值就是累加变量，而且不遗漏。如果采用循环100次，再判断每一个数是否为奇数，这样算法的复杂度就会增加。

【案例5-3】 问题描述：“水仙花数”是指一个三位数，它的各位数字的立方和等于其本身，例如，$1^3+5^3+3^3=153$。现在要求输出所有在m和n范围内的水仙花数。

输入描述：

每行数据占一行，包括两个整数m和n（100≤m≤n≤999）。

输出描述：

要求输出所有在给定范围内的水仙花数，也就是说，输出的水仙花数必须大于等于m，并且小于等于n，如果有多个，则要求从小到大排列在一行内输出，之间用一个空格隔开。

如果给定的范围内不存在水仙花数，则输出NO。

每个测试实例的输出占一行。

程序的执行结果：

第一次输入m，n的值为20 1000

第一次的输出结果153 370 371 407

案例要点解析： 本案例主要利用循环求解给定范围的水仙花数，数位分离，求解个位、十位、百位、千位等对应的数字公式。个位数字=整数/1%10，十位数字=整数/10%10，百位数字=整数/100%10，依次类推。在利用水仙花数的公式计算时，数字本身等于个位数字、十位数字、百位数字的三次方和。用一个计数变量count记录满足条件的水仙花的个数，如果满足一个，则计数变量增加1；如果循环结束后，count的值等于0的话，则表明，此范围内不存在水仙花数，输出NO。

源程序

```
#include <stdio.h>
int main()
```

```
{
    int m,n;                        //两个整数 m、n
    int a,b,c;                      //a、b、c 分别保存百位数、十位数、个位数
    int j;
        int count =0;               //记录水仙花个数
        scanf("%d %d",&m,&n);
        for (j =m;j <=n;j ++)
        {  a=j /100%10;             //求百位数
           b=j/10 % 10;             //求十位数
           c=j%10;                  //求个位数
           if ((a*a*a+b*b*b+c*c*c) ==j)
                                    //满足水仙花条件
           {  if (count ==0)        //count =0 打印第一个水仙花数
                    printf("%d",j);
                                    //不带空格
              else
                    printf(" %d",j);
                                    //打印第二个水仙花数之前打印一个空格
              count ++;             //水仙花个数 count +1;
           }
        }
           if (count ==0)           //如果没有水仙花数
        {
           printf("NO");            //打印 NO
        }
           printf("\n");
    return 0;
}
```

输入测试数据：

m，n 为 200，300

案例运行结果：

NO

案例结果总结： 注意用一个计数变量统计是否有满足条件的水仙花数，计数变量的初值为0，如果循环结束后，计数变量值仍然等于0，则输出 NO。这种计数方法在程序中经常遇到，请读者掌握。

【案例 5-4】 问题描述：输入 10 个字符，统计其中英文字母、空格或回车、数字字符和其他字符的个数。

输入样例：

aZ &
09 Az
输出样例:
letter =4, blank =3, digit =2, other =1
输入格式:
输入为10个字符。最后一个回车表示输入结束，不算在内。
输出格式:
在一行内按照letter = 英文字母个数，blank = 空格或回车个数，digit = 数字字符个数，other = 其他字符个数的格式输出。

案例要点解析: 本案例是分类统计并计数字母、空格（换行）、数字、其他字符的个数，特别注意判断的条件：字母包括大写字母或者小写字母；数字字符'0'到'9'；空格或换行（' '或'\n'）。

源程序

```
#include <stdio.h>
int main()
{
    char ch;
    int i;
    int letter =0,digit =0,blank =0,other =0;
    for(i =1;i <=10;i ++)
    {
        ch =getchar();//从键盘上输入一个字符,赋值给 ch
        if(ch >='a'&&ch <='z'||ch >='A'&&ch <='Z')
        letter ++;
        else if(ch >='0'&&ch <='9')
        digit ++;
        else if(ch =='\n'||ch ==' ')
        blank ++;
        else
        other ++;
    }
    printf("letter =%d,blank =%d,digit =%d,other =%d",let-
ter,blank,digit,other);
        return 0;
}
```

输入测试数据:
1@ A E
23 #

案例运行结果：

letter =2，blank =3，digit =3，other =2

案例结果总结： 本案例不能用 scanf（"%c"，&ch），因为需要统计的字符包含换行字符（'\n'）。如果采用 scanf( ) 输入方式，则不能有效接收到“换行字符”，也就是说第一行最后的换行字符不能被正确统计。这样本来输入了 10 个字符，但是系统只认可了 9 个。所以需要使用专门的字符输入函数 getchar( ) 读取换行字符。在很多场合下，需要多次在整型（浮点型）数据类型与字符型数据之间进行来回切换，这时就需要用 getchar( ) 吸收换行字符（'\ n'）。

【案例 5-5】 问题描述：用 getchar( ) 来吸收换行字符综合案例，分析程序的运行结果。

源程序

```
#include <stdio.h>
int main()
{
    char ch1,ch2;
    int d;
    int i =1;
    for(;i <=2;i ++)
    {
    scanf("%c",&ch1);
    getchar();//第一个 getchar 隔开字符,吸收换行
    scanf("%c",&ch2);
    scanf("%d",&d);
    putchar(ch1);
    putchar(ch2);
    printf("%d\n",d);
    getchar();//第 2 个 getchar 隔开字符与整数。吸收换行
    }
    return 0;
}
```

输入测试数据：

A

B

12

C

D

13

案例运行结果：

AB12

CD13

案例结果总结：本案例采用 scanf( ) 函数进行的字符输入，特别需要注意的是换行字符要用 getchar( ) 进行处理吸收。假如没有中间两个 getchar( ) 函数来吸收换行的话，其结果与案例结果不同，请读者自行体会。

5.3 while 和 do while 语句

while 与 do while 循环

1. while 循环

【案例 5-6】 问题描述：使用格雷戈里公式求 π 的近似值，要求最后一项精确度的绝对值小于 10^{-6}。

$$\frac{\Pi}{4}=1-\frac{1}{3}+\frac{1}{5}-\frac{1}{7}+\cdots$$

案例要点解析：

1）首先可以看出这是一个累加求和的问题，循环部分主要是 sum = sum + 第 i 项，在这里第 i 项用 item 表示。

2）本程序要求使用 while 循环，要求最后一项的精度的绝对值小于 10^{-6}，因此循环条件是 $|item| >= 10^{-6}$。

源程序

```
#include <stdio.h>
#include <math.h>//绝对值函数 fabs()在 math.h 这个库里面,必须包含它的头文件
int main()
{
    int flag =1;
    double pi =0.0,n =1.0,item =1.0;    //item 表示当前项
    while (fabs(item) >=1e-6)           //1e-6 =10^-6 是循环的结束条件
    {
        pi =pi +item;
        n =n +2;                        //分母 +2
        flag = -flag;                   //flag 变号
        item =flag/n;
    }
    pi =pi *4;
    printf("pi =%.6f\n",pi);//%.6f 表示四舍五入保存 6 位小数
    return 0;
}
```

案例运行结果：

pi =3.141591

案例结果总结：案例【5-6】的题目描述中没有说明循环的总执行次数，只告诉了循环的结束条件，根据 for 循环与 while 循环的适用范围规则，本案例需要使用 while 循环结构。逐个计算每一项的和，直到循环条件不满足，退出循环。另外注意正负项交替，本程序中使用了 flag 变量，不停在 1 或-1 中交替。

while 循环语句结构

while 循环和 for 循环一样都是循环语句，其一般形式为：

```
while（表达式）
        循环体语句；
```

while 循环执行流程如图 5-3 所示。

当表达式的值为“真”时，循环执行，直到表达式的值为“假”，循环终止并继续执行 while 的下一条语句。

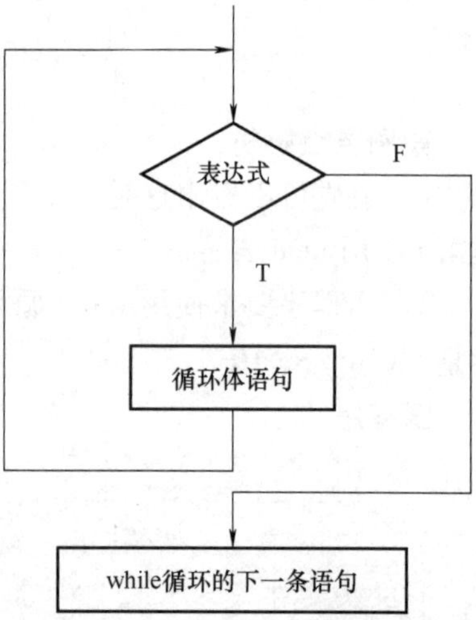

图 5-3　while 循环的流程图

下面通过与 for 循环语句比较，讨论 while 循环的使用方法。

1）while 循环中的表达式可以是任意合法的表达式，循环语句只能有一条。

2）对比 while 和 for 的执行流程可以看出 while 循环两个核心要素是循环条件和循环体。

3）无论是 while 还是 for 循环，它们都是循环条件为“真”才进入循环体。

4）for 一般适合于循环次数已知的情况，while 的适用范围更加广泛，兼容 for，还可以适用于循环次数不确定的情况。一般情况下，能够用 for 写的程序，都能够改写成 while 结构。

下面举例说明：

```
for（表达式1；表达式2；表达式3）
循环体语句；
```

改写成的 while 结构为：

```
表达式1
While（表达式2）
{
    循环体语句；
    表达式3；
}
```

【案例 5-7】 问题描述：求解两个给定正整数的最大公约数和最小公倍数。

输入格式：

在一行中输入两个正整数 A 和 B（A、B≤1000）。

输出格式：

在一行中顺序输出 A 和 B 的最大公约数和最小公倍数，两个数字间以一个空格分隔。

输入样例：

33 77

输出样例：

11 231

案例要点解析：先比较 a 与 b 的大小。如果 a 小的话，交换 a、b 的位置，保证 a 大 b 小，然后利用辗转法不停求解 a 对 b 的余数（a% b），直到余数结果为 0，最终的分母 b 就是最大的公约数结果，然后再利用 a、b 初始值的积除以它们的最大公约数，其结果等于它们的最小公倍数。

源程序

```
#include <stdio.h>
int main()
{
    int a,b,c,m,t;
    scanf("%d%d",&a,&b);
    if(a<b)
    {
        t=a;
        a=b;
        b=t;
    }
    m=a*b;
    c=a%b;
    while(c!=0)
    {
        a=b;
        b=c;
        c=a%b;
    }
    printf("%d %d",b,m/b);
  return 0;
}
```

输入测试数据：

36 48

案例运行结果：

12 144

案例结果总结：本案例就是经典的辗转法的应用。如果分子不能整除分母，就把分母作为新的分子，原来分子对分母的余数作为新的分母，直到能整除为止，此时的分母就是所求的最大公约数。注意：需要预先把原始 a * b 的结果提前保存一下，防止最后 a、b 的值中途发生变化。最小公倍数 = a * b/最大公约数。

【案例 5-8】 问题描述：小张有一块矩形的材料，他要从这些矩形材料中切割出一些正方形。当他面对一块矩形材料时，他总是从中间切割一刀，切出一块最大的正方形，剩下一块矩形，然后再切割剩下的矩形材料，直到全部切为正方形为止。例如，对于一块两边分别为 5 和 3 的材料（记为 5 ×3），小张会依次切出 3 ×3、2 ×2、1 ×1、1 ×1 共 4 个正方形。现在小张有一块矩形的材料，输入两边长分别为 2037 和 367。请问小张最终会切出多少个正方形？

案例要点解析： 本案例是利用辗转法求解问题的应用，先是切掉最大的正方形，也就是切成以宽为边长的正方形（5 * 3 切成 3 * 3，还剩 2 * 3），然后在剩下的图形中重复此操作。注意，如果长比宽小的话，交换长、宽的位置（3 * 2）继续切 2 * 2，剩下 1 * 2，再交换为 2 * 1，再切为 1 * 1，最后剩下 1 * 1。直到宽为 0 为止，结束循环。本案例过程辗转的次数即本案例的最终结果。

源程序

```
#include <stdio.h>
int main()
{
    int m,n;
    scanf("%d%d",&m,&n);
    int num=0;
    int temp;
  if(m<n)
        {
            temp=m;
              m=n;
            n=temp;
        }
    while(n>0)
    {
        m=m%n;
        num++;
        if(m<n)
        {
            temp=m;m=n;n=temp;
        }
    }
    printf("%d",num);
    return 0;
}
```

输入测数数据：

2037 367

案例运行结果：

7

案例结果总结：本案例是循环在辗转法中的应用，辗转一次，计数变量增加1，需要注意的是必须保证长大于等于宽，否则，交换长与宽的位置，不停地辗转下去，直到宽为0，结束程序。

2. do...while 循环

【案例5-9】 问题描述：从键盘上输入一个整数，统计这个整数的位数。

测试用例1：输入：12543

输出：5

案例要点解析：一个整数由多位数字组成，统计过程需要逐位进行数位分离并计数。分离的尾数 = n%10，n = n/10；n 不停地缩小，重复上述操作，因此这是一个循环过程，循环次数由 n 不等于0决定。由于 n 的规模未知，所以无法准确确定循环的次数，此时建议采用 do...while 循环语句进行解题，循环的条件是"这个数！ =0"。

源程序

```
#include <stdio.h>
int main()
{
    int num=0,count=0;//num输入的整数,count统计num的位数,
    scanf("%d",&num);
    if(num<=0)
        num=-num;//如果num为负数,将其变为正数
    do{     //先执行循环体,在判断是否满足循环条件
        num=num/10;
        count++;
      }while(num!=0);//满足条件继续循环
    printf("%d",count);
    return 0;
}
```

输入测数数据：

输入：0

案例运行结果：

1

案例结果总结：本案例不能采用 while 循环，必须用 do...while 结构，因为如果这个数初始值就是0，采用 while 循环，则初始条件不满足，循环一次都不执行，导致结果错误。采用 do...while 循环至少先执行一次，之后再判断其条件是否满足，决定是否继续执行。

解析 do...while：

do... while 的一般形式为：

do {
  循环体语句;
  } while (表达式);

do... while 执行流程图如图 5-4 所示。

3. do... while 与其他循环的区别与联系

1）do... while 循环先执行循环体，再执行循环条件，如果满足则继续执行循环体，否则执行 do... while 的下一条语句。

2）do... while 循环与 for 循环和 while 循环不同的地方就是 do... while 即使不满足循环条件也会先执行一次循环体，而 for 循环和 while 循环执行循环体必须要先满足循环条件，也就是说，do... while 是先执行再判定循环条件，其他循环是先判定后执行循环体，其他循环存在一次都不执行的情况，但是 do... while 至少执行一次循环体。

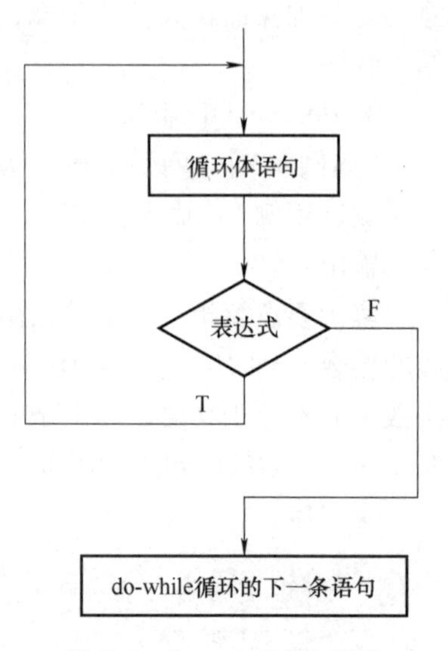

图 5-4　do... while 流程图

【案例 5-10】 问题描述：小明与小红两个人每隔不同的天数就要到雷锋馆做义工，小明每隔 n 天去一次，小红每隔 m 天去一次，有一天他们俩恰好在雷锋馆相遇，问至少再过多少天他们俩又会在雷锋馆相遇。

测试案例 1：

输入：n m 为 3 4

输出：12

案例要点解析：本案例就是经典的求解最小公倍数的应用，可以采用 do... while 结构求解，利用 m 、n 两个数的较大者不停的乘以 1、2、3 直到能够被较小的数整除为止，最终乘积的结果就是它们的最小公倍数。

源程序

```
#include <stdio.h>
int main()
{
  int n,m,t;
  scanf("%d%d",&n,&m);
  if(n <m)//小于交换,保证 n 小 m 大
  {
    int temp =n;
    n =m;
    m =temp;
  }
int i =1;
```

```
    do
    {
        t =n * i;
        i ++;
    }while(t%m! =0);
    printf("%d",t);
        return 0;
    }
```

输入测试数据：

输入：n m 为9 6

案例运行结果：

18

案例结果总结： 本案例提供了直接求解最小公倍数的方法，当然也可以利用前面所讲的先求解最大公约数，然后再根据“最小公倍数 = 两个数的乘积/最大公约数”的转换规则求解最小公倍数。本题提供了第三种求解最小公倍数的思路，即不需要提前求出最大公约数，其原理为：两个数的最小公倍数能够同时被两个数整除，而且，在所有能够被两个数同时整除的数中，其值最小，本题中之所以要交换 n 与 m 的位置是为了判定 n 与 m 的大小，交换之后的位置，保证了 n 大 m 小，这样 n 在乘以倍数所需要的次数少一些。这也是从算法角度考虑的。如果不交换的话，结果也相同，可能会导致运行的次数增加。

5.4 简单循环综合应用

【案例 5-11】 问题描述：小明自己心中有一个幸运数字，范围为 1 ~ 128，要求小红用最少的次数猜对小明的幸运数字。小明根据小红猜的数字与心中的幸运数字进行比较给出对应的提示，给出猜大了（guess too big），或者猜小了（guess too small），或者猜对了（good guess）等提示。要求写出猜的过程，并输出最终猜的次数。

测试用例 1：45

测试用例 1 的运行过程：

输入自己心中的数：45

guess too big，数为：50

guess too small，数为：2

guess too small，数为：3

guess too small，数为：4

guess too big，数为：46

guess too small，数为：6

good guess，数为：45

累计猜的次数：7

案例要点解析： 本案例主要采用循环下的二分查找法，不断查找中间结点与目标结点的大小关系，给出对应的提示，如果猜小了，后面在右边猜（去掉左半边区间）；如果猜大了，后面在左边猜（去掉右半边区间），每次区间规模缩减一半；如果猜对了，直接退出循环，循环的条件就是下界 <= 上界（low <= high）。具体分析过程如下：

设上界：high = 128，下界：low = 1，小红每次猜的数：mid = (high + low)/2，小明的幸运数字为 num，总共有三种情况：

1）猜对了，num == mid，次数 +1。

2）猜小了，mid < num，说明左边的数都小，要从右边猜，则改变下界 low = mid + 1，上界不变，重新计算 mid = （high + low）/2。

3）猜大了，说明右边的数都猜大了，无效，缩小范围［low，mid-1］，改变：high = mid-1；重复上面 1)、2)、3)，如果采用二分法最多 7 次肯定能猜对，因为 128 的 7 次折半后区间数字只有 1 个数。

源程序

```
#include <stdio.h>
int main()
{
    int n;
    printf("输入自己心中的数:");
    scanf("%d",&n);
    int low =1;
    int high =128;
    int mid = (low +high) /2;//就是每次需要猜的数据
        int num =0;
    while(low <=high)
    {
        if(n ==mid)
        {
            num ++;
            printf("good guess,数为:%d\n",mid);
            break;
        }
        else if(n <mid)
        {
            num ++;
            printf("guess too big,数为:%d\n",mid);
            high =mid-1;
            mid = (low +high) /2;
        }
        else
```

```
        {
            num++;
            printf("guess too small,数为:%d\n",num);
            low=mid+1;
            mid=(low+high)/2;
        }
    }
    printf("累计猜的次数:%d",num);
    return 0;
}
```

输入测试数据：

输入数据：78

案例运行结果：

输入自己心中的数：78

guess too small，数为：1

guess too small，数为：2

guess too big，数为：88

guess too big，数为：81

good guess，数为：78

累计猜的次数：5

案例结果总结：本案例是利用循环进行二分法求解，对于1~100之间的数，每次折半之后，猜数区间规模缩减一半，重复猜数过程，直到猜中为止，在最极端情况下猜数的次数为7次。

【案例5-12】 问题描述，给定一个整数（正数、负数、0都有可能），请将该数各个位上的数字反转得到一个新数。新数满足如下特点，即除非给定的原数为零，否则反转后得到新数的最高位数字不应为零。下面有详细的案例解析，请大家先看懂案例，然后写出程序。

输入格式

一个整数n

输出格式

一个整数，表示反转后的新数。

输入输出样例

测试输入1

2345

测试输出1

5432

测试输入2

-4500

测试输出2

-54

测试输入 3

100

测试输出 3

1

说明/提示

数据范围

-2,000,000,000≤N≤2,000,000,000。

案例要点解析：根据案例提供的信息，结合给定的输入输出范例，本题目大概分为三种情况：第一种情况，n 等于 0（没有结果，直接返回）；第二种情况 n 大于 0，（又细分位 n 能够被 10 整除或者 n 不能够被 10 整除）；第三种情况，n 小于 0（又分为 n 能够被 10 整除或者不能够被 10 整除）。对于 n 能够被 10 整除的数，先把最后的 0 除掉，不停除以 10，直到为 0 为止，最后再把数字反转。前面已经介绍过数字反转，利用 sum = sum * 10 + n% 10，n = n/10，直到 n 为 0 为止，最后注意 n 为负数前面一定要先打印负号，然后求解 n 的绝对值。

源程序

```
#include <stdio.h>
int main()
{
    int n;
    scanf("%d",&n);
    int sum=0;
    if(n==0)
    return 0;
    while(n%10==0)
    n=n/10;
    if(n>0)
    {
        while(n)
        {
            sum=sum*10+n%10;
            n=n/10;
        }
        printf("%d",sum);
    }
    else
    {
        n=-n;
        while(n)
```

```
        {
            sum=sum*10+n%10;
            n=n/10;
        }
        printf("-%d",sum);
    }
    return 0;
}
```

输入测试数据1：

-38061245

案例运行结果1：

-54216083

输入测试数据2：

案例运行结果2：

无

案例结果总结：本案例是经典数位分离的应用，请读者掌握数位分离的方法，利用数位分离，将数倒序。另外本案例需要注意输出结果里面最前面不应该包含0，例如，4500的倒序为54。

5.5 本章小结

本章主要学习了三种循环，它们之间是可以相互转换的，当然同一个问题，往往既可以用while语句解决，也可以用do...while或者for语句来解决，但在实际应用中，应根据具体情况来选用合适的循环语句。

选用的一般原则是：

1）如果循环次数在执行循环体之前就已确定，一般用for语句。如果循环次数是由循环体的执行情况确定的，一般用while语句或者do...while语句。

2）当循环体至少执行一次时，用do...while语句；反之，如果循环体可能一次也不执行，则选用while语句。

在C循环语句中，for语句使用频率最高，while语句其次，do...while语句很少用。

三种循环语句for、while、do...while可以互相嵌套自由组合。但要注意的是，各循环必须完整，相互之间绝不允许交叉。

习　题　5

1. 选择题

（1）设有程序段

```
int k=10;
while(k=0) k=k-1;
```

则下面描述中正确的为______。

A）while 循环执行 10 次　　B）循环是无限循环

C）循环体语句一次也不执行　　D）循环体语句执行一次

（2）设有以下程序段

```
int x=0,s=0;
while(! x! =0) s+=++x;
printf("%d",s);
```

则______。

A）运行程序段后输出 0　　B）运行程序段后输出 1

C）循环的控制表达式不正确　　D）程序段执行无限次

（3）下面程序的功能是在输入一批正整数中求出最大者，输入 0 结束循环，请选择填空。

```
#include <stdio.h>
int main()
{
  int a,max=0;
  scanf("%d",&a);
  while (____)
  {
  if (max<a)
    max=a;
  scanf("%d",&a);
  }
  printf("%d",max);
  return 0;
}
```

A）a==0　　B）a　　C）a==1　　D）! a

（4）C 语言中 while 和 do...while 循环的主要区别为______。

A）do...while 的循环至少无条件执行一次

B）while 循环控制条件比 do...while 的循环控制条件严格

C）do...while 允许从外部转入到循环体内

D）do...while 的循环体不能是复合语句

（5）以下能正确计算 10！的程序段为______。

A）
```
do {i=1; s=1;
s=s*i;
i++;
} while (i<=10);
```

B）
```
do {i=1; s=0;
s=s*i;
  i++;
} while (i<=10);
```

C）i=1；s=1；

D）i=1；s=0；

```
do {s=s*i;                          do {s=s*i;
  i++;                                   i++;
} while (i<=10);                    } while (i<=10);
```

(6) 下面有关 for 循环的正确描述为______。

A) for 循环只能用于循环次数已经确定的情况

B) for 循环是先执行循环体语句，后判断表达式

C) 在 for 循环中，不能用 break 语句跳出循环体

D) for 循环的循环体可以包括多条语句，但必须用花括号括起来

(7) 对 for (表达式 1;; 表达式 3) 可理解为______。

A) for (表达式 1; 0; 表达式 3)　　B) for (表达式 1; 1; 表达式 3)

C) for (表达式 1; null; 表达式 3)　　D) 缺少一个表达式

(8) 若 i 为整型变量，则以下循环执行次数为______。

```
for (i=2;i==0;)printf("%d",i--);
```

A) 无限次　　B) 0 次　　C) 1 次　　D) 2 次

(9) 以下 for 循环的执行次数为______。

```
for(x=0,y=0;(y=123)&&(x<4);x++);
```

A) 是无限循环　　B) 循环次数不定　　C) 4 次　　D) 3 次

(10) 分析下面程序的执行结果

```
#include <stdio.h>
int main()
{
    char a,b,c,d;
    scanf("%c%c",&a,&b)
    c=getchar();
    d=getchar();
    printf("%c%c%c%c\n",a,b,c,d);
    return 0;
}
```

当执行程序时，按下列方式输入数据（从第 1 列开始，<CR>代表回车，注意：回车也是一个字符）

12<CR>

34<CR>

则输出结果为______。

A) 1234

B) 12

C) 12

3

D）12

34

2. 填空题

（1）下面程序段是从键盘输入的字符中统计数字字符的个数，当输入换行符时结束循环。请分析程序填空。

```
int n=0,c;
c=gethar();
while(______)
{
    if(______)
      n++;
    c=getchar();
}
```

（2）下面程序的功能是用公式 π/4 = 1 - 1/3 + 1/5 - 1/7... 求 π 的近似值，直到最后一项的值小于 10^{-6} 为止，请分析程序填空。

```
#include<math.h>
#include<stdio.h>
int main()
{
    long fz=1,fm=1;
    ______ sum=0,flag=1.0,item;
    item=flag*fz/fm;
    while(fabs(item)>=1e-6)
    {
    sum=sum+item;
        fm=______+2;
    flag=-flag;
        item=flag*fz/fm;
    }
    sum=sum*4;
    printf("%.4f",sum);
    return 0;
}
```

（3）有1020个西瓜，第一天卖一半多两个，以后每天卖剩下的一半多两个，问几天以后能卖完？请分析程序填空。

```
#include<stdio.h>
int main()
```

```
{
    int day,x1,x2;
    day=0;x1=1020;
    while(_____){x2=_____;x1=x2;day++;}
    printf("day=%d\n",day);
    return 0;
}
```

（4）下面程序段的运行结果为______。

```
i=1;a=0;s=1;
do{a=a+s*i;s=-s;i++;}while(i<=10);
printf("a=%d",a);
```

（5）下面的程序是用 do while 语句求 1 ~ 1000 之间满足“用 3 除余 2；用 5 除余 3；用 7 除余 2”的数，且一行只打印五个数。请分析程序填空。

```
#include <stdio.h>
int main()
{int i=1,j=0;
do
{if(_____)
    {printf("%4d",i);
    j=j+1;
    if(_____) printf("\n");
    }
i=i+1;
}while(i<1000);
}
```

（6）下面程序的功能是计算 1 -3 +5 -7 +... -99 +101 的值，请分析程序填空。

```
#include <stdio.h>
int main()
{
int i,t=1,s=0;
for(i=1;i<=101;i+=2)
{
        _____;
        s=s+t;
        _____;
}
```

```
  printf("%d\n",s);
return 0;
}
```

（7）以下程序是用梯形法求 sin(x) * cos(x) 的定积分。求定积分的公式为：

$$s=h/2(f(a)+f(b))+h\sum f(xi)\quad (i=1\sim n-1)$$

其中 xi = a + ih，h = (b − a)/n。设 a = 0，b = 1.2 为积分上下限，积分区间分隔数 n = 100，请分析程序填空。

```
#include <stdio.h>
#include <math.h>
int main()
{
    int i,n;double h,s,a,b;
    printf("Input a,b:");
    scanf("%lf%lf",______);
    n=100;h=______;
    s=0.5*(sin(a)*cos(a)+sin(b)*cos(b));
    for(i=1;i<=n-1;i++)
      s+=______;
    s*=h;
    printf("s=%10.4lf\n",s);
    return 0;
}
```

（8）以下程序的功能是根据公式 e = 1 + 1/1! + 1/2! + ... 1/n! 求 e 的近似值，精度要求为 10^{-6}。请分析程序填空。

```
#include <stdio.h>
int main()
{
    int i;
    double e,new;
    ______;
    new=1.0;
    for(i=1;______;i++)
    {
    new/=(double)i;
      e+=new;
    }
    printf("e=%lf\n",e);
```

```
        return 0;
    }
```

3. 编程题

（1）分别用 while 和 for 写一个程序。程序让用户输入一个 n，然后计算 1 到 n 所有数的和。

（2）编写一个程序，程序实现用户输入两个数，计算它们的最小公倍数和最大公约数。

（3）打印九九乘法表。

（4）古典问题：有一对兔子，从出生后第三个月起每个月都生一对兔子，小兔子长到第三个月后每个月又生一对兔子，假如兔子都不死，问每个月的兔子总数为多少？

输入格式：输入包括 n+1 行，第一行为测试数据的组数 n，紧接着 n 行为一个正整数 m，即求第 m 个月的兔子数

输出格式：输出前 n 个月 + 空格 + 兔子数

测试输入数据 1：

8

输出结果 1：

21

测试输入数据 2：

5

输出结果 2：

5

（5）将一个正整数分解质因数。例如，输入 90，打印出 90 = 2 * 3 * 3 * 5。求 s = a + aa + aaa + aaaa + aa... a 的值，其中 a 是一个数字。例如，2 + 22 + 222 + 2222 + 22222（此时共有 5 个数相加），其中相加的项数由键盘给定的输入值决定。

（6）猴子吃桃问题：猴子第一天摘下若干个桃子，当即吃了一半，还不过瘾，又多吃了一个；第二天早上又将剩下的桃子吃掉一半，又多吃了一个。以后每天早上都吃了前一天剩下的一半零一个。到第十天早上想再吃时，只剩下一个桃子了。求第一天共摘了多少？

（7）打印出如下图案：

```
    *
  * * *
* * * * *
  * * *
    *
```

（8）阶乘之和，输入正整数 n，m 计算 S = 1! + 2! + ... + m! 的和（不含前导 0）。这里 1 <= n <= 30。

输入格式：

输入有 n+1 行：

第一行输入 n 代表共有几组测试数据；

随后 n 行每行输入 m，计算 m 阶乘之和；

输入样例：

2

10

30

输出样例：

4037913

3430808089

第 6 章

复杂循环及其应用

导读

第 5 章介绍了三种简单循环的使用方法与技巧。本章主要探讨复杂循环的使用方法，重点探讨二重循环、三重循环等多重循环的使用方法。需要重点掌握 for... while、for... for、while... for 和 while... for 四种多重循环的复合方法与技巧；掌握在多重循环中使用 break 与 continue 等语句来控制循环的节奏；掌握枚举、归纳等经典算法，并能应用多重循环解决日常生活中的问题。

本章知识点

1. 多重循环的嵌套使用方法。
2. 掌握多重循环中 break 与 continue 的使用方法。
3. 应用多重循环求解日常生活中的现实问题。

6.1　案例初探

【案例 6-1】　问题描述：羽毛球拍 15 元，球 3 元，水 2 元，花费 200 元每种商品至少买一个，如何购买可能正好花完？

案例要点解析：题目要求三种球拍至少包含一种，本案例采用三重循环结构来求解，则循环的起始值均为 1，变量 i 表示羽毛球拍的数量，其范围为［1，200/15］，变量 j 表示球的数量，其范围为［1，200/3］，变量 k 表示水的数量，其范围为［1，200/2］，三种情况进行排列组合，满足价格的数量刚好等于 200 元，即是一种满足题目的方案，此时方案计数变量增加 1，最终所有可能都遍历一遍，看满足条件的方案数量有多少，最终输出其数量。

源程序

```
#include <stdio.h>
int main()
{
    int s =200;                        //总钱数
    int a =15,b =3,c =2;               //球拍 a =15 元,求 b =3 元,水 c =2 元
    int cnt =0;                        //统计结果
    int sum =0;                        //钱数
```

```
    for( int i =1;i <=200/15;i ++)    //注意:整数除以整数得到的是商
    {
        for(int j =1;j <=200/3;j ++)
        {
            for(int k =1;k <=200/2;k ++)
            {
                sum =i *15 +j *3 +k *2;
                if(sum ==s)               //钱数 ==200,则是一种方案
                {
                    cnt +=1;
                    sum =0;
                    break;                //结束当前 for 循环
                }
            }
        }
    }
    printf("%d\n",cnt);
    return 0;
}
```

案例运行结果：

205

案例结果总结：本案例是多重循环的经典案例，利用暴力法枚举所有可能，再利用条件判断是否存在满足案例条件的方案，然后进行计数统计。

6.2　多重循环、循环嵌套

上一章学习了三种循环，分别是 for 循环、while 循环、do-while 循环，本章主要讨论多重循环或者说是循环的嵌套的应用。

例如：

```
while()
{
    for()
    {

    }
}
for()
```

```
    {
        for()
        {

        }
    }
```

这些都是循环套循环语句，所以称之为循环的嵌套。当然，也可以称之为两层循环或者多重循环。知道了什么是多重循环和循环嵌套，下面详细分析一下案例6-1的解题思路。

【案例6-1】有三种商品，单价分别为羽毛球拍15元，羽毛球3元，水2元。现有200元钱全部用于购买以上三种物品，要求每种商品至少买回一个，问有多少种可能正好将这200元钱全部花完?

根据题意，需要找出将羽毛球拍、羽毛球和水三种商品全部买到，且200元钱正好花完的方案总数。试想一下：

1）买一个羽毛球拍，一个羽毛球，剩下的所有钱都用来买水，使总价值=200。买水的过程就是我们买一瓶水、两瓶水、三瓶水…一直到总价值=200。

在这种方案中，羽毛球拍：羽毛球：水 =1:1:91 =15×1 +3×1 +2×91 =200，因此cnt+1；

2）同样，还可以买一个羽毛球拍，两个羽毛球，然后剩下的所有钱都用来买水，使总价值=200。买水的过程仍旧是买一瓶水、两瓶水、三瓶水…一直到总价值=200。

结果发现我们这种方案不能使总价值=200，因此计数变量cnt不变。

很明显这是一个三层的for循环结构，要明白每层for循环的作用。

第一层for循环：主要是控制羽毛球拍的数量。由于题目要求每个物品至少选一个，所以i=1作为起始，i<=200/15，表示变量i最大不能超过13，因为15*14>200没有意义。通过这个，可以简单地控制循环的次数。

第二层for循环：主要是控制球的数量，起始j=1，终止j<=200/3=66。这是简单地判断循环终止的条件。严格来说，循环终止j<=(200-15-2)/3才是真正的结束条件。相比较而言，前者的优势在于循环结束条件更容易计算，弊端是循环的次数会多一点，后者循环次数相对少一些，循环条件在这个题目中也更好计算一些。

第三层for循环：控制买水的数量，同上两层以k=1为起始，k<=200/2为结束。

多层循环执行过程经验总结：多层循环是从最里层向外层映射的，即外层取第一个值，里面所有值做一个完整的循环；外层继续取第二个值，里层重新再进行一个完整的循环。如果里层还有多重循环，则按照上面的办法进行复合。以二重循环为例：外层相当于行循环，内层相当于列循环，具体执行过程就是外层循环（行循环）取第一个值，里层循环（列循环）依次取所有的列元素；然后外层循环再取第二个值，里层循环再重新取所有列的元素值…外层循环取最后一个值，里层循环，再依次取出所有的值为止。相当于将行列式中元素按照行展开，并访问行列式里面的所有元素。

【案例6-2】 问题描述：打印下三角。具体效果如下所示：

测试案例：输入样例：n：3

输出样例结果:

```
*
* *
* * *
```

案例要点分析：根据输入的数据 n 以及题目的输出结果，可以确定行循环的次数与 n 相等。再观察每一行输入元素的个数与当行的行号相等，相当于第三行，则打印 3 个 *。规则总结：第 i 行打印 i 个“ * ”号，最终每行输出完成之后，打印一个换行，代表这行结束。

源程序

```
#include <stdio.h>
int main()
{
    int n;
    scanf("%d",&n);
    for(int i =1;i <=n;i ++)      //控制打印的行数
    {
        for(int j =1;j <=i;j ++)//控制 * 的数量
            printf("*");          //打印 i 个 *
        printf("\n");             //每一行打印完毕后才会打印换行,在行
                                    中换行,不是列
    }
    return 0;
}
```

输入测试数据:

输入样例:

6

案例运行结果:

```
*
* *
* * *
* * * *
* * * * *
* * * * * *
```

案例结果总结：换行语句应该在外层循环中，如果一个循环体内含有两条及两条以上的循环语句，一定要用 {} 把循环体语句组合成一个整体。

【案例 6-3】 问题描述：求解奥数难题，已知一个五位数为 ABCDE，乘以一个个位数字 F（非 0）后，其结果等于 EDCBA，编写程序计算这个五位数的值和 F 的值。即：ABCDE * F = EDCBA，A、B、C、D、E、F 代表 6 个互不相同的数。

案例要点解析：A、B、C、D、E 取值范围为 0-9 且各不相同，可以利用多重循环求解，

枚举每个数字组合的所有可能，但是需要满足数字各不相等。

即：A！=B&&A！=C&&A！=D&&A！=E&&B！=C&&B！=D&&B！=E&&C！=D&&C！=E&&D！=E。还需要满足：ABCDE=A＊10000+B＊1000+C＊100+D＊10+E。EDCBA=10000＊E+1000＊D+100＊C+10＊D+A，ABCDE＊F=EDCBA，其中F的值为1~9的一个数。

源程序

```
#include <stdio.h>
int main()
{
    int A,B,C,D,E,F;
    int x,y,z=0;
    for(A=1;A<=9;A++)
    for(B=0;B<=9;B++)
    for(C=0;C<=9;C++)
    for(D=0;D<=9;D++)
    for(E=1;E<=9;E++)
    for(F=1;F<=9;F++)
    {
        x=A*10000+B*1000+C*100+D*10+E;
        y=10000*E+1000*D+100*C+10*B+A;
    z = (A! = B&&A! = C&&A! = D&&A! = E&&B! = C&&B! = D&&B! =
E&&C! =D&&C! =E&&D! =E);
        if(x*F==y&&z==1)
        printf("%d * %d=%d\n",x,F,y);
    }
    return 0;
}
```

案例运行结果：

21978＊4=87912

案例结果总结：本案例是多重循环求解数字相乘问题，需要注意的是数字各不相等的条件，可以采用本案例的语句A！=B &&A！=C &&A！=D &&A！=E &&B！=C &&B！=D &&B！=E &&C！=D &&C！=E &&D！=E最终判断条件结果为真（1）或者假（0），也可以用每个表达式结果相加，判断结果是否等于10，如果结果等于10，代表10个表达式结果都是1。

6.3 break和continue语句

break与continue的使用方法

1. break的用法

当break关键字用于while、for循环时，break条件触发改变程序的执行位置，即跳出当前循环体，执行循环语句后面的代码。break 关键字通常和 if 语句一起配合使用，即满足条件时便跳出循环体，break 是跳出当前层所在的循环体，如果循环有多层，则返回上一级循环体；如果只有一重循环，则直接结束循环；如果 break 在内层循环，则跳到外层循环体。

【案例 6-4】 问题描述：使用 while 循环计算 1 +2 +3 + … +100 的和，输出其结果。

源程序

```
#include <stdio.h>
int main()
{
    int i =1,sum =0;
    while(1){ //循环条件一直为真,循环不会从这结束
        sum +=i;
        i ++;
        if(i >100) break;//当 i >100 时,使用 break 终止 while 循环
    }
    printf("%d\n",sum);
    return 0;
}
```

案例运行结果：

5050

案例结果总结： while 循环条件为 1，永远为真，它是一个死循环。当执行到第 100 次循环的时候，计算完 i ++；后，变量 i 的值为 101，此时 if 语句的条件 i > 100 成立，执行 break；结束循环，因此在无限循环中通常使用 break 来终止循环。

2. break 在多层循环中，一个 break 语句只向外跳一层

【案例 6-5】 问题描述：输出一个 3 * 3 的整数矩阵，程序无输入，程序的输出结果如下所示。

1 2 3

4 5 6

7 8 9

案例要点解析： 每行输出 3 个数，起始数据等于 1，输出一个数后，其变量依次增加 1，作为下一个数，每行元素的数量等于 3（相当于列的规模），当 k > 3 成立时，执行 break 语句，跳到下一行（此时打印换行语句），重复上面的规律并执行，直到行的循环（外层循环）数量 i > 3 成立时，跳出外层循环。内层循环共执行了 3 次 break 语句，外层循环执行了 1 次 break 语句，终止了整个二重循环。

源程序

```
#include <stdio.h>
int main(){
    int i =1,j =1,k;
```

```
    while(1){                    //外层循环
        k=1;
        while(1){                //内层循环
            printf("%-4d",j);
            j++;
            k++;
            if(k>3) break;       //跳出内层循环
        }
        printf("\n");
        i++;
        if(i>3) break;           //跳出外层循环
    }
    return 0;
}
```

案例运行结果：

1　　2　　3

4　　5　　6

7　　8　　9

案例结果总结： 如果机械地将 break 理解为跳出所有循环，则是不对的。需要看 break 所在循环的层次，跳出当前循环所在的层次，就返回至当前循环的上一层。如果只有一重循环，就是跳出整个循环体；如果有多重循环，根据 break 的位置跳到 break 所在循环体的上一层。

3. continue 的用法

continue 语句的作用是跳过本次循环体剩余的语句，强制进入下一次循环，并没有结束整个循环体，只是结束本次循环，后面的循环还需要继续。continue 语句只用在 while、for 循环中，常与 if 条件语句一起使用，判断条件是否成立。

【案例 6-6】 问题描述：打印数字游戏，输入数据 n，打印从 1 到 n 的所有奇数。

案例要点解析： 对变量 i 的所有可能进行取值，循环处理，当变量 i 为偶数，执行了 continue，不再执行打印 i，当变量 i 为奇数，直接执行打印 i。

源程序

```
#include<stdio.h>
int main()
{
    int n;
    scanf("%d",&n);
    for(int i=1;i<=n;i++)
    {
        if(i%2==0)
```

```
        {
        continue;
    /*跳出当前循环不执行该语句以下的语句,开始下一次循环,即偶数的时候,
结束本次循环,后面语句不执行,继续后面循环*/
            printf("%d ",i);//打印奇数
        }
        else
            printf("%d ",i);
    }
    return 0;
}
```

输入测试数据：

10

案例运行结果：

1 3 5 7 9

案例结果总结：continue 语句用来结束本次循环，继续执行下一次循环语句，不是结束整个循环。

break 与 continue 的区别总结

break 用来跳出所在层次的循环，当前层次的所有循环体不再执行。continue 语句是用来结束当前循环体的本次循环，相当于 continue 后面语句不再执行，直接执行下一次循环语句。

6.4　复杂循环综合应用

在 C 语言中，if，switch，for，while，do... while 都可以相互间多次嵌套。

```
for(){
    for(){
    for(){}
    }
}
while()
{
for(){}
for(){}
}
```

【案例 6-7】 问题描述：本题要求统计给定整数 M 和 N 区间内素数的个数并对它们求和。

输入格式：

在一行中输入两个正整数 M 和 N（1≤M≤N≤500）。

输出格式：

在一行中顺序输出 M 和 N 区间内素数的个数以及它们的和，数字间以空格分隔。

输入样例：

10 31

输出样例：

7 143

案例要点解析： 这是一个拥有双 for 循环的程序，这里简单介绍一下 for 循环语句的作用。第一层 for 循环是为了遍历从 m 到 n 之间的所有整数，第二层循环同样是为了遍历从 i = 2 到 i = sqrt(k) 之间的所有整数，当然它的循环体作用是判断 k 是否是素数。素数（质数）只能被 1 和它本身整除。判定素数的循环范围（i = 2; i * i <= k; i ++），对于每一个 i 都不能够被 k 整除即可，言外之意即只要在这个区间存在一个 i，能被 k 本身整除，就可以判定 k 肯定不是素数，也可以采用（i = 2;i <= sqrt(k);i ++）的方式，其效果一样。

源程序

```
#include <stdio.h>
int main()
{
    int m,n;                              //区间 m、n
    int count =0;                         //count 记录素数个数
    int sum =0;                           //sum 记录素数的和
    int i,k,t;
    scanf("%d %d",&m,&n);
    if(m >n)
    {t =m;m =n;n =t;                      //m 大于 n,交换位置,保证 m 小于 n
    }
    for(int k =m;k <=n;k ++)              //for 遍历 m 到 n 的所有整数
    {
        for(i =2;i * i <=k;i ++)          /* 最小素数为 2,最大素数不会超过这个
                                             数的一半 */
        {
            if(k%i ==0)
                break;
        }
        if(i * i >k&&k! =1)               /* 是素数,处理数据,注意 k =1 是一个
                                             例外 */
        {
            sum =sum +k;
            count ++;
        }
    }
```

```
    printf("%d %d",count,sum);        //打印结果
    return 0;
}
```

输入测试数据：

100 200

案例运行结果：

21 3167

案例结果总结： 请读者掌握本案例程序中素数的判断方法。

【案例6-8】 问题描述：打印九九乘法表。

案例要点解析： 注意外层是变量i循环（行循环，控制输出的总行数，总共9行），内层是变量j循环（列循环，控制每一行输出的次数，与当前所在行的数值相等）。如果变量j循环的次数与外层的变量i标正好相等的话，可以借鉴for（j=1；j<=i；j++）来实现，这种控制循环次数的方法在二重循环中经常用到，请读者体会掌握。

源程序

```
#include <stdio.h>
int main()
{
    int i,j;
    for(i=1;i<=9;i++)
    {
        for(j=1;j<=i;j++)
        {
        printf("%d*%d=%d  ",j,i,j*i);
        }
        printf("\n");
    }
    return 0;
}
```

案例运行结果：

```
1*1=1
1*2=2  2*2=4
1*3=3  2*3=6  3*3=9
1*4=4  2*4=8  3*4=12  4*4=16
1*5=5  2*5=10  3*5=15  4*5=20  5*5=25
1*6=6  2*6=12  3*6=18  4*6=24  5*6=30  6*6=36
1*7=7  2*7=14  3*7=21  4*7=28  5*7=35  6*7=42  7*7=49
1*8=8  2*8=16  3*8=24  4*8=32  5*8=40  6*8=48  7*8=56  8*8=64
1*9=9  2*9=18  3*9=27  4*9=36  5*9=45  6*9=54  7*9=63  8*9=72  9*9=81
```

案例结果总结： 注意换行语句应该放在外层循环体内，即每行输入完成之后换行。

【案例 6-9】 问题描述：打印等腰三角形。

输入样例：n=6

输出样例：

```
          *
        * * *
      * * * * *
    * * * * * * *
  * * * * * * * * *
* * * * * * * * * * *
```

案例要点解析： 外层是行循环，在每一行的循环里面又嵌套了两个一重循环和一个换行语句，分别打印“空格”的个数（动态的）和“*”的个数（动态的），最后打印一个换行字符。根据案例得到规律，每行“空格”的个数与“*”号的个数与所在行号变量 i 和问题规模 n 存在某种关系，即：“空格”个数 = n − i，“*”号个数 = 2*i − 1。

源程序

```
#include <stdio.h>
int main()
{
int i,j,k;
int n;
scanf("%d",&n);
for(i=1;i<=n;i++)          //一层循环
{
    for(k=1;k<=n-i;k++)  //嵌套多个循环
    {
        printf(" ");
    }
    for(j=1;j<=2*i-1;j++)
    {
        printf("*");
    }
    printf("\n");
}
return 0;
}
```

输入测试数据：

8

案例运行结果：

```
               *
             * * *
           * * * * *
         * * * * * * *
       * * * * * * * * *
     * * * * * * * * * * *
   * * * * * * * * * * * * *
 * * * * * * * * * * * * * * *
```

案例结果总结：本案例提醒大家要注意在二重循环中，空格的个数 、星号的个数与行、列之间的关系，分析出规律，然后根据规则进行输出即可，换行语句在外层循环体内。

【案例6-10】 问题描述：百钱买百鸡问题：公鸡5文钱一只，母鸡3文钱一只，小鸡3只一文钱，用100文钱买一百只鸡，问公鸡，母鸡，小鸡要买多少只刚好凑足100文钱。

案例要点解析：本案例可采用枚举的思想解决，一一列举出所有公鸡、母鸡、小鸡的可能性，再根据条件判断是不是合适的答案。用变量x，y，z分别表示公鸡、母鸡、小鸡的数量。第一层循环控制公鸡数量的变化，for的起始值x=0、终止值x=100/5；第二层循环控制母鸡的数量变化，起始值y=0，终止值y=100/3；第三层循环控制小鸡的数量变化，由于小鸡三只一文钱，所以小鸡层for循环起始为z=0，终止值z<=100*3；必须满足购买三种鸡的总钱数等于100，其中隐含条件是小鸡的数量必须为3的倍数，另一个必备条件是总鸡数等于100只。因此最终的条件设置为：if((x*5+y*3+z/3==100)&&(z%3==0)&&(x+y+z==100))。

源程序

```
#include <stdio.h>
int main()
{
    int x,y,z;//x,y,z 分别表示公鸡、母鸡、小鸡的数量
    for(x=0;x<=100/5;x++)
        for(y=0;y<=100/3;y++)
            for(z=0;z<=100*3;z++)
        {
                if((x*5+y*3+z/3==100)&&(z%3==0)&&(x+y+
z==100))
            {
                printf("x=%d y=%d z=%d\n",x,y,z);
            }
        }
    return 0;
}
```

案例运行结果：

x =0 y =25 z =75

x =4 y =18 z =78

x =8 y =11 z =81

x =12 y =4 z =84

案例结果总结：本案例容易出错的地方就是变量 z 的控制，一定要保证 z 是 3 的倍数，否则结果可能存在部分无效的情况。三重循环，就是三个一重循环进行嵌套，逐层进行循环。

【案例 6-11】 问题描述：小红对数位中含有 2、0、1、9 的数字很感兴趣（不包括前导 0），在 1 到 40 中这样的数包括 1、2、9、10 至 32、39 和 40，共 28 个，它们的和是 574。问：在 1 到 n 中，所有这样的数的和是多少？

输入格式：

输入一行包含一个整数 n。

输出格式：

输出一行，包含一个整数，表示满足条件的数之和。

输入样例：

50

输出样例：

756

案例要点解析：初始化，每个数默认标记值为 0，循环判定每一个变量 i，看变量 i 是否符合要求（数位分离后看尾数），只要分离过程中有一个尾数为 2，0，1，9，直接把这个数的标记位修改为 1；如果不是，这个数对 10 求商，重复上面操作，直到这个数为 0 为止。然后再判断该数的标记位。如果最终标记值为 1 的话，则这样的数就是满足题目要求的数，累计求和。

源程序

```
#include <stdio.h>
int main()
{
int n,i,ans =0;
scanf("%d",&n);
for (i =1;i <=n; ++i)
{
    int t =i,ok =0;
    while (t >0)
    {
    int g =t % 10;
    if (g ==2 || g ==0 || g ==1 || g ==9)
    {
```

```
            ok =1;
            break;
            }
          t =t/10;
          }
      if(ok)
      ans +=i;
      }
      printf("%d\n",ans);
      return 0;
      }
```

输入测数数据：

40

案例运行结果：

574

案例结果总结：本案例是数位分离的应用，只要分离中的数有一个符合要求，即停止分离这个数（在程序中用 break 进行控制），然后计数求和即可，注意题目中的标记变量 ok，它在外层循环里面，每更换一个新值，它的值重新回到 0。

【案例 6-12】 问题描述：寻找“完数”，“完数”就是该数恰好等于除自身外的因子之和。例如，6 =1 +2 +3，其中 1、2、3 为 6 的因子。本案例要求编写程序，找出任意两个正整数 m 和 n 之间的所有“完数”。

输入格式：

在一行中输入两个正整数 m 和 n（$1 < m \leqslant n \leqslant 10000$），中间以空格分隔。

输出格式：

逐行输出给定范围内每个“完数”的因子累加形式的分解式，每个“完数”占一行，格式为“完数 = 因子 1 + 因子 2 + … + 因子 k”，（k 不超过数本身的一半），其中“完数”和因子均按递增顺序给出。若区间内没有完数，则输出“None”。

输入样例：

4 100

输出样例：

6 =1 +2 +3

28 =1 +2 +4 +7 +14

案例要点解析：先把每个数按照“完数”规则求出它的因子和 sum（其中最大因子不超过本身一半），如果 sum 等于数本身的话，则这个数是完数，然后就是逐个打印它的每一个因子，并统计在给定的范围内有多少个符合条件的完数。如果计数变量 cnt 仍然等于 0，则表示在给定的范围内不存在完数，输出 None。

源程序

```
    #include <stdio.h>
```

```
int main()
{
    int m,n,cnt=0;
    scanf("%d %d",&m,&n);
    int sum,i,j;
    for(i=m;i<=n;i++)
    {
        sum=0;
            for(j=1;j<=i/2;j++)
                if(i%j==0)
                sum=sum+j;
        if(sum==i)
    {
    cnt++;
    printf("%d=1",i);
    for(j=2;j<=i/2;j++)
    if(i%j==0)
    printf(" +%d",j);
    printf("\n");
    }
    }
    if(cnt==0)
    printf("None");
    return 0;
}
```

输入测试数据：

20 1000

案例运行结果：

28 =1 +2 +4 +7 +14

496 =1 +2 +4 +8 +16 +31 +62 +124 +248

案例结果总结：对于每一个变量i来说，sum的值一定要重新初始化为0，重新计算它的有效因子之和。另外需要注意最终的输出格式，不要多输出空格；单列输出最前面的第一项1，然后循环输出剩余的因子，输出格式为“空格+因子”，这样可避免输出多余的空格。

【案例6-13】 问题描述：小明的零花钱一直都是自己管理。每个月的月初妈妈给小明300元钱，小明会做好这个月的花销预算，并且总能做到实际花销和预算的相同。

为了让小明学习如何储蓄，妈妈提出，小明可以随时把整百的钱存在她那里，到了年末她会加上20%的利息一同返还给小明。因此小明自己制定了一个储蓄计划：每个月的月初，在得到妈妈给的零花钱后，如果他预计到这个月的月末手中还会有多于100元或恰好100

元，他就会把整百的钱存在妈妈那里，剩余的钱留在自己手中。

例如，5月初小明手中还有56元零钱，他妈妈给了小明300元的生活费。小明预计5月的花销是140元，除掉花销，他还剩下216元，那么他就会在妈妈那里存200元。到了5月月末，小明手中会剩下16元钱。

小明发现这个储蓄计划的主要风险是，存在妈妈那里的钱在年末之前不能取出。有可能在某个月的月初，小明手中的钱加上这个月妈妈给的钱，不够这个月的原定预算。如果出现这种情况，小明将不得不在这个月省吃俭用，压缩预算。

现在请根据2021年1月到12月每个月小明的预算，判断会不会出现这种情况。如果不会，计算到2021年年末，妈妈将小明平常存的钱加上20%还给小明之后，小明手中会有多少钱。

输入格式：

12行数据，每行包含一个小于350的非负整数，分别表示1月到12月小明的预算。

输出格式：

一个整数。如果储蓄计划实施过程中出现某个月钱不够用的情况，输出-X，这种情况的第一个月；否则输出到2021年，年末小明手中一共有多少钱。

输入、输出样例：

测试案例1输入的12个月的津贴预算金额。

290

230

280

200

300

170

340

50

90

80

200

60

案例1输出结果：-7　//解析一下，第7个月存款首次小于预算金额

案例要点解析：本案例是循环的应用，题目较长，需要读者耐心读懂题目。下面解析一下题目的思路：小明的钱分成三部分，零花钱（left变量，来源于上月的结余，不超过100）、每个月初他妈妈给他的300元的钱，以及小明每个月的花销预算plan。如果left+300-plan小于0的话，这个月入不敷出，直接退出循环打印该月信息。例如，测试用例1，直接打印-7，代表7月份入不敷出。如果每个月left+300-plan都大于0的话，则小明考虑存钱。依据题目的要求，小明每个月只能够存储整百，如果剩余的钱数为156的话，则考虑存100，将剩下的56元作为下个月的零花钱的初始额（left=left+300-plan）；具体存储的整百的钱数用save变量统计，save+=(left+300-plan)/100*100。最终小明12月总共的钱等于整百的数量钱*1.2+剩余的零花钱（left），就是小明1到12月份累计的总钱数。

源程序

```
#include <stdio.h>
int main()
{
    int plan;//plan 代表每个月的预算金额
    int sum,i,month;  //sum 代表最终所存储的金额
    int left=0;//left 代表每个月剩余的零头累计
    int save=0;//存储的整百的金额
    int flag=0;//标记位,是否退出
    for(month=1;month<=12;month++)
    {
        left+=300;
        scanf("%d",&plan);
        left=left-plan;
        if(left<0)
        {
            flag=1;
            break;
        }
        else
        {
            i=left/100;
            save+=(100*i);
            left-=(100*i);
        }
    }
    if(flag)
        printf("-%d",month);
    else
    {
        sum=((1.20*save)+left);
        printf("%d",sum);
    }
    return 0;
}
```

输入测试数据：

输入的 12 个月的津贴预算金额。

290

230
280
200
300
170
330
50
90
80
200
60

案例运行结果:

1580 //每个月钱都够，最终存储的金额

案例结果总结: 本案例也考虑到样例中出现的情况，当某个月初的零花钱（上月结余）+300元，不够这个月开销的情况，如果出现这种情况，立即终止循环（break语句），输出其所在的月份。

6.5 本章小结

本章主要学习了多重循环的使用。简单地说，多重循环就是前面三种循环的嵌套，例如，双for循环即for(){for(){}}叫双重循环，当然也有while循环+for循环等。然后学习了跳出循环的两种方式break和continue，注意区分这两种语句的用法，break的特点是跳出本层循环体，执行循环后面的语句；continue则是结束本次循环，开始执行下一次循环或者循环条件不满足执行循环的下一条语句。多重循环是以后学习的基础，希望大家多多练习，掌握循环程序的规律。

习　题　6

1. 选择题

（1）设有以下程序段

```
int x=0,s=0;
while(! x! =0) s+=++x;
printf("%d",s);
```

则______。

A）运行程序段后输出0　　B）运行程序段后输出1

C）循环的控制表达式不正确　　D）程序段执行无限次

（2）下面程序段的运行结果为______。

```
x=y=0;
while(x<15)
```

```
y ++ ,x +=++ y;
printf("%d,%d",y,x);
```

A）20，7　　B）6，12　　C）20，8　　D）8，20

（3）下面程序段的运行结果为______。

```
int n =0;
while(n ++ <=2);
printf("%d",n);
```

A）2　　B）3　　C）4　　D）语法错误

（4）下面程序的功能是将从键盘输入的一堆数，要求由小到大排序输出。当输入一对相等数时结束循环，请选择填空。

```
#include <stdio.h>
int main()
{
    int a,b,t;
    scanf("%d%d",&a,&b);
    while(______)
{if (a >b)
  {t =a;a =b;b =t;}
printf("%d,%d\n",a,b);
scanf("%d%d",&a,&b);
}
return 0;
}
```

A）! a = b　　B）a! = b　　C）a == b　　D）a = b

2. 填空题

（1）下面程序段中循环体的执行次数为______。

```
a =9;b =0;
do
{
    b +=2;
    a- =2 +b;
}while(a >=0);
```

（2）下面程序段的运行结果为______。

```
x =3;
do
{
```

```
        printf("*");
        x--;
    }while(! x==0);
```

（3）下面程序的运行结果为______。

```
#include<stdio.h>
int main()
{
  int i,x,y;
  i=x=y=0;
  do{
     ++i;
    if(i%2! =0)
    {  x=x+i;
      i++;
    }
    y=y+i++;
    }while(i<=7);
    printf("x=%d,y=%d\n",x,y);
    return 0;
}
```

（4）下面程序的运行结果为______。

```
#include<stdio.h>
int main()
{
  int a,b,i;
  a=1;b=4;i=1;
  do{
    printf("%d,%d,",a,b);
    a=(b-a)*2+b;
    b=(a-b)*2+a;
    if(i++%2==0)
      printf("\n");
  }while(b<100);
  return 0;
}
```

3. 编程题

（1）输入一个n并打印1-n的阶乘（n<=16），如图6-1所示如果n>16则int型数据已经越界了，要选择long long长整型。重新认识一下int型数据的最大值。

```
9
1=1
1*2=2
1*2*3=6
1*2*3*4=24
1*2*3*4*5=120
1*2*3*4*5*6=720
1*2*3*4*5*6*7=5040
1*2*3*4*5*6*7*8=40320
1*2*3*4*5*6*7*8*9=362880
```

图6-1　阶乘效果图

（2）质因数分解

输入测试数据组数n：3

输入n个数据：18 25 38

输入样例：3

18 25 38

输出样例：

18 =2 3 3

25 =5 5

38 =2 19

（3）计算某一天在一年中的位置，比如2019年7月27号，这一天是这一年的第208天。结果如下所示：

输入样例：

请输入年月日（2019-7-27）：2019-7-27

输出样例：

第208天

（4）编写一个程序，程序实现用户输入两个数，计算它们的最小公倍数和最大公约数。

输入样例：8 26

输出样例：

最大公约数是2

最小公倍数是1045

（5）打印杨辉三角的前8行，如图6-2所示。

```
1
1 1
1 2 1
1 3 3 1
1 4 6 4 1
1 5 10 10 5 1
1 6 15 20 15 6 1
1 7 21 35 35 21 7 1
```

图6-2　杨辉三角图

（6）打印空心菱形，输入一个数据 n =6；结果如图 6-3 所示：上 6，下 6，中间一行共 13 行。

```
      *
     * *
    *   *
   *     *
  *       *
 *         *
*           *
 *         *
  *       *
   *     *
    *   *
     * *
      *
```

图 6-3　空心菱形效果图

第7章

一维数组及其应用

导读

数据类型包括基本的数据类型和构造的数据类型。前面的章节所学到的整型、浮点型、字符型等属于前者，后面的章节将主要学习构造的数据类型，如数组、指针结构体等。本章主要学习一维数组的使用，数组是相同数据元素的有序集合，要求学会利用一维数组进行数据的添删改查、计算等，理解并掌握选择排序与冒泡排序算法。

一维数组

本章知识点

1. 数组的定义并初始化。
2. 建立数组元素与循环的关系。
3. 掌握数组的基本运算（主要是添加、删除、修改、查找元素）。
4. 掌握选择排序与冒泡排序算法。

7.1 一维数组初探

【案例7-1】 问题描述：要求编写程序，找出给定的n个数中的最大值及其对应的最小下标（下标从0开始）。

输入格式：

在第一行中输入一个正整数n（$1<n\leq 10$）。第二行输入n个整数，用空格分开。

输出格式：

在一行中输出最大值及最大值的最小下标，中间用一个空格分开。

输入样例：

7

4 1 3 1 1 2 5

输出样例：

5 6

案例要点解析： 在n个数值中寻找最大值与其所在位置，可以先把第一个值作为最大值，同时记录其最大值的位置，其他值再与最大值进行比较，如果其他值比最大值大的话，最大值更新为其他值，同时更新最大值的位置，直到所有元素都比较一次，输出其结果。

源程序

```
#include <stdio.h>
int main()
{
    int n,m;
    printf("请输入n:");
    scanf("%d",&n);
    int a[n],i;          //定义一个存储单元为 n 的一维整型数组
    for(i=0;i<n;i++)
    {
        scanf("%d",&m);
        a[i]=m;          //对每个存储单元赋值
    }
    int t;
    int j=0;
    t=a[0];
    for (i=1;i<n;i++)
    {
        if (a[i]>t)
        {
            t=a[i];
            j=i;
        }
    }                    //遍历整个数组,找到最大值,并且记录下找到的下标值
    printf("%d %d",t,j);
    return 0;
}
```

测试输入数据：

请输入 n：10

3 5 6 9 9 2 9 7 4 8

案例运行结果：

9 3

案例结果总结： 注意本案例是找最大元素位置的最小下标，判断条件是 a[i] >t，而不是 a[i] >=t。如果找最大元素出现位置的最大下标，则使用后者作为判断条件。

7.2 一维数组定义、使用

1. 定义

数组是一些具有相同数据类型的元素的有序集合，定义一个数组，需要明确数组元素的

类型、数组变量名和数组的大小。

定义的一般形式为：

类型名 数组名［数组长度］；

说明：类型一般为 int、char、double 或者自定义类型，对于初学者来说数组的长度一般情况为常量。

例如：

int a［20］：定义一个有20个整型元素的数组，数组名为a；

char c［20］：定义一个有20个字符型元素的数组，数组名为c；

注意：

1）数组名不能与其他的变量名相同。

如：
```
int main ( )
{
    int a;
    double a[5];    //错误
    ......
}
```

2）数组下标从0开始，不要越界。例如，定义一个长度为5的整型数组 a[5]，则五个变量分别为 a[0]、a[1]、a[2]、a[3]、a[4]。在程序中，不要使用 a[5] 这个元素，因为这个元素不存在，如果使用的话，系统会提示产生越界中断错误（英文提示：overflow）。

3）在定义数组之后，系统会根据数组的大小在内存中申请一段连续的存储单元用于存放数组中的各个元素，下标连续编号用于区分各个存储单元，下标从0开始直到数组最大元素长度-1。

例如，定义一个一维数组 int a[5]，申请一个容量为5的整型数组，目前主流计算机的 CPU 为64位，地址空间由16位十六进制组成，其中每一位十六进制由四位二进制数组成，数组地址空间如表7-1所示。

表7-1 数组内存分配表

内存地址	值	数组
0000000000001000	1	a［0］
0000000000001004	2	a［1］
0000000000001008	3	a［2］
000000000000100C	4	a［3］
0000000000001010	5	a［4］

2. 使用

每次使用数组的一个元素。

数组元素的一般形式为：

数组名［下标］

注意：下标取值为0~数组长度-1

例如：

```
int main()
{
    int a[2];
    a[0]=1;
    a[1]=2;
    a[2]=3;  //错误,数组下标越界
    a[3]=4;  //错误,数组下标越界
}
```

数组元素的使用方法与同类型的变量相同，数组元素就是一个同数组类型一样的变量，使用方法参考变量的用法。

【案例 7-2】 按照数组元素的输入或赋值初始化规则，分析程序的运行结果。

源程序

```
#include <stdio.h>
int main()
{
    int i;
    int a[3];
    for(i=0;i<3;i++)
    scanf("%d",&a[i]);
    a[1]=a[0]+2;
    a[2]=a[1]+a[0];
    for(i=0;i<3;i++)
    printf("%d ",a[i]);
    return 0;
}
```

输入测试数据：

1 2 3

案例运行结果：

1 3 4

案例结果总结：注意数组下标不要越界。

3. 区别

数组定义和使用都要用到数组名+［］。定义数组时，［］中存放的是数组的长度，可以是常量或者常量表达式。在使用数组时，［］代表下标，合理的取值范围是0~数组长度-1。

4. 一维数组的初始化

在定义数组时，可以直接对数组元素赋值，一般形式为：

类型名 数组名［数组长度］={初值}；

例如：int a[4] = {1,2,3,4}；

【案例7-3】 按照数组元素一次性初始化方式，分析程序的运行结果。

源程序

```
#include <stdio.h>
int main()
{
    int a[4]={1,2,3,4};
    for(int i=0;i<4;i++)
    {
    printf("%d ",a[i]);
    }
    return 0;
}
```

案例运行结果：

1 2 3 4

定义数组元素并初始化时候，如果每个元素都有初始化值，可以把数组的长度省略，系统会根据元素的个数自动补充数组长度，例如，int a[ ] = {1,2,3,4}；此时 a[0] =1；a[1] =2；a[2] =3；a[3] =4；系统自动补充数组长度4。也可以只对部分元素按照顺序依次进行初始化，其他没有初始化的元素，取默认值，例如，int b[10] = {1,2}；此时 b[0] =1；b[1] =2;b[2] ~ b[9] 为0。

【案例7-4】 根据数组部分初始化元素规则，分析程序的运行结果。

源程序

```
#include <stdio.h>
int main()
{
    int b[10]={1,2};
    for(int i=0;i<10;i++)
    {
    printf("%d ",b[i]);
    }
}
```

案例运行结果：

1 2 0 0 0 0 0 0 0 0

案例结果总结： 整型数组元素部分初始化时，没有初始化的元素的值默认为0。

【案例7-5】 问题描述：根据题目的意思编写程序，从给定的 n 个整数中找到最小值出现的位置及其位置的最大下标（下标从0开始）。

输入格式：

在第一行中输入一个正整数 n（1 < n≤100）。第二行输入 n 个整数，用空格分开。

输出格式：

在一行中输出最小值及最小值出现的最大下标，中间用一个空格分开。

案例要点解析：本案例与【案例 7-1】类似，但是有区别，寻找最小值的方法和过程基本一致，都是把第一个元素当成最小值，然后跟其他元素进行比较，如果其他元素不大于最小值的话，则更新最小值，同时更新最小值的位置。

源程序

```
#include <stdio.h>
int main()
{
    int a[100],i,n;
    int mini =0;//最小元素的下标初始值为 0
    scanf("%d",&n);
    for(i =0;i <n;i ++)
    scanf("%d",&a[i]);
    for(i =0;i <n;i ++)
    if(a[mini] >=a[i])
    mini =i;
    printf("%d %d",a[mini],mini);
    return 0;
}
```

输入测试数据：

8

2 3 1 9 7 1 9 7

案例运行结果：

1 5

案例结果总结：本案例是寻找最小值最后一次出现的位置，在比较最小值的过程中，需要使用条件语句 a [mini] <= a [i]，不能够使用 a[mini] < a[i]。后者是找最小值首次出现的位置，不是最后一次出现的位置。

【案例 7-6】 问题描述：给定一批非负整数（可以含有 0），分析并提取每个整数中的每一位数字出现的频度（次数）。例如给定 3 个整数 1223、3327、4465，出现最多的数字分别为 2 和 3，均出现了 3 次。

输入格式：

在第一行中输入正整数 N（N≤1000），在第二行中输入 N 个不超过整型范围的非负整数，数字间以空格分隔。

输出格式：

在一行中按格式“M：n1 n2...”输出，其中 M 是最大次数，n1、n2、…为出现次数最多的数字（n1，n2... 为并列出现最多的数字），如果出现并列的话，则按从小到大的顺序排列。数字间以空格分隔，但末尾不得有多余空格。

测试样例：

输入样例：

3

1223 3327 4465

输出样例：

3：2 3

案例要点解析： 本案例需要定义两个数组，分别存储数组元素 a[1000] 与数位分离数组 b[10]（0-9）的 10 个元素。b[0]-b[9] 分别依次记录数组 a 中的元素进行数位分离的 0-9 出现的次数，数位分离的方法就是不停的对 10 求解余数，根据余数的值，并将该余数存储在 b 数组中的次数增加 1，然后这个数不停的缩小 10 倍，直到 0 为止。注意 b 数组元素的初始值为 0，这也是计数变量的需要。然后再对 b 数组的元素进行遍历求解最大值，再遍历一下求解与最大值相等元素的位置对应的值并依次输出。注意，最大值有可能有多个。

源程序

```
#include <stdio.h>
int main()
{
    int x,t,n,a[1000],b[10]={0},i;
    scanf("%d",&n);
    for(i=0;i<n;i++)
    scanf("%d",&a[i]);
    for(i=0;i<n;i++)
    {
      x=a[i];
    do
    {  t=x%10;
      b[t]++;
      x=x/10;
    }while(x!=0);
    }
    for(i=0;i<10;i++)
    if(x<b[i])
    x=b[i];
    printf("%d:",x);
    for(i=0;i<10;i++)
    if(x==b[i])
    printf(" %d",i);
    return 0;
}
```

输入测试数据：

3

1001　0　23011

案例运行结果：

4：0 1

案例结果总结：本案例涉及到数位分离，这在整型数组元素中经常出现，需要大家重点掌握。另外本题必须用 do... while 循环结构，这是因为这个整数有可能为 0，如果使用 while，0 这个数是不满足循环条件的，b［0］不会增加 1 次，最终导致 0 出现的次数出错。

7.3　选择排序与冒泡排序

1. 选择排序

通过每一趟排序过程从待排序元素中选择出关键字最小（大）的记录，将其依次放在数组的第一个位置或最后一个位置的方法来实现整个数组的有序排列。

基本思想

基础的选择排序，每一趟排序中，比较排头与后面所有元素。如果排头比后面元素大，交换排头与后面的元素，这样一趟下来，排头就是最小，第二趟依次继续，找到第二个最小元素，依次比较 n-1 趟，就可以确定 n-1 个元素的顺序，最后一个元素不用再比较，可以确定其就是最大值。所以 n 个元素需要比较 n-1 趟，基本选择排序程序如源程序 7-7-1 所示，基本的选择排序在极端情况下存在交换次数过多等问题，下面介绍改进选择排序。

改进的选择排序算法思路

在每一趟排序中，在所有待排序的 n 个数组元素中选出最小的数组元素所在的位置，每次比较只记录最小元素的位置，不交换到排头，一趟下来后，找到最小元素的位置（下标），将它与每趟数组中的排头进行元素交换，这样排头就是该趟的最小元素；第二趟在剩下的 n-1 个元素中再选出最小的记录，将其与数组中的第二个元素交换位置，使次小的元素处于数据表的第二个位置；重复这样的操作，依次选出数组中元素第三小、第四小…的元素，将它们分别换到数组的第三、第四…的位置上。排序共进行 n-1 趟，最终可实现数组的升序排列（排序的规则按照从小到大顺序排列），改进的选择排序代码如 7-7-2 所示。

【案例 7-7】 基础选择排序算法，根据给定的输入，分析程序的结果，案例测试描述：

输入样例：

请输入 10 个数：

12 8 6 98 54 68 2 4 1 35

输出样例：（每个数据元素占 3 位）

排序后的顺序是：

1 2　4　6　8 12 35 54 68 98

案例要点解析：本案例依据选择排序思想，每一趟寻找最小元素的位置，然后与排头交换位置，重复执行 n-1 趟，确定了 n-1 个最小值，最终排好了 n 个元素。

源程序（基础选择排序版本）

```
#include <stdio.h>
int main()
{
    int i,j,tmp,a[10];                  //定义变量及数组为整型
    printf("请输入10个数:\n");
    for(i=0;i<10;i++)
        scanf("%d",&a[i]);              //从键盘中输入要排序的10个数字
    for(i=0;i<=8;i++)
        for (j=i+1;j<=9;j++)
        if(a[i]>a[j])                   /*如果前一个数比后一个数大,则利用
                                          中间变量t实现两值互换*/
        {
            tmp=a[i];
            a[i]=a[j];
            a[j]=tmp;
        }
    printf("排序后的顺序是:\n");
    for(i=0;i<=9;i++)
        printf("%3d",a[i]);             //输出排序后的数组
    printf("\n");
    return 0;
}
```

//若从大到小排列的话，则修改比较规则，修改代码如下：

```
if(a[i]>a[j])改为if(a[i]<a[j]);
```

源程序（改进版本）

```
#include <stdio.h>
int main()
{
int i,j,tmp,a[10];                      //定义变量及数组为整型
printf("请输入10个数:\n");
for(i=0;i<10;i++)
    scanf("%d",&a[i]);                  //从键盘中输入要排序的10个数字
for(i=0;i<9;i++)
    {
    int index=i;
for (j=i+1;j<=9;j++)
```

```
            if(a[index]>a[j])      /*比较最小元素与其他元素*/
                index=j;           //比较后,只记录最小元素的下标,不交换
            if(index!=i)           /*如果排头不是最小的话,就交换排头与最
                                     小元素*/
                {
                tmp=a[i];
                a[i]=a[index];
                a[index]=tmp;
                }
            }
        printf("排序后的顺序是:\n");
        for(i=0;i<=9;i++)
        printf("%3d",a[i]);       //输出排序后的数组
        printf("\n");
        return 0;
    }
```

输入测试数据：

请输入 10 个数：

3 9 18 99 66 78 23 55 1 87

案例运行结果：

排序后的顺序是：

1   3   9 18 23 55 66 78 87 99

案例结果总结：选择排序的升级版本在排序过程中，每一大趟只需要寻找最小元素的位置，不需要每次进行比较后都交换元素位置，只是在每趟比较过程中记录本趟最小元素的下标，在该趟比较完成后，再与本趟的排头位置元素进行交换即可，比较的总次数没有发生变化，但是每一大趟下来，交换的次数显著下降了，每趟最多交换一次。

2. 冒泡排序

冒泡排序是常用的一种排序方法，其基本思想就是逐次两两相邻比较，大元素交换到后面，小元素交换到前面，即从开始到结束的前一个位置，依次比较两个相邻的数，若它们的顺序不符合题目要求（默认排序规则是从小到大），则将它们进行交换；重复进行，直到不再需要交换为止。

以升序排序为例：n 个元素，总共比较的趟数为 n-1 趟，每趟从前到后，依次两两相邻比较，规则如下：

1）比较相邻数字的大小，若第一个数比第二个数大，则交换位置；

2）比较结束后，最后一个位置便是最大的元素，此元素不参与下一趟的比较；

3）重复进行 n-1 趟以上步骤，直到没有要比较的数为止。

例如，将下列数列用冒泡排序法从小到大重新排列：

5 2 6 1 3

每次排序后数列的变化如下：

第一趟排序：比较5与2，5比2大，交换位置：2 5 6 1 3

比较5与6，5比6小，不交换位置：2 5 6 1 3

比较6与1，6比1大，交换位置：2 5 1 6 3

比较6与3，6比3大，交换位置：2 5 1 3 6

结果为：2 5 1 3 6，找出最大值为6放在最后。

重复上面的比较规律，依次得到第二趟、第三趟…的排序结果。

第二趟排序：2 1 3 5 6；找出最大值为5，放在倒数第二个位置。

第三趟排序：1 2 3 5 6；找出最大值为3，放在倒数第三个位置。

第四趟排序：1 2 3 5 6；找出最大值为2，放在倒数第四个位置。

最终数列次序为：1 2 3 5 6

【案例7-8】 基础冒泡算法，根据给定的输入，分析程序的结果，案例测试描述为：

输入样例：

请输入10个数：12 65 8 6 41 1 98 45 66 21

输出样例：

排序后的顺序是：1　6　8 12 21 41 45 65 66 98

案例要点解析：本案例采用冒泡排序算法，一趟下来相邻两个元素两两依次比较，大的数据交换到后面，这样一趟下来，最后一个元素就是最大值，重复n-1次操作，排序完成。

源程序

```
#include <stdio.h>
int main()
{
    int i,j,t,a[10];                        //定义变量及数组为基本整型
    printf("请输入10个数:\n");
    for(i=0;i<10;i++)
        scanf("%d",&a[i]);                  //从键盘中输入10个数
    for(i=0;i<9;i++)                        //变量i代表比较的趟数
        for(j=0;j<10-i;j++)                 //变最j代表每趟两两比较的次数
            if(a[j]>a[j+1])
            {
                t=a[j];                     //利用中间变量实现两个值的交换
                a[j]=a[j+1];
                a[j+1]=t;
            }
            printf("排序后的顺序是:\n");
            for(i=0;i<10;i++)
                printf("%3d",a[i]); //将冒泡排序后的顺序输出
        printf("\n");
```

```
    return 0;
}  //%3d 指输出数据占 3 个位置,不足用空格
```

冒泡算法升级版（提高效率，降低时间复杂度）：

思路：与经典冒泡排序基本思想一致。只是在每次循环时设置一个标志向量，如果下一次循环没有交换位置，说明是有序的；根据标记位的值是否改变来决定排序是否继续，如果标记位的值为0，则不用比较本趟。详细的程序代码见案例7-9所示。

【案例7-9】 改进的冒泡算法，根据给定的输入，分析程序的结果，案例测试描述：

输入样例：

请输入10个数：6 2 8 9 4 6 8 3 1 5

输出样例：（每个数据元素占3位，右对齐）

排序后的顺序是：1　2　3　4　5　6　6　8　8　9

案例要点解析：同升级版的思路。

源程序

```
#include <stdio.h>
int main()
{
    int i,j,t,a[10];                    //定义变量及数组为基本整型
    bool flag=true;                     //是否交换的标志
    printf("请输入10个数:\n");
    for(i=0;i<10;i++)
        scanf("%d",&a[i]);              //从键盘中输入10个数
    for(i=0;i<9&&flag;i++)              //变量i代表比较的趟数
    {
        flag=false;
        for(j=0;j<10-i;j++)             //变最j代表每趟两两比较的次数
            if(a[j]>a[j+1])
            {
                t=a[j];                 //利用中间变量实现两值互换
                a[j]=a[j+1];
                a[j+1]=t;
                flag=true;
            }
    }
    printf("排序后的顺序是:\n");
    for(i=0;i<10;i++)
        printf("%3d",a[i]);             //按冒泡排序后的顺序输出
    printf("\n");
```

```
    return 0;
}
```

输入测试数据：

请输入10个数：10 20 20 15 18 28 98 47 28 2

案例运行结果：

排序后的顺序是：2 10 15 18 20 20 28 28 47 98

案例结果总结：改进的冒泡排序算法是通过设立标记位，判断标记位的值是否改变来决定排序是否需要继续；改进的选择排序算法在比较过程中只记录最小元素的位置而不交换，每一趟结束后再与排头位置进行交换，上述两种方法都是为了减少交换元素的次数，提高算法的运行效率。

7.4 一维数组综合应用

【案例7-10】 问题描述：某学校进行知识竞赛，男生一组有m个人，女生一组有n个人，每个人手中都拿着一个号码牌。如果男生组的男生拿的号码牌与女生组的女生拿的号码牌相同的话便可以组队，组队可以为多人（即多个人拿的一样的号码牌），请找出没有组队的同学拿的号码牌。

输入格式：

第一行输入一个正整数m（1≤m≤10）。随后一行，给出m个整数，其间以空格分隔。

第二行输入一个正整数n（1≤n≤10）。随后一行，给出n个整数，其间以空格分隔。

输出格式：

输出没有组队的同学手里拿的号码牌，中间用空格分开。

输入样例：

5

1 2 3 4 5

6

3 4 5 6 7 8

输出样例：

1 2 6 7 8

案例要点解析：定义两个一维数组分别存放男生的号码牌和女生的号码牌，再定义第三个一维数组存放结果。依次找出男生号码牌中不同于女生号码牌的元素，并存储在结果数组中，同时记录当前数组的长度；接着再找出女生号码牌中不同于男生号码牌的元素，也同样存储在结果数组中，并计数。最后将结果数组中相同的元素去掉即可。

源程序

```
#include <stdio.h>
int main()
{
    int m,n;
```

```
int i,j,k=0;
int a[10],b[10],c[20];
scanf("%d",&m);
for (i=0;i<m;i++)
    scanf("%d",&a[i]);
scanf("%d",&n);
for (i=0;i<n;i++)
    scanf("%d",&b[i]);
for (i=0;i<m;i++)
{
    for (j=0;j<n;j++)
    {
        if (a[i]==b[j])        //如果有相同的就退出循环
            break;             //跳出 for 循环
    }
    if (j>=n)                  //如果内层 j 循环结束后都没有找到与外
                                 层相同的元素值
    {
        c[k]=a[i];             //将元素加入到结果数组中
        k++;                   //数量加一
    }
}
for (i=0;i<n;i++)              //找女生不同于男生的号码牌
{
    for (j=0;j<m;j++)
    {
        if (b[i]==a[j])
            break;
    }
    if (j>=m)
    {
        c[k]=b[i];
        k++;
    }
}
printf("%d",c[0]);             //首先输出第一个
for (i=1;i<k;i++) //1,2,3,k-1
{
```

```
        for (j =0;j <i;j ++)
        {
            if (c[i] ==c[j])
                break;
        }
        if (j >=i)
            printf(" %d",c[i]);
    }
    printf("\n");
    return 0;
}
```

输入测试数据：

4

1 2 3 4

5

2 4 5 6 7

案例运行结果：

1 3 5 6 7

案例结果总结：本案例是查找男生号牌是否在女生中出现，或者女生号牌是否在男生中出现，把最终两种情况结果都输出。本案例给大家提供一种新思路，把所有元素（男生号牌和女生号牌）都添加到一个数组中，统计每个元素出现的次数。如果出现次数为1，说明没有在男、女队中同时出现，即符合题目的要求，输出结果，请读者编程测试一下。

【案例7-11】 问题描述：本题要求给出一串字符，统计出里面的字母、数字、空格以及其他字符的个数。

字母：A ~ Z、a ~ z，数字：0 ~ 9

空格：" "（不包括引号）

剩下的可打印字符均为其他字符。

输入测试：

测试数据有多组，每组数据为一行（长度不超过1000）。数据输入至EOF（文件结束）。

输出测试：

每组输入对应一行输出。

包括四个整数a b c d，分别代表字母、数字、空格和其他字符的个数。

案例要点解析：案例要求统计每行所有字符中四种字符的出现次数，所以在读入时增加了循环判断条件，读入的对象不等于NULL，每次读入一行字符串存入字符数组中，再对数组元素的所有字符按照规则进行判断，若为字母，则字母计数变量a++；若为数字，则数字计数变量b++；若为空格，则空格计数变量c++；若为其他字符，则其他字符计数变量d++；其中a、b、c、d的初始均为0，最后输出a、b、c、d的值。

源程序

```
#include <stdio.h>
#include <string.h>
int main()
{
    char s[1000];
    int i;
    while(gets(s)! =NULL)
    {
        int a=0;                    //字母的数量
        int b=0;                    //数字的数量
        int c=0;                    //空格的数量
        int d=0;                    //其他字符数量
        int n=strlen(s);            //一行字符串长度
        for(i=0;i<n;i++)            //判断每一个字符
        {
            if((s[i]>='a'&&s[i]<='z')||(s[i]>='A'&&s[i]<=
'Z'))
            {
                a++;                //字母
            }
            else if(s[i]>='0' &&s[i]<='9')
            {
                b++;                //数字
            }
            else if(s[i]==' ')
            {
                c++;                //空格
            }
            else
            {
                d++;                //其他字符
            }
        }
        printf("%d %d %d %d\n",a,b,c,d);
    }
    return 0;
}
```

输入测试数据：

Dasga

!! @#12

34 45

DA

案例运行结果：

5 0 0 0

0 2 0 4

0 4 1 0

2 0 0 0

案例结果总结：需要注意 gets() 输入字符串与 scanf() 输入字符串的异同。它们都可以用来输入字符串，但是用 gets() 输入一行字符串时，字符串的中间可以有空格；如果用 scanf() 输入字符串，如果中间提前遇到“空格”字符，则有效字符串从“空格”处提前结束，后面的输入字符串无效，举例说明：

```
char str[100];
scanf("%s",str);
```

输入：abc def ghi

则 str 字符数组的有效字符为 abc，后面多余的字符串无效。

如果采用 gets () 的方式进行输入，则一行的全部字符串均有效。

【案例 7-12】 问题描述：某学校教学楼有 n 间教室，它们的编号依次为 [1，2 * n]。一天，老师要求班上的 m 名师生（含一名老师）玩一个游戏，游戏规则如下：初始状态时所有的门均是关闭的。老师最先将所有的门由关闭状态变成打开状态，然后班上的 m-1 个学生依次将所有编号为 2 的倍数的门做相反处理，所有编号为 3 的倍数的门做相反处理…一直到所有编号为 m 倍数的门做相反处理。相反处理的规则是：门若是打开的，则变成关闭；若是关闭，则变成打开，假设 m 的值小于等于 n 的值。请问开着门的编号依次是多少，并输出最终开着门的数量？

输入样例 1：10 10

输出样例 1：

1 4 9 11 12 13 14 15 17 18 19 20

12

案例要点解析：n 个人教室，依次对应门的编号为 [1，2 * n]，开辟 2n + 1 个门就可以了，不用数组下标 0。初始化的时候，所有门的状态是关闭的，初始化值为 0（0 代表门关闭，1 代表门打开），所有的师生依次做相反处理，其实就是求门的状态的相反数（开变成关，关变成开，1 变成 0，0 变成 1），即：a[j] = ! a[j]，对于老师和学生来说，每次执行的是它的倍数关系，可以用 j = i 开始，j 每次加 i 相当于 i 的 1 倍 、2 倍…直到超过了门的编号，就停止（例如 i = 2 时，j = 2 j = 4 j = 6 j = 8…）。所有的学生都处理完成后，最终判断 a [i] 的状态值，如果 a [i] 的值等于 1，则表示门是打开的，反之如果等于 0，代表门是关闭的。

源程序

```
#include <stdio.h>
int main()
{
    int n,m;
    scanf("%d %d",&n,&m);          //n 间教室,m 个师生
    int a[2*n+1];                  //开辟 2*n+1 个门编号,不用下标 0
    int i,j,num=0;
    for(i=1;i<=2*n;i++)
    a[i]=0;//门的编号与下标的编号相同,初始时候,均为关闭
    for(i=1;i<=m;i++)
    for(j=i;j<=2*n;j=j+i)      //j 为 i 的倍数
    a[j]=!a[j];
    for(i=1;i<=2*n;i++)
    if(a[i]!=0)
    {
        num++;
        printf("%d ",i);
    }
    printf("\n%d",num);
    return 0;
}
```

输入测试数据:

48 42

案例运行结果:

1 4 9 16 25 36 43 44 45 46 47 48 50 51 52 53 54 55 56 57 58 59 60 61 62 63 65 66 67 68 69 70 71 72 73 74 75 76 77 78 79 80 82 83 84 85 87 89 91 93 95

51

案例结果总结: 主要掌握二重循环的应用规则，外层行循环是倍数循环，里层循环（列循环）是门编号循环，千万不要弄反了。

【案例 7-13】 问题描述：人生短暂，时光如梭，绝大多数人活不到 4 万天，珍惜活着的每一天，不负韶华。本程序根据输入的生日以及当前日期计算已活的天数并输出。

输入格式:

在一行中输入生日及当前日期，按日期年月日输入，题目保证出生日期小于当前日期。

输出格式:

按 You have lived n days. 格式输出已活的天数，其中 n 是计算出的活的天数。

输入样例:

2001 10 1

2020 11 20

输出样例：

You have lived 6990 days.

案例要点解析：本案例主要考查一维数组的应用。其中涉及到闰年的判断方法，还涉及到年龄的差异，因此需要分两部分求解。根据出生年与当前年的差异（同年或者不同年），分几种不同的情况来求解它们之间所相隔的天数。完整的一年，平年 365 天或者闰年 366 天，另外考虑出生年的剩余天数（出生当年到去年的总天数 - 出生年月日所在当年的天数 + 今年的从 1 月 1 号到当前日期的天数）。最终可能存在三部分之和就是最终的结果。

以出生年月是 2001 10 1，当前时间是 2020 11 20 为例分析过程：

1）先计算 2002-2019 年整年的天数之和，平年 365 天，闰年 366 天，根据平年或者闰年计算 sum 的值。

2）如果起始、结束年份不同，分别计算起始日期 2001 10 1 和结束日期 2020 11 20 是当年的第多少天，计算办法：1 月份到当前所在月的前一个月总天数 + 当月的天数，前者结果为 a，后者结果为 b。

3）最后利用 365-a + b + sum 求出最终的结果。365-a 代表该年过完还需要的天数，如果起始年是闰年的话，其值为 366-a。

4）如果起始、结束年份相同的话，直接按照第三条规则，b-a 即是它们两者相隔的天数。

源程序

```
#include <stdio.h>
int main()
{
    int y1,y2,m1,m2,d1,d2;
    int a[13]={0,31,28,31,30,31,30,31,31,30,31,30,31};
    scanf("%d %d %d",&y1,&m1,&d1);
    scanf("%d %d %d",&y2,&m2,&d2);
    int num=0,i,j,k;
    if((y2-y1)>1)
    {
        for(i=y1+1;i<=y2-1;i++)
        {
            if(i%400==0||i%4==0&&i%100!=0)
            num=num+366;
            else
            num=num+365;
        }
    }
    if(y1%4==0&&y1%100!=0||y1%400==0)
        a[2]=29;
```

```
        if(y1 ==y2)
    {
        for(i =m1 +1;i <m2;i ++)
        {
            num =num +a[i];
        }
        num =num + (a[m1]-d1) +d2;
    }
    a[2] =28;
    if(y1! =y2)
    {
        if(y1%4 ==0&&y1%100! =0 || y1%400 ==0)a[2] =29;
        for(i =m1 +1;i <=12;i ++)
        {
            num =num +a[i];
        }
        num =num + (a[m1]-d1);
        a[2] =28;
        if(y2%4 ==0&&y2%100! =0 || y2%400 ==0)
        a[2] =29;
        for(i =m2-1;i >=1;i--)
        {
        num =num +a[i];
        }
        num =num +d2;
    }
    printf("You have lived %d days. ",num);
    return 0;
}
```

输入测试数据：

2020 2 1

2020 3 1

案例运行结果：

You have lived 29 days.

案例结果总结： 特别需要注意闰年的情况。

【案例 7-14】 问题描述：输入 n 个整数，分别存入数组 a 中，n 个数可能有重复的情况，每个数的范围都介于 1 到 k 之间，其中（n <= 1000000，k <= 1000），要求按照从小到大的顺序排列后，输出 a 中的数组元素。

测试样例:

输入n的值: 5

3 5 4 2 10

输出结果: 2 3 4 5 10

案例要点解析: 本案例可以借鉴前面的选择排序或者冒泡排序作答，但是考虑到上述两种排序的算法复杂度均为O(N*N)，对于规模为n=1000000的数来说，上述方法显然效率不高，这里给大家提供另外一种办法求解，因为每个数的范围在1-1000以内，采用开辟1001个整型数组空间的办法，存储上述n个数，重复的数据存在一起，并用其他数组变量累加记录重复数据的个数。例如，a[5]=3，代表了5出现了3次，最后在输出的时候，按照下标的从小到大输出，输出元素次数的依据来源元素的重复次数。

具体的过程如下:

用a[i]表示每次读入的次数，用b[a[i]]表示元素a[i]出现的次数，初始化的时候，所有的数组b的元素均为0；当a[i]出现时候，统计元素个数，b[a[i]]=b[a[i]]+1；最后输出打印，是按照下标的从小到大输出，并且保证元素至少出现一次。这样可以起到排序的效果。

源程序

```
#include <stdio.h>
#define K 1001
int main()
{
    int n,i,j;
    scanf("%d",&n);
    int a[n];//元素的值
    int b[K];//元素出现的次数,初始化值为0
    for(i=0;i<K;i++)
    b[i]=0;   //将数组b元素初始化0,也可以采用循环方法
    for(i=0;i<n;i++)
    {
        scanf("%d",&a[i]);
        b[a[i]]=b[a[i]]+1;
    }
    for(i=1;i<K;i++)
    {
        for(j=1;j<=b[i];j++)
        printf("%d ",i);
    }
    return 0;
}
```

输入测试数据：

输入 n 的值：10

5 2 2 1 88　900　654　1 555 1

案例运行结果：

1 1 1 2 2 5 88 555 654 900

案例结果总结： 本案例的方法适用于数据元素规模 n 较大，但是数据值的范围较小的情况，在一定的范围之内，采用上面开辟数组元素空间并计数的方法排序，效率较高，最终统计每个数字出现的频度，输出频度大于等于 1 的元素。下标是按照从小到大的顺序排列的，如果元素个数比较少，而且数的范围较大的话，用本案例提供的方法效率不高，大家可以用选择排序或者冒泡排序求解。

7.5　本章小结

1. 数组定义

数组是一些具有相同类型的元素的集合，定义一个数组，需要明确数组元素的类型、数组变量名和数组的大小。一般形式为：

类型名 数组名 [数组长度]；

注意：数组名不能与其他的变量名相同。数组下标从 0 开始；在定义数组之后，系统根据数组的大小在内存中申请了一段连续的存储单元用于存放数组中的各个元素，下标连续编号用以区分各个存储单元。

2. 数组使用

每次只能使用数组的一个元素，数组元素的一般形式为：数组名 [下标]，注意：下标取值为 0 ~ 数组长度 - 1，不能越界访问，数组元素的使用方法与同类型的变量相同。

3. 区别

数组的定义和使用都要用到数组名 + [ ]。定义数组时，[ ] 中存放的是数组的长度，可以是常量或者常量表达式。在使用数组时，[ ] 代表下标，合理的取值范围是 0 ~ (数组长度 - 1)。

4. 选择排序思想

通过每一趟排序从待排序元素中选择出关键字最小（大）的记录，将其依次放在数组的第一个位置或最后一个位置的方法来实现整个数组的有序排列。

5. 冒泡排序思想

冒泡排序是常用的一种排序方法，其基本方法就是逐次比较。即从开始到结束的前一个位置依次比较两个数，若它们的顺序错误，则它们交换；重复进行，直到不需要交换为止。

6. 一维数组的引用

一维数组在引用时，下标可以是整型常量或整型表达式。如果使用表达式，会先计算表达式以确定下标。程序只能逐个应用数组中的元素而不能一次引用整个数组。

习　题　7

1. 选择题

（1）在 C 语言中，一维数组的定义方式为：类型说明符 数组名______。

A）[常量表达式]　　B）[整型表达式]

C）[整型表达式] 或 [整型常量]　　D）[整型常量]

（2）以下对一维数组 a 的正确说明为______。

A）int n;scanf("%d",&n);int a[n];

B）int n = 10,a[n];

C）int a(10);

D）#define SIZE 10

int a [SIZE];

（3）下面程序有错误的行为______（行前数字表示行号）。

```
1 int  main()
2  {
3  float a[10] = {0.0};
4  int i;
5  for(i =0;i <3;i ++) scanf("%d",&a[i]);
6  for(i =1;i <10;i ++) a[0] =a[0] +a[i];
7  printf("%f\n",a[0]);
8 return 0; }
```

A）没有错误　　B）第3行有错误

C）第5行有错误　　D）第7行有错误

（4）对说明语句 int a[10] = {6,7,8,9,10}；的正确理解为______。

A）将5个初值依次 a [1] 至 a [5]

B）将5个初值依次 a [0] 至 a [4]

C）将5个初值依次 a [5] 至 a [9]

D）将5个初值依次 a [6] 至 a [10]

2. 填空题

（1）下面程序的运行结果为______。

```
int main()
{
    int i,f[10];
    f[0] =f[1] =1;
    for(i =2;i <10;i ++)
        f[i] =f[i-2] +f[i-1];
    for(i =0;i <10;i ++)
        {if(i%4 ==0) printf("\n");
        printf("%3d",f[i]);
        }
    return 0;
}
```

（2）下面程序的运行结果为______。

```
int main()
{
    int a[10]={1,2,2,3,4,3,4,5,1,5};
    int n=0,i,j,c,k;
    for(i=0;i<10-n;i++)
    {
      c=a[i];
      for(j=i+1;j<10-n;j++)
      if(a[j]==c)
        {for(k=j;k<10-n;k++)
        a[k]=a[k+1];
        n++;
        }
    }
    for(i=0;i<10-n;i++)
    printf("%3d",a[i]);
    return 0;
}
```

（3）当从键盘输入 18 并按 <Enter> 键后，下面程序的执行结果为______。

```
int main()
{
    int x,y,i,j,a[10];
    scanf("%d",&x);
    y=x;i=0;
    do
    {
    a[i++]=y%2;
    y=y/2;
    }while(y);
  for(j=i-1;j>=0;j--)
     printf("%d",a[j]);
  return 0;
}
```

（4）下面程序的功能是统计年龄为 16~31 岁的学生人数。请分析程序填空。

```
int main()
{
```

```
    int a[16],n,age,i;
    for(i =0;i <16;i ++)
      a[i] =0;
    printf("Enter the age of each student(to end with -1):\n");
    scanf("%d",&age);
while(age >-1)
    {_____;
    scanf("%d",&age);
    }
printf("The result is:\n");
for(_____;i ++)
    printf("%3d%6d\n",i,a[i-16]);
return 0;
}
```

3. 编程题

（1）求最大值及下标。输入一个正整数 n（1 < n < 20），再输入 n 个整数，输出最大值及下标，下标从 0 开始。试编写相应程序。

（2）选择排序法。输入一个正整数 n（1 < n < 11），再输入 n 个整数，将它们从大到小排序后输出。试编写相应程序。

（3）冒泡排序法。输入一个正整数 n（1 < n < 11），再输入 n 个整数，将它们从大到小排序后输出。试编写相应程序。

（4）求出现次数最多的数字。输入一个正整数 n（1 < n < 1000），再输入 n 个整数，求出现次数最多的数字，输出这个数字，如果有多个，中间以分号间隔。试编写相应程序。

（5）摆木板。小涛在超市里买了一些木板，每个木板有各自的长度，现在他要摆成从下到上、依次变小的木板，摆成一个大概是三角形的形状，请帮小涛找出摆放顺序。

输入格式：

第一行输入一个正整数 m（1≤m≤10），表示有多少块木板。随后一行，输入 m 个整数，表示每块木板的长度，其间以空格分隔。

输出格式：

输出应该摆放的模板长度顺序。

输入样例：

6

8 7 5 3 6 1

输出样例：

8 7 6 5 3 1

（6）ACM 每年有大量参赛队员，要保证同一所学校的所有队员都不能相邻，分配座位就成为一件比较麻烦的事情。为此制定如下策略：假设某赛场有 N 所学校参赛，第 i 所学校有 M [i] 支队伍，每队 10 位参赛选手。令每校选手排成一列纵队，第 i + 1 队的选手排在第 i 队选手之后。从第一所学校开始，各校的第一位队员顺次入座，然后是各校的第二位队员顺次入座……以此类推。如果最后只剩下一所学校的队伍还没有分配座位，则需要安排他们的队员隔位就坐。本题要求编写程序自动为各校生成队员的座位号，从 1 开始编号。

输入格式：

在一行中输入参赛的高校数 N（不超过 100 的正整数）；第二行给出 N 个不超过 10 的正整数，其中第 i 个数对应第 i 所高校的参赛队伍数，数字间以空格分隔。

输出格式：

从第一所高校的第一支队伍开始，顺次输出队员的座位号。每队占一行，座位号间以一个空格分隔，行首尾不得有多余空格。另外，每所高校的第一行按“#X”输出该校的编号 X，从 1 开始。

输入样例：

3

3 4 2

输出样例：

#1

1 4 7 10 13 16 19 22 25 28

31 34 37 40 43 46 49 52 55 58

61 63 65 67 69 71 73 75 77 79

#2

2 5 8 11 14 17 20 23 26 29

32 35 38 41 44 47 50 53 56 59

62 64 66 68 70 72 74 76 78 80

82 84 86 88 90 92 94 96 98 100

#3

3 6 9 12 15 18 21 24 27 30

33 36 39 42 45 48 51 54 57 60

（7）输出 GPLT

给定一个长度不超过 10000 的、仅由英文字母构成的字符串。请将字符重新调整顺序，按 GPLTGPLT…这样的顺序输出，并忽略其他字符。当然四种字符（不区分大小写）的个数不一定是一样多的，若某种字符已经完成输出，则余下的字符仍按 GPLT 的顺序打印，直到所有字符都被输出。

输入格式：

在一行中输入一个长度不超过 10000、仅由英文字母构成的非空字符串。

输出格式：

在一行中按题目要求输出排序后的字符串。题目保证输出非空。

输入样例：

pcTclnGloRgLrtLhgljkLhGFauPewSKgt

输出样例：

GPLTGPLTGLTGLGLL

第 8 章 二维数组及其应用

导读

第 7 章主要介绍了一维数组的定义与使用方法，本章主要学习二维数组的定义、计算等问题，建立二维数组与二重循环之间的映射关系，学会使用二维数组求解日常生活中的问题。

二维数组

本章知识点

1. 二维数组的定义、元素的初始化。
2. 二维数组与二重循环的关系。
3. 二维数组元素的运算（包括查找元素、求和等运算）。
4. 能够应用二维数组求解日常生活中的简单问题。

8.1 二维数组初探

【案例 8-1】 问题描述：编写程序，求一个给定的 m×n 矩阵各行元素之和。

输入格式：

第一行输入两个正整数 m 和 n（1≤m，n≤6）。随后 m 行，每行输入 n 个整数，其间以空格分隔。

输出格式：

每行输出对应矩阵行元素之和。

输入样例：

```
3 3
2 3 4
1 -2 5
-1 5 -8
```

输出样例：

```
9
4
-4
```

案例要点解析： 二维数组对应着二重循环，外层是行循环，里层是列循环。它们的执行过程，相当于大家排队的时候，依次按照行开展的方式逐行进行报数游戏，就是逐行求解每行元素之和并输出。要特别注意每行求和之前，需要将求和元素的变量重新初始化为 0，正如本案例中的变量 b 所示。

源程序

```
#include <stdio.h>
int main()
{
    int n=0,m=0;                    //n 表示有 n 行,m 表示每行有 m 个数字
    int i=0,j=0;
    scanf("%d %d",&n,&m);
    int a[n][m];                    //定义一个 n 行 m 列的二维整型数组
    for(i=0;i<n;i++)                //行循环
    {
        for(j=0;j<m;j++)            //列循环
        {
        scanf("%d",&a[i][j]);       //向数组中写入数据
        }
    }
    for(i=0;i<n;i++)                //行循环
    {
        int b=0;                    //初始化每行相加的值
        for(j=0;j<m;j++)            //列循环
        {
        b=b+a[i][j];                //每行的所有数字相加
        }
        printf("%d\n",b);           //输出
    }
    return 0;
}
```

输入测试数据:

4 3

1 2 3

4 5 6

7 8 9

10 11 12

案例运行结果:

6

15

24

33

案例结果总结：每次行元素求和之前，将求和累加变量 b 的值重置为 0。

8.2　二维数组定义、使用、初始化

二维数组是基于一维数组之上的多维数组，也是多维数组中最常用的。一般编写程序最多用到二维数组，基本用不到三维数组及更多维数组。二维数组可以看作是矩阵存储数据，但是数据的存储本质还是一组连续的存储单元，相当于按照一维数组的行展开。

1. 二维数组定义：在一维数组中，数组元素也称作单下标向量。多维数组元素有多个下标，用以标识在数组中的位置，所以也称为多下标向量，二维数组是有两个下标向量的数组。

下标变量和数组说明在形式上有些相似，但这两者具有完全不同的含义。数组说明的方括号中给出的是某一维的长度，即可取下标的最大值；而数组元素中的下标是该元素在数组中的位置标识。前者只能是常量，后者可以是常量、变量或表达式。

一般形式：

数据类型　数组名［第一维下标的长度］［第二维下标的长度］

第一维下标可以理解为行下标，第二维下标可以理解为列下标。

说明：数据类型与一维数组的使用方法相同，可以为基本数据类型或者自定义数据类型。

例如，double a[4][3]　定义了一个四行三列的数组（下标从 0 开始），数组名为 a，数据类型为浮点型，构成 4 * 3 的矩阵，如表 8-1 所示。下面案例 8-2 验证了二维数组的排列方法，按照行展开，外层是行循环，内层是列循环。

表 8-1　二维数组元素排列表

a[0][0]	a[0][1]	a[0][2]
a[1][0]	a[1][1]	a[1][2]
a[2][0]	a[2][1]	a[2][2]
a[3][0]	a[3][1]	a[3][2]

【案例 8-2】　按照二维数组的数据排列形式，分析程序的运行结果。

源程序

```
#include <stdio.h>
int main()
{
    double a[4][3];
    a[0][0]=1.0;a[0][1]=2.5;a[0][2]=2.6;
    a[1][0]=3.3;a[1][1]=3.6;a[1][2]=1.6;
    a[2][0]=9.5;a[2][1]=9.2;a[2][2]=6.4;
    a[3][0]=2.6;a[3][1]=8.3;a[3][2]=3.5;
    for(int i=0;i<4;i++)
    {
        for(int j=0;j<3;j++)
```

```
            {
                printf("%.1lf ",a[i][j]);
            }
            printf("\n");
        }
        return 0;
    }
```

案例运行结果：

1.0 2.5 2.6

3.3 3.6 1.6

9.5 9.2 6.4

2.6 8.3 3.5

案例结果总结：注意二重循环的执行顺序，外层是行循环，内层（里层）是列循环；另外注意，下标从0开始计数，下标位置不要越界。

2. 二维数组在内存中的存放方式

二维数组在概念上是二维的，即其下标在两个方向上变化，下标变量在数组中的位置也处于一个平面之中，而不是像一维数组只是一个向量。但是，实际的硬件存储器却是连续编址的，也就是说存储器单元是按一维线性排列的。如何在一维存储器中存放二维数组，有两种方式：一种是按行排列，即放完一行之后顺次放入第二行；另一种情况是按列排列，即放完一列之后再顺次放入第二列。在C语言中，二维数组是按行排列的，例如，定义一个二维数组 double a[4][3]；先存放 a [0] 行，再存放 a[1] 行、a[2] 行，最后存放a[3] 行。

3. 使用方式

二维数组在使用时必须使用双下标，即行下标和列下标。

一般形式为：

数组名［行下标］［列下标］

说明：下标为整型常量或者整型表达式；

例如：a [3] [4] 表示第四行第五列的元素（下标从0开始）。

注意：下标只能是整型常量或者整型表达式，且一维、二维下标必须分别写在不同的［］中，如 a [1, 2] 是错误的，正确的是 a [1] [2]。

在使用时与一维数组、数据常量是一样的，如：

```
    int main()
    {
        int a[2][2];
        a[0][0]=3;
        a[0][1]=1;
        a[1][0]=2;
        a[1][1]=7;
```

```
    a[3][4]=4;   //错误,数组下标越界
}
```

如：

```
int main()
{
    int k=1;
    int a[2][2];
    a[0][0]=1;
    a[1][0]=a[0][0]+1;  //a[1][0]=2;
    a[1][1]=k;          //a[1][1]=1;
}
```

4. 二维数组的初始化

二维数组初始化的形式为：

数据类型 数组名 [常量][常量]={初始化数据}。

{ } 中为各数组元素的初值，各初值之间用逗号分开。把 { } 中的初值依次赋给各数组元素。

初始化方式：

（1）分行进行初始化

int a[2][3]={{1,2,3},{4,5,6}};

在 { } 内部再用 { } 把各行分开。第一对 { } 中的初值 1，2，3 是下标为 0 行的 3 个元素的初值；第二对 { } 中的初值 4，5，6 是下标为 1 行的 3 个元素的初值，相当于执行如下语句：

int a[2][3];

a[0][0]=1;a[0][1]=2;a[0][2]=3;a[1][0]=4;a[1][1]=5;a[1][2]=6;

注意，初始化的数据个数不能超过数组元素的个数，否则出错。

（2）全部数据的初始化

double a[4][3]={1.0,2.5,2.6,3.3,3.6,1.6,9.5,9.2,6.4,2.6,8.3,3.5}；把 {} 中的数据依次赋给 a 数组各元素（按行赋值）。

a[0][0]=1.0;a[0][1]=2.5;a[0][2]=2.6;

a[1][0]=3.3;a[1][1]=3.6;a[1][2]=1.6;

a[2][0]=9.5;a[2][1]=9.2;a[2][2]=6.4;

a[3][0]=2.6;a[3][1]=8.3;a[3][2]=3.5;

【案例 8-3】 按照二维数组数据的展开方式，分析程序的运行结果。

源程序

```
#include <stdio.h>
int main()
{
```

```
        double a[4][3] = {1.0,2.5,2.6,3.3,3.6,1.6,9.5,9.2,6.4,2.6,
    8.3,3.5};
        for(int i =0;i <4;i ++)
        {
            for(int j =0;j <3;j ++)
            {
                printf("%.1lf ",a[i][j]);
            }
            printf("\n");
        }
        return 0;
    }
```

案例运行结果：

1.0 2.5 2.6

3.3 3.6 1.6

9.5 9.2 6.4

2.6 8.3 3.5

案例结果总结：通过线性初始化方法，直接根据列元素的个数自动进行换行计数，赋值给相应的二维数组元素。

（3）为部分数组元素初始化

static int a[2][3] = {{1,2},{4}};

第一行只有两个初值，按顺序分别赋给 a[0][0] 和 a[0][1]；第二行的初值 4 赋给 a[1][0]。其他数组元素的初值为 0。

（4）省略行规模的定义

可以省略第一维的定义，但不能省略第二维的定义。系统根据初始化的数据个数和第二维的长度可以确定第一维的长度。

int a[ ][3] = { 1,2,3,4,5,6}；a 数组的第一维的定义被省略，初始化数据共 6 个，第二维的长度为 3，即每行 3 个数，所以 a 数组的第一维是 2。一般在省略第一维的定义时，第一维的大小按如下规则确定：初值个数能被第二维整除，所得的商就是第一维的大小；若不能整除，第一维的大小为商再加 1。例如，int a[ ][3] = {1,2,3,4} 等价于：int a[2][3] = {1,2,3,4}。

若分行初始化，也可以省略第一维的定义。下列的数组定义中有两对 { }，已经表示 a 数组有两行。

int a[2][3] = {{1,2,3},{4,5,6}};

（5）二维到一维的转换

二维数组可以看作是由一维数组嵌套而成的。如果一个数组的每个元素又是一个数组，那么它就是二维数组。当然，前提是各个元素的类型必须相同。根据这样的分析，一个二维数组也可以分解为多个一维数组，C 语言允许这种分解。

例如，二维数组 a[3][4] 可分解为三个一维数组，它们的数组名分别为 a[0]、a[1]、a[2]。这三个一维数组可以直接拿来使用。这三个一维数组中都有 4 个元素，比如，一维数组 a[0] 的元素为 a[0][0]、a[0][1]、a[0][2]、a[0][3]。

【案例 8-4】 问题描述：按照下面公式生成一个矩阵并输出其结果。

定义一个 3×2 的二维数组 a，数组元素的值由下式给出，按矩阵的形式输出 a，每个元素占 4 位。

$a[i][j]=i+j(0\leqslant i\leqslant 2,0\leqslant j\leqslant 1)$

源程序

```
#include <stdio.h>
int main(void)
{
    int i,j;
    int a[3][2];
    for(i=0;i<3;i++)
        for(j=0;j<2;j++)
        a[i][j]=i+j;
    for(i=0;i<3;i++)
    {
        for(j=0;j<2;j++)
        printf("%4d",a[i][j]);
        printf("\n");
    }
    return 0;
}
```

案例运行结果：

0　1

1　2

2　3

案例结果总结：注意数组元素下标不要越界，另外注意输出格式%4d，整数占 4 位，不够 4 位左边补充空格。

【案例 8-5】 问题描述：方阵转置，输入一个正整数 n（1 < n≤6），根据下式生成一个 n＊n 的方阵，然后将该方阵转置（行列互换）后输出。

$a[i][j]=i*n+j+1(0\leqslant i\leqslant n-1,0\leqslant j\leqslant n-1)$

案例要点解析：以 int a［3］［3］；　n=3 时为例

1 2 3

4 5 6

7 8 9

转置为：

1 4 7

2 5 8

3 6 9

根据上面数据位置关系，分析得到转置的运算规则就是行与列的位置互换，即：a[i][j]作为转换后的a[j][i]。

源程序

```
#include <stdio.h>
#define Max 10
int main(void)
{
    int i,j,n,temp;
    int a[Max][Max];
    scanf("%d",&n);
    for(i=0;i<n;i++)
    for(j=0;j<n;j++)
    a[i][j]=i*n+j+1;
        for(i=0;i<n;i++)
        for(j=0;j<n;j++)
            if(i<=j) /*只遍历上三角阵 */
            {
                temp=a[i][j];a[i][j]=a[j][i];a[j][i]=temp;
            }
    for(i=0;i<n;i++)
    {for(j=0;j<n;j++)
    printf("%-3d",a[i][j]);
    printf("\n");
    }
    return 0;
}
```

输入测试数据：

5

案例运行结果：

1 6 11 16 21

2 7 12 17 22

3 8 13 18 23

4 9 14 19 24

5 10 15 20 25

案例结果总结：注意转置矩阵的运算关系，行与列的位置互换，即a[i][j]=a[j][i]。

【案例8-6】 问题描述：输入一个日期，判断该日期是当年的第几天。

输入格式1：

2020-12-20

输出格式1：是当年的第355天

案例要点分析： 输入年月日，按照年份可分为平年和闰年，年对应二维数组的行循环，月对应二维数组的列循环。列下标初始值不使用下标0，后面每个列元素的值代表这个月过完的满天数。平年与闰年在2月份有区别，平年的2月份28天，闰年的2月份29天。最终的结果=当月的天数+循环累加（从1月到（month-1）月的满天数）。

源程序

```
#include <stdio.h>
int main()
{  int year,month,day,i,leap;
    int tab[2][13]={
    {0,31,28,31,30,31,30,31,31,30,31,30,31},
    {0,31,29,31,30,31,30,31,31,30,31,30,31}};
    printf("请输入年-月-日:");
    scanf("%d-%d-%d",&year,&month,&day);
    leap=(year % 4 ==0 && year % 100! =0 || year % 400 ==0);
    for(i=1;i<month;i++)
        day=day+tab[leap][i];
    printf("是当年的第%d天\n",day);
    return 0;
}
```

输入测试数据：

2021-03-18

案例运行结果：

是当年的第77天

案例结果总结： 注意输入格式的变化，%d-%d中间用“-”隔开；同时，注意闰年2月份的天数情况，提醒大家注意循环的范围为1月到month-1月。

8.3 二维数组综合应用

【案例8-7】 问题描述：寻找二维数组中元素的最大值，并输出最大元素所在的行与列的位置。

输入格式：

1 2 3 4

8 9 7 2

0 1 3 6

输出格式:

max =9, row =1, colum =1。

案例要点解析: 先把 a [0] [0] 作为最大元素, 然后在二维数组中对变量进行逐个比较, 如果发现其他元素比最大元素大, 更新最大值, 同时更新最大值的位置 (行的位置, 列的位置)。

源程序

```
#include <stdio.h>
int main()
{
    int i,j,row=0,colum=0,max;
    int a[3][4];
    for(i=0;i<3;i++)
    for(j=0;j<4;j++)
    scanf("%d",&a[i][j]);
    max=a[0][0];
    for(i=0;i<=2;i++)
    {
        for(j=0;j<=3;j++)
        {
            if(a[i][j]>max)
            {
                max=a[i][j];
                row=i;
                colum=j;
            }
        }
    }
    printf("max=%d,row=%d,colum=%d\n",max,row,colum);
}
```

输入测试数据:

1 5 8 9

8 7 3 6

5 10 2 4

案例运行结果:

max =10, row =2, colum =1

案例结果总结: 先输入 3 * 4 的矩阵元素, 让 a[0] [0] 作为最大值的初值, 再遍历二维数组。如果其他元素比最大值大的话, 更新最大值, 同时记录此时行标与列标的位置。最后输出最大值与其位置。求解最大值的时候, 一定给它赋初值, 否则系统可能赋值一个随机数，容易引起错误。

【案例 8-8】 问题描述：找鞍点。一个矩阵中的鞍点是指该矩阵中一个位置上的元素值在该行上值最大、在该列上值最小。

本题要求编写程序，求一个给定的 n 阶方阵的鞍点。

输入格式：

第一行输入一个正整数 n（1≤n≤6）。随后 n 行，每行输入 n 个整数，其间以空格分隔。

输出格式：

在一行中按照“行下标 列下标”（下标从 0 开始）的格式输出鞍点的位置。如果鞍点不存在，则输出“NONE”。题目保证给出的矩阵至多存在一个鞍点。

输入样例 1：

2

1 6

4 2

输出样例 1：

NONE

案例要点解析： 鞍点所在的位置是这一行的最大值，同时又是这一列的最小值。由此对矩阵逐行进行考虑，若方阵为 n 阶，依次循环 0 ~ n - 1，找出每行的最大值，将此时最大值的列下标用变量 k 记录下来，接着固定刚才的找到最大位置的列标，进行 n 次行循环，如果有其他值比刚才的小的话，则不是鞍点；如果循环结束后，都没有其他值比它小的话，则此点为鞍点，同时计数变量 cnt 增加 1。寻找结束后，若 cnt 仍然等于 0，则未找到，说明此方阵没有鞍点。

源程序

```
#include <stdio.h>
int main()
{
    int n,i,j,k;
    scanf("%d",&n);
    int a[n][n];
    int cnt =0;
    int max,maxi,maxj;                    //行最大值 以及最大值的位置
    for(i =0;i <n;i ++)
    for(j =0;j <n;j ++)
    {
    scanf("%d",&a[i][j]);
    }
    for(i =0;i <n;i ++)
    {
```

```
        int max = -99999999;
        for(j=0;j<n;j++)
        {
            if(a[i][j]>=max)
            {
                max=a[i][j];
                maxi=i;
                maxj=j;
            }
        }
        for(k=0;k<n;k++)
        if(a[k][maxj]<max)
        break;
        if(k==n)
        {printf("%d %d",maxi,maxj);
        cnt++;
        }
    }
    if(cnt==0)
    printf("NONE");
    return 0;
    }
```

输入测试数据:

5
1 7 4 1 2
4 8 3 6 3
1 6 1 2 4
0 7 8 9 5
1 7 5 9 8

案例运行结果:

2 1

案例结果总结: 根据题目的信息，鞍点在矩阵中不一定存在，如果不存在，需要输出提示信息，另外本案例提供了寻找最大值的一种编程思路，让最大值初值等于一个非常小的数-99999999，这样其他数在与最大值进行比较时候，根据大小可以直接更新最大值，不需要单列第一个数作为最大值，这也是求解最大值的另外一种方法，请读者编程尝试。

【案例8-9】 问题描述：编写程序，输入N个字符串，输出长度最长的字符串，如果长度并列第一，输出第一次出现的最长的字符串。

输入格式:

第一行输入正整数 N；随后 N 行，每行输入一个长度小于 80 的非空字符串，其中不会出现换行符、空格、制表符。

输出格式：

在一行中用以下格式输出最长的字符串：

The longest is：最长的字符串位置与值

如果字符串的长度相同，则输出先输入的字符串。

输入样例：

3

cc

aaaa

bbbb

输出样例：

The longest is：位置：1 ：其值：aaaa

案例要点分析：本案例是字符串在二维数组中的应用，行代表字符串的个数，列代表每个字符串中字符的个数，其数量不超过 80 个字符，每个字符串输入方式采用 scanf（"%s"，ch）进行，直接利用 <string.h> 库函数 strlen( ) 函数求解每一个字符串长度，然后进行长度比较，记录最大长度，输出结果。

源程序

```
#include <stdio.h>
#include <string.h>
int main(){
    int N,n,max =0,t =0;
    scanf("%d",&N);
    getchar();
    char num[N][80];
    int num1[N];
    for(int i =0;i <N;i ++){
    //scanf("%s",num[i]);
    gets(num[i]);
        num1[i] =strlen(num[i]);
        if(max <num1[i]){
            max =num1[i];
            t =i;
        }
    }
    printf("The longest is:位置:%d :其值:%s",t,num[t]);
    return 0;
}
```

输入测试数据：

5

aa

bbb

ccccc

abc

abcde

案例运行结果：

The longest is：位置：2 ；其值：ccccc

案例结果总结：本案例要求输出最长字符串第一次出现的位置，注意比较规则是大于不是大于等于；字符串的输入输出很容易出错，特别是在输入整数后再输入字符串的时候，这时要注意用 getchar( ) 函数吸收换行字符串，否则换行字符串也是一个字符串，容易对后面的数据造成影响。一般情况下，如果需要输入一行字符串，且字符串中间有空格的话，建议用 gets 函数，不要用 scanf （"%s"，ch）方式输入，因为中间遇到空格，scanf( ) 就提前终止该字符串，例如，“aaa bb”，如果采用 scanf( )，就会被识别成 aaa，后面的 bb 无效；用 gets( ) 输入的话，可以一次识别一行字符串，当遇到换行或者 '\0' 的时候结束，请读者自行体会。输入完成之后，读者可以自行测试一下自己的数据是否正确，然后再去做字符串的运算处理。

【案例 8-10】 问题描述：利用二维数组，打印杨辉三角表。杨辉三角型数据元素如下所示：

输入数据：n，表示杨辉三角的行数（n<10），假设 n 的值输入的是 6：

输出 n 行杨辉三角，每个数据占 3 位，不够位可补充空格，右对齐。每行打印一个换行。

1

1 1

1 2 1

1 3 3 1

1 4 6 4 1

1 5 10 10 5 1

案例要点解析：观察上面的杨辉三角的数据显示情况，分析得到 3 个特征：第一列数据全部为 1，主对角线的数据全部为 1，其他元素的值等于正上方元素 + 左斜上方元素之和，即 a[i][j] = a[i-1][j] + a[i-1][j-1]。具体实现步骤：定义二维数组、部分数组成员赋初值、计算其他元素、输出结果。

源程序

```
#include <stdio.h>
static int a[10][10];          //默认情况下均为 0
int main()
{
    int n;
```

```
        scanf("%d",&n);
        int i,j;
        for(i=0;i<n;i++)
        {
            for(j=0;j<=i;j++)
            if(i==0||i==j)
            a[i][j]=1;
            else
            a[i][j]=a[i-1][j-1]+a[i-1][j];
        }
        for(i=0;i<n;i++)
        {
            for(j=0;j<=i;j++)
            printf("%3d",a[i][j]);
            printf("\n");
        }
        return 0;
    }
```

输入测试数据：

9

案例运行结果：

```
1
1  1
1  2  1
1  3  3  1
1  4  6  4  1
1  5 10 10  5  1
1  6 15 20 15  6  1
1  7 21 35 35 21  7  1
1  8 28 56 70 56 28  8  1
```

案例结果总结：本案例需要注意边界数字要优先考虑（第一列或者行与列表相等的两种情况），它们的值均为1，其他二维数组值按照杨辉三角公式进行计算，注意输出格式问题。

【案例8-11】 问题描述：二维数组的经典应用“螺旋方阵”的产生，是指对任意给定的N，将1到N×N的数字从左上角第一个格子开始，按顺时针螺旋方向顺序填入N×N的方阵里。本题要求构造这样的螺旋方阵。

输入格式：

在一行中输入一个正整数N（N<=9）。

输出格式：

输出 N×N 的螺旋方阵。每行输出 N 个数字，每个数字占 3 位。

输入样例：

3

输出样例：

1 2 3

8 9 4

7 6 5

案例要点解析：上述的二维数组分四次产生，累计产生 n*n 个数据元素，依次递增 1。具体产生的方法：水平横向移动到最后；再竖向移动到最后；然后再逆向水平移动到最前；再逆向竖向移动到最上。注意初始元素均为 0，后面通过递增产生的元素的值均大于 0。对非 0 的元素，在循环的时候判断此元素是否大于 0，如果大于 0，代表元素已经产生完成。这样保证不会重复，后面只需要保证行标、列标不要越界即可，最终产生 n*n 个数。

源程序

```
#include <stdio.h>
static int a[10][10];
int main(){
    int n;
    scanf("%d",&n);
    int x=0,y=0;
    int t=n*n,k=1;
    a[x][y]=1;
    while(k!=t){
        while(y+1<n&&a[x][y+1]==0)
            a[x][++y]=++k;
        while(x+1<n&&a[x+1][y]==0)
            a[++x][y]=++k;
        while(y-1>=0&&a[x][y-1]==0)
            a[x][--y]=++k;
        while(x-1>=0&&a[x-1][y]==0)
            a[--x][y]=++k;
    }
    for(int i=0;i<n;i++){
        for(int j=0;j<n;j++){
            printf("%3d",a[i][j]);
        }
        printf("\n");
    }
```

```
    return 0;
}
```

输入测试数据：

6

案例运行结果：

1 2 3 4 5 6
20 21 22 23 24 7
19 32 33 34 25 8
18 31 36 35 26 9
17 30 29 28 27 10
16 15 14 13 12 11

案例结果总结：本案例对初学者具有一定的难度。本案例使用了静态数组，静态数组成员在默认情况下数据元素为0，0代表数据元素未曾修改，如果数组数据修改为非0的话，则这个元素不会被多次修改，循环的条件增加了元素的标记位，避免产生的数据被覆盖，希望大家熟练掌握标记位的使用方法与技巧。

8.4 本章小结

1）二维数组定义：在一维数组中，数组元素也称作单下标向量。多维数组元素有多个下标，用以标识在数组中的位置，所以也称为多下标向量，二维数组是存在两个下标向量的数组。

2）一般形式：数据类型 数组名［第一维下标的长度］［第二维下标的长度］。

3）使用：二维数组在使用时必须用双下标，即行下标和列下标。一般形式为：

数组名［行下标］［列下标］

4）注意：数据类型同一维数组，可以是基本数据类型或者自定义数据类型；下标只能是整型常量或者整型表达式，且行、列下标写在不同的［］中。

5）二维数组可以看作是由一维数组嵌套而成的。

6）二维数组初始化的形式为：

数据类型 数组名［常量］［常量］={初始化数据}；

{ } 中为各数组元素初值，各初值之间用逗号分开，把 { } 中的初值依次赋给各数组元素。

7）初始化时可以省略第一维的定义，但不能省略第二维的定义，系统根据初始化数据个数和第二维的长度可以确定第一维的长度。

8）二维数组又称为矩阵，行列数相等的矩阵称为方阵。对称矩阵应满足 a[i][j] = a[j][i]。

习 题 8

1. 选择题

（1）以下对二维数组 a 的正确说明为______。

A）int a[3][]；　　　　B）float a(3,4)；

C）double a[1][4]；　　　　D）float a(3)(4)；

（2）若有说明：int a[3][4]；则对 a 数组元素的非法引用为______。

A）a[0][2*1]　　　　B）a[1][3]

C）a[4-2][0]　　　　D）a[0][4]

（3）以下能对二维数组 a 进行正确初始化的语句为______。

A）int a[2][] = {{1,0,1},{5,2,3}}；

B）int a[][3] = {{1,2,3},{4,5,6}}；

C）int a[2][4] = {{1,2,3},{4,5},{6}}；

D）int a[][3] = {{1,0,1}{},{1,1}}；

（4）若有说明：int a[][4] = {0,0}；则下面不正确的叙述为______。

A）数组 a 的每个元素都可得到初值 0

B）二维数组 a 的第一维大小为 1

C）因为二维数组 a 中第二维大小的值除初值个数的商为 0，故数组 a 的行数为 1

D）只有元素 a[0][0] 和 a[0][1] 可以得到初值 0，其余元素均得不到初值 0

（5）若有说明：static int a[3][4]；则数组中各元素______。

A）可在程序的运行阶段得到初值 0

B）可在程序的编译阶段得到初值 0

C）不能得到确定的初值

D）可在程序的编译或运行阶段得到初值 0

2. 填空题

（1）下面程序可求出矩阵 a 的主对角线上的元素之和。请分析程序填空。

```
int main()
{
    int a[3][3] = {1,3,5,7,9,11,13,15,17},sum = 0,i,j;
    for(i = 0;i < 3;i ++)
        for(j = 0;j < 3;j ++)
            if(______)
                sum + = ______;
            printf("sum = % d\n",sum);
        return 0;
}
```

（2）下面程序的运行结果为______。

```
int main()
{int i,j,row,col,min;
    int a[3][4] = {{1,2,3,4},{9,8,7,6},{ -1, -2,7, -5}};
    min = a[0][0];row = 0;col = 0;
```

```
    for(i=0;i<3;i++)
        for(j=0;j<3;j++)
            if(a[i][j]<min)
                {min=a[i][j];row=i;col=j;}
        printf("min=%d,row=%d,col=%d\n",min,row,col);
        return 0;
}
```

（3）下面程序的运行结果为______。

```
int main()
{ int a[5][5],i,j,n=1;
    for(i=0;i<5;i++)
        for(j=0;j<5;j++)
            a[i][j]=n++;
        printf("The result is:\n");
    for(i=0;i<5;i++)
        {
            for(j=0;j<=i;j++)
            printf("%4d",a[i][j]);
        printf("\n");}
    return 0;
}
```

（4）下面程序的运行结果为______。

```
int main()
{
    int i,j,a[2][3]={{2,4,6},{8,10,12}};
    printf("The original array is:\n");
    for(i=0;i<2;i++)
    {
            for(j=0;j<3;j++)
            printf("%4d",a[i][j]);
        printf("\n");
    }
        printf("\nThe result is:\n");
        for(i=0;i<3;i++)
    {
        for(j=0;j<2;j++)
```

```
            printf("%4d",a[j][i]);
            printf("\n");
        }
        return 0;
    }
```

3. 编程题

(1) 全体和。输入一个正整数n (0<n<7) 和n阶方阵a中的元素，计算所有的元素之和并输出，请编写相应程序。

(2) 输入一个正整数n (0<n<7) 和n阶方阵a中的元素，求出主对角线的和以及副对角线的积并输出，请编写相应程序。

(3) 输入一个正整数n (0<n<10)，要求输出九九乘法表的前n*n项（将乘数、被乘数和乘积放入一个二维数组中，再输出该数组），请编写相应程序。

(4) 判断上三角矩阵。输入一个正整数n (0<n<7) 和n阶方阵a中的元素，如果a是上三角矩阵，输出“YES”，否则输出“NO”。上三角矩阵是指主对角线以下的元素都为0的矩阵，主对角线为从矩阵的左上角至右下角的连线，试编写相应程序。

(5) 求大于平均值的元素之和及个数。输入一个正整数n和m，(0<n<7，0<m<7) 表示为n行m列的矩阵，统计出矩阵中大于所有元素平均值的元素之和以及元素个数，请编写相应程序。

输入格式：

第一行输入一个正整数n和m，中间以空格分隔，表示为n行m列的矩阵。

接下来n行输入每一行的元素。

输出格式：

输出大于平均值元素和以及个数，中间用空格分隔。

输入样例：

2 3

5 6 3

8 3 5

输出样例：

14 2

(6) 给定两个矩阵A和B，要求计算它们的乘积矩阵A*B。需要注意的是，只有规模匹配的矩阵才可以相乘，即只有第一矩阵列与第二矩阵行相等时，两个矩阵才能相乘。

输入格式：

先后输入两个矩阵A和B。对于每个矩阵，首先在一行中给出其行数R和列数C，随后R行，每行给出C个整数，以1个空格分隔，且行首尾没有多余的空格。输入保证两个矩阵的R和C都是正数，并且所有整数的绝对值不超过100。

输出格式：

若输入的两个矩阵的规模是匹配的，则按照输入的格式输出乘积矩阵A*B，否则输出Error。

输入样例1：

2 3

1 2 3

4 5 6

3 4

7 8 9 0

-1 -2 -3 -4

5 6 7 8

输出样例1：

2 4

20 22 24 16

53 58 63 28

输入样例2：

3 2

38 26

43 -5

0 17

3 2

-11 57

99 68

81 72

输出样例2：

Error

第 9 章

函数及其应用

导读

C 语言是结构化的程序设计语言，很多时候需要功能模块化，这就引入了函数的概念。函数是功能的抽象，需要使用时直接调用函数，并给函数设置不同的参数来实现不同的功能。函数能够简化结构、代码复用，本章也会介绍变量的作用域与存储类别的功能。

本章知识点

1. 函数的作用，如何确定函数功能，函数的定义、调用、声明。
2. 有返回值的函数定义、无返回值的函数定义、调用方法。
3. 函数在调用过程中的三种参数传递方法（值传递，地址传递，引用传递）。
4. 函数的局部变量、全局变量、静态变量，变量的作用域与存储类型。
5. 函数的递归及其应用。
6. 字符串函数的调用与应用。

9.1 函数初探

【案例 9-1】 问题描述：本题要求实现一个计算非负整数阶乘的简单函数，并利用该函数计算 1! +2! +… +10! 的值。

函数接口定义：int fact（int n）；

其中 n 是用户传入的参数，其值不超过 10。如果 n 是非负整数，则该函数返回 n 的阶乘。

案例要点解析： 本案例求解阶乘之和，前面章节大家已经学会了如何求一个数的阶乘，本案例需要把每个数的阶乘抽象成一个函数功能，然后调用函数逐个求解每一个元素的阶乘，最后再累加求和。

源程序

```
#include <stdio.h>
int fact(int n)
{
    int result =1;
    int i;
```

```
    for(i =1;i <=n;i ++)
    result = result *i;
    return result;
}
int main(void)
{
    int i;
    int sum;
    sum =0;
    for(i =1;i <=10;i ++)
        sum = sum + fact(i);
    printf("1! +2! +… +10! =%d\n",sum);
    return 0;
}
```

案例运行结果：

1！+2！+…+10！=4037913

案例结果总结： 需要注意累加变量初始值为0，累乘变量初始化值为1。

本案例也可以采用前面所学习到的二重循环知识来求解，二重循环程序版本如下所示。

源程序

```
#include <stdio.h>
int main(void)
{
    int i;
    int sum;
    sum =0;
    for(i =1;i <=10;i ++)
    {
        int mul =1;
        for(int j =1;j <=i;j ++)
        mul = mul *j;
        sum = sum + mul;
    }
    printf("1! +2! +… +10! =%d\n",sum);
    return 0;
}
```

案例运行结果：

1！+2！+…+10！=4037913

案例结果总结：通过以上两个程序的分析不难看出，采用函数模块来编写程序，不仅结构简单，容易实现，还不容易出错，而且代码的复用性强。例如，把数字10改成其他数字，通过函数方法很容易实现，因为函数是功能的抽象，与具体的数字无关，在需要再调用的时候，修改参数就可以实现。

9.2 函数定义、调用关系

函数定义与调用

9.2.1 函数的定义

函数（Function）是一个完成特定工作的独立程序模块，也是一个处理过程，包括库函数和自定义函数两种。库函数是C语言系统提供定义的，编程时直接调用即可，如scanf()、printf() 等；自定义函数是用户自己定义的函数，可以根据问题需求定义相应功能，如【例9-1】中的fact() 函数。

注：C语言程序处理过程全部都是以函数形式出现的，最简单的程序至少也有一个main()函数。

函数定义的一般形式为：

```
函数类型  函数名（形式参数表）          //函数首部
{
    函数实现过程                        //函数体
}
```

1. 函数首部

函数首部由函数类型、函数名、形式参数表组成。函数类型指函数结果的返回类型，一般return语句中返回值的类型与其一致。函数名是自定义的一个函数标识，由一个合法的标识符表示。参数在函数名后() 内，由一个或多个变量和类型组成。形式参数表的格式可以写成（类型1 形参1，类型2 形参2，…，类型n 形参n）。

其中的各个参数之间要用逗号隔开，参数表中可以没有参数，也可以有多个参数。

类型1　参数1，类型2　参数2，…，类型n　参数n

参数之间用逗号分隔，每个参数前面的类型都必须分别写明，例如，int f（int a，b）这样写是错误的，必须写成int f（int a，int b）。

分析函数的定义

函数的类型可以分为有参数函数、无参数函数、空函数（无返回数据类型）。

2. 函数体

函数体包括变量定义和执行语句序列，由一对大括号内的若干条语句组成，体现函数要完成的功能，一般有返回语句。返回语句是通过return语句带回到main() 主调函数。

return语句格式：

return（表达式）；或 return 表达式；或 return；

功能：终止函数的运行，将返回值带回主调函数。

1）若函数没有返回值，return语句可以省略。

2）return语句返回值的类型和函数定义类型必须一致。

9.2.2 函数的调用

定义一个函数后，就可以在程序中调用这个函数。一般调用的原则为：主函数 main() 调用其他函数，其他函数也可以相互调用；函数的调用规则，先定义，再调用，如果函数调用在前，定义在后，则务必在调用之前首先对函数进行声明。

1. 函数的调用过程

执行任何 C 语言程序都要先从主函数 main() 开始，如果遇到某个函数调用，主函数就暂停执行，转而执行相应的函数，该函数执行结束后返回主函数，然后主函数继续从中断位置继续向下执行。

下面以【案例 9-1】为例，分析函数的调用过程。

1）程序先从主函数 main() 开始执行，运行到 for 循环中 sum = sum + fact(i) 时，当变量 i = 1 时，调用函数 fact(i)，暂停 main() 函数，将变量 i = 1 传给形参 n。

2）计算机转而执行 fact() 函数，形参 n 接受变量 i 的值。

3）执行 fact() 函数中的语句，计算并传递出来整数的阶乘。

4）函数 fact() 执行 “return result;”，结束函数运行，带着函数的返回值返回到 main() 函数中调用它的位置。

5）计算机从先前暂停的位置继续执行，sum 值进行累加。

6）for 循环不断将 i 的值传给函数 fact()，不断累加 sum 值，最后输出 sum。

2. 函数调用的形式

函数调用的一般形式为：

函数名（实际参数表）；

实际参数（实参）可以是常量、变量和表达式。例如，fact() 中使用变量 i 作为实参。

针对函数是否有返回值，函数的调用分为两种情况。

1）有返回类型的函数的调用形式具体有两种表现形式：第一种是直接把调用函数或者调用函数参与的表达式赋值给同类型的变量；第二种直接把调用函数的结果输出打印出来。第一种情况举例说明：int f(int n){return 1;} 调用方法：int a = f(5) 或者 printf(“%d”,f(5))；

2）无返回类型的函数或者返回类型为空的函数的调用形式（可以带参数，也可以不带参数）：直接调用就可以，不需要赋值。例如：void f（int n）{printf(“adgasgasgasg”);}，此类函数的调用语句为：f（5）；

函数定义、调用、声明的顺序关系：如果定义在前，可以直接调用，如果定义在调用的后面，在调用前，需要加上函数的声明。

特别注意：当实际参数的个数、次序、类型与形式参数的个数、次序、类型不一致时，系统并不提示错误，后果却难以预测。

【案例 9-2】 问题描述：输入圆柱体的高和半径，求圆柱体积，Volume = $\pi * r^2 * h$，其中 $\pi = 3.1415926$，要求：定义和调用函数 cylinder（r，h），计算圆柱的体积。案例的运行结果需要保留小数点后面 3 位有效数字。测试数据如下：

输入样例：Enter radius and height：3 5

输出样例：Volume = 141.372

案例要点解析：本案例需要将圆柱的体积抽象为函数，然后再利用函数的调用求解不同圆柱的体积。输入不同圆柱的半径与高度，通过函数调用进行值传递求值。本程序中函数的调用在函数定义的前面，所以需要在函数定义的前面加上函数的声明语句，如案例中的 cylinder（double r，double h）语句。

源程序

```
#include <stdio.h>
int main(void)
{
    double height,radius,volume;
    double cylinder(double r,double h);            /*函数声明*/
    printf("Enter radius and height:");
    scanf("%lf%lf",&radius,&height);
    /*调用函数,返回值赋给 volume */
    volume = cylinder(radius,height);              //函数的调用
    printf("Volume =%.3f\n",volume);
    return  0;
}
/*定义求圆柱体积的函数 */
double cylinder(double r,double h)
{
    double result;
    result =3.1415926 *r *r *h;                    /*计算体积 */
    return result;                                 /*返回结果 */
}
```

案例结果总结：上面圆柱的体积通过函数的调用求值。其中函数的功能返回圆柱的体积，此函数需要返回一个 double 类型的变量或者表达式。有时候，函数只需要执行功能，不需要返回值，这样的函数，称之为“返回类型为空（void）”或者“无返回类型”的函数。下面举例说明。

【案例 9-3】 问题描述：输出 n 之内的数字金字塔。测试用例如下：

输入样例：

n = 5

输出样例：

```
    1
   2 2
  3 3 3
 4 4 4 4
5 5 5 5 5
```

案例要点解析：根据样例分析得到输出的总行数为 n，分析得到第 i 行结果，先输出空格数量 n-i+1，然后再输出 i 个“空格+数字+空格”格式字符串，最后每行结束后输出一个“换行”字符。

/＊ 输出数字金字塔 ＊/

源程序

```
#include <stdio.h>
int main(void)
{
    void pyramid(int n);              /* 函数声明 */
    int  n;
    scanf("%d",&n);
    pyramid(n);                       /* 调用函数,输出数字金字塔 */
    return 0;
}
void pyramid(int n)                   /* 函数定义 */
{
    int i,j;
    for(i=1;i<=n;i++){                /* 需要输出的行数 */
        for(j=1;j<=n-i;j++)           /* 输出每行左边的空格 */
        printf(" ");
        for(j=1;j<=i;j++)             /* 输出每行的数字 */
        printf(" %d ",i);             /* 每个数字的前后各有一个空格 */
        putchar('\n');
    }
}
```

输入测试数据：

6

案例运行结果：

```
     1
    2  2
   3  3  3
  4  4  4  4
 5  5  5  5  5
6  6  6  6  6  6
```

案例结果总结：本案例是无返回类型求解函数的经典案例，需要读者分析每行打印数据与行号的关系。在主函数中，针对无返回类型的函数的调用，均直接调用 pyramid（n）函数，请读者注意有返回值的函数调用与无返回值的函数调用的不同。

9.3 函数参数传递

C语言中函数传递就是将形参传给实参的过程，传递方式有三种情况：值传递、地址传递和引用传递。在传递的过程中需要注意的问题如下：

1. 形参和实参一一对应：数量一致，类型一致，顺序一致。
2. 形参：变量，用于接受实参传递过来的值。
3. 实参：常量、变量或表达式。

1. 值传递

形参是实参的拷贝，改变形参的值并不会影响外部实参的值。从被调用函数的角度来说，值传递是单向的（实参->形参），参数的值只能传入，不能传出。当函数内部需要修改参数，并且不希望这个改变影响调用者时，采用值传递，形参变量与实参变量分别占用不同的内存空间，形参变量所需空间在调用时申请，在使用完成后释放，但是实参的空间是真实存在的。

【案例9-4】 问题描述：下面通过普通值传递、地址传递、引入传递三种方法分析实现两个数据元素的交换，分析在函数交换前、函数交换中、函数交换后变量值的变量情况。

源程序（值传递版本）

```
#include <stdio.h>
void swap(int x,int y)                                //交换函数
{
    int tmp;
    tmp = x;
    x = y;
    y = tmp;
    printf("x =%d,y =%d\n",x,y);
}
int main()
{
    int a,b;
    printf("请输入两整数的值:\n");
    scanf("%d%d",&a,&b);
    swap(a,b);                                        //交换两个整数
    printf("a 的值为:%d,b 的值为:%d",a,b);            //改变形参的值,实参的值
                                                      //不变
    return 0;
}
```

输入测数数据：

请输入两个整数的值：

输入：10 20

案例运行结果：

输出：x=20，y=10

a的值为：10，b的值为：20

案例结果总结：上面的结果显示，函数通过实参a、b传给形参x、y。在函数中x、y的值交换成功了，但是在主函数中a、b的值没有发生交换，所以说对于简单的值传递来说，是单向传递，将实参传给形参，改变的仅仅是形参。

2. 地址传递

地址传递中，形参为指向实参地址的指针，对形参的指向操作，就相当于对实参本身进行的操作。因为对指针所指地址的内容的改变能反映到函数外，也就是能改变函数外的变量的值。通过地址传递，实参与形参指向同一内存地址空间，所以改变了形参，也同时改变了实参。

源程序（地址传递版本）

```
#include <stdio.h>
void swap(int *x,int *y)
{
    int tmp;
    tmp = *x;
    *x = *y;
    *y = tmp;
    printf("x = %d,y = %d\n", *x, *y);
}
int main()
{
    int a,b;
    printf("请输入两整数的值:\n");
    scanf("%d%d",&a,&b);
    swap(&a,&b);                                //交换两个整数的地址
    printf("a的值为:%d,b的值为:%d",a,b);       //实参的值改变
    return 0;
}
```

输入测试数据：

10，20

案例运行结果：

x=20，y=10

a的值为：20，b的值为：10

案例结果总结：上面的结果显示，实参a、b通过地址传给形参x、y；在函数中，指针所指向存储单元的内容发生交换，在主函数中变量a、b的值也发生了交换，因为指针是变

量的地址，所以说用指针作为参数进行传递，其实质是地址传递。地址传递是双向的，既改变了形参，同时也改变了实参。关于指针的应用在下一章详细介绍，这里只是简单描述，通过指针可以传递变量的地址；指针通过指向数组首元素的地址，可以进行地址传递。

3. 引用传递

函数通过引用进行传递，形参相当于是实参的“别名”，对形参的操作其实就是对实参的操作。在引用传递过程中，被调用函数的形式参数虽然也作为局部变量在栈中开辟了内存空间，但是这时存放的是由主调函数放进来的实参变量的地址。被调函数对形参的任何操作都被处理成间接寻址，即通过堆栈中存放的地址访问主调函数中的实参变量。正因为如此，被调函数对形参做的任何操作都影响了主调函数中的实参变量。

另外，引用传递也常常运用到函数值的返回中。一般情况下，一个函数只能够返回一个函数值或者某一个数据的入口地址，但是如果希望一个函数能够返回多个值，其中的一种办法就是将需要返回的值全部放入函数形参参数中，变量前面加上引用地址符号（&），采用引用传递的方法，可以回传出多个值。

源程序（引用传递版本）

```
#include <stdio.h>
void swap(int &x,int &y)                        //x,y 为实参 a,b 的引用
{
    int tmp;
    tmp = x;
    x = y;
    y = tmp;
    printf("x = %d,y = %d\n",x,y);
}
int main()
{
    int a,b;
    printf("请输入两整数的值:\n");
    scanf("%d%d",&a,&b);
    swap(a,b);                                  //直接将实参 a,b 进行
                                                //交换
    printf("a 的值为:%d,b 的值为:%d",a,b);      //实参的值改变
    return 0;
}
```

输入测试数据：

输入：10 20

案例运行结果：

输出：x = 20，y = 10

a 的值为：20，b 的值为：10

案例结果总结：通过引用传递，形参与实参占用同一地址空间，改变了形参，也就改变了实参，其效果与地址传递一样。

三种不同传递的总结：无论是值传递、地址传递还是引用传递，它们主要的区别是变量分配的空间是不是在同一空间，若是，则是双向传递，反之则是单向传递。

【案例9-5】 问题描述：通过数组名进行函数的传递，用函数实现对学生成绩的统计。输入一组学生的成绩，输出学生的最高分以及平均分。测试数据如下：

学生总人数为：

5

输入每位学生的成绩：

80 93 56 78 86

测试输出：

学生的最高成绩是：93

学生的平均成绩为：78.00

案例要点解析：建立求解数组最大元素的函数、建立求解数组元素平均值的函数。在主函数直接调用上述函数，注意函数的参数传递问题与返回数据类型问题。

源程序

```
#include <stdio.h>
int n;                                  //定义全局变量,学生个数
int mgrade(int a[])
{                                       //求最高成绩
    int max=0;                          //局部变量,最大值初始化为0
    for(int i=0;i<n;i++)
        {
        if(a[i]>max)
        max=a[i];
        }
    return max;                         //返回最高成绩
}
double avg(int a[])
{                                       //求学生成绩平均值
    double sum=0;
    for(int i=0;i<n;i++)
    sum=sum+a[i];
    return sum/n;                       //计算平均值,并返回
}
int main()
{
    printf("学生总人数为:\n");
```

```
    scanf("%d",&n);                              //输入学生个数
    int a[n];
    printf("输入每位学生的成绩:\n");
    for(int i=0;i<n;i++)
    scanf("%d",&a[i]);
    int result1=mgrade(a);                       //调用函数
    double result2=avg(a);
    printf("学生的最高成绩是:%d\n",result1);
    printf("学生的平均成绩为:%.2f\n",result2);
    return 0;
}
```

输入测试数据:

学生总人数为:

10

输入每位学生的成绩:

45 67 89 98 87 67 81 85 88 92

案例运行结果:

学生的最高成绩是：98

学生的平均成绩为：79.00

案例结果总结：通过数组名传递首地址，相当于地址传递，另外需要注意求解平均数时的数据类型为double，因为平均数结果可能为浮点数，如果数据类型变成整型，在求解平均数时特别容易出错。

【案例9-6】 问题描述：在一个函数中综合应用了值传递、地址传递、引用传递，根据不同函数传递的规律，分析下面程序的结果。

源程序

```
#include <stdio.h>
void f(int a,int *b,int &c)
{
    a = *b;
    *b =20;
    c =30;
}
int main()
{
    int a =40,b =50,c =60;
    f(a,&b,c);
    printf("a =%d b =%d c =%d",a,b,c);
```

```
        return 0;
    }
```

案例运行结果：

a = 40 b = 20 c = 30

案例结果总结：本案例涉及三种不同的传递方法。变量 a 通过值传递方法进行传值，所以在主函数中 a 的最终结果为 40；变量 b 通过地址传递方法进行传值，在函数中的值变为 20，在主函数中最终的结果保持为 20；变量 c 通过引用传递方法进行传值，在函数中的值变为 30，在函数外的结果也为 30。请读者好好理解这个案例中的传值方法及其原理，重点关注不同传递过程变量在调用前后的变化情况。

函数的三种不同传递方法经验总结：

值传递：被调用函数的形参只有在函数被调用时才会临时分配存储单元。一旦调用结束，占用的内存便会被释放；值传递和地址传递，传递的都是实参的一个拷贝；C 语言中实参和形参之间的数据传递是单向的“值传递”。单向传递，只能由实参传给形参，反之不行。

地址传递：就是将变量的地址赋给函数里形式参数中的指针，使指针指向真实的变量的地址，因为对指针所指地址的内容的改变能反映到函数外，也就是能改变函数外的变量的值。

引用传递：实际是通过取地址（&）来实现的，它在形式上与值传递类似，但是其传递效果跟地址传递相同。

经验总结：如果采用值传递方法，会生成新的对象，花费时间和空间，而在退出函数的时候，又会销毁该对象，又需要花费时间和空间，因此，如果数据类型为 int，float 等固有类型，可以采用值传递方法；如果数据类型是类或结构体等，建议采用指针传递或引用传递，因为它们不会创建新的对象，减少了时间与空间开销。

9.4 变量的作用域与存储类别

9.4.1 变量的作用域

C 语言程序的标识符作用域有三种：局部、全局、文件。标识符的作用域决定了程序中的哪些语句可以使用它。

1. 局部变量

C 语言中把定义在函数内部的变量称为局部变量，局部变量的有效作用范围局限于函数内部。形参是局部变量。局部变量确保了函数间的独立性，即可以避免各个函数之间的变量相互干扰。

2. 全局变量

定义在函数外而不属于任何函数的变量称为全局变量。全局变量的作用范围是从开始到程序所在文件的结束，它对作用域范围内所有的函数都起作用。

全局变量可以用于多个函数之间的数据交流，供多个函数使用。但是一般情况下，要尽量多使用局部变量。另外，全局变量可以帮助解决多结果返回问题。

【案例 9-7】 根据全局变量与局部变量的使用规则，分析程序的运行结果。

源程序

```
#include <stdio.h>
int x;                                  /* 定义全局变量 x */
int f()
{
int x=4;                                /* x 为局部变量 */
return x;
}
int main(void)
{
int a=1;
x=a;                                    /* 对全局变量 x 赋值 */
a=f();                                  /* a 的值为 4 */
{
int b=2;                                //局部变量 b
b=a+b;                                  /* b 的值为,4+2=6 */
x=x+b;                                  /* 全局变量运算 x=1+6 */
}
printf("%d %d",a,x);
return 0;
}
```

案例运行结果：

4 7

案例结果总结：案例的关键在于每个变量的作用域与使用范围不一样，若局部变量与全局变量同名，则局部变量优先，遵循最小作用域原则。概括起来，对于全局变量需要注意以下 4 点：

1）尽量用局部变量替代全局变量。如果用局部变量能实现功能，最好用局部变量。

2）全局变量在同一作用域内，一般情况下只能定义一次，定义的位置在所有函数的最前面，系统会根据情况给全局变量分配存储空间和初始化值。

3）当函数仅仅只是要用到某个全局变量而无需改动时，就将全局变量通过形参传递进来变成局部变量使用，并在定义时使用 const，这样做是为了避免全局变量在函数中被意外地改动。

4）在全局变量与局部变量同名，且作用域均有效的情况下，此时应该遵循作用域最小化原则，以局部变量有效为准。

3. 文件的作用域

文件作用域是指外部标识符仅在声明它的同一个转换单元内的函数汇总可见。所谓转换单元是指定义这些变量和函数的源代码文件（包括任何通过#include 指令包含的源代码文件）。static 存储类型修饰符指定了变量具有文件作用域。

【案例 9-8】 根据变量的作用域的定义规则，分析程序的运行结果。

源程序

```
#include <stdio.h>
int a,b;                                    //定义全局变量
int main()
{
        int x,y;                            //定义局部变量
        x=5;
        y=6;
        a=x+y;                              //将 x,y 的和赋值给全局变量 a
        b=y-x;                              //将 y,x 的差赋值给全局变量 b
        printf("a=%d,b=%d",a,b);  //输出 a,b
        return 0;
}
```

案例运行结果：

a=11，b=1

案例结果总结：全局变量从定义的地方开始，到程序结束，全局有效；局部定义的变量局部有效，脱离了局部的范围，其作用域自动消失。当全局与局部的作用域都有效的时候，遵循最小化原则，以局部有效为准。

9.4.2 变量存储类型

变量是保存变化数据的工作单元，存储在计算机的内存单元中。变量从定义开始分配存储单元，到运行结束存储单元被回收，整个过程称为变量生存周期。

由于自动变量和全局变量的生存周期不同，因此 C 语言把保存所有变量的数据区，分成动态存储区和静态存储区。它们的管理方式完全不同：动态存储区是使用堆栈来管理，适合函数动态分配与回收存储单元；而静态存储区相对固定，管理较简单，它用于存放全局变量和静态变量。

变量存储类型有以下四种：自动（auto）、静态（static）、外部（extern）、寄存器（register）。

1. 自动变量

自动变量的关键字为 auto，但实际上 auto 通常都可以省略。函数中的局部变量如果不用关键字 static 来定义，则都默认为自动类型的变量，在调用函数时系统会将这些变量分配到内存的动态存储区中。函数调用结束后这些存储空间将被释放。在平常使用的函数中，未用 static 定义的局部变量都是 auto 类型。

自动变量定义形式：

auto 类型名 变量表；

例如：

auto int a，b；

在定义自动变量时，auto 可以省略，其形式与以前定义的普通变量没有区别。

2. 静态变量

静态变量的关键字为 static。静态变量包括全局变量和静态局部变量。全局变量在变量申请时自动存储到内存的静态存储区，即自动申请为静态变量。若希望函数中局部变量的值在函数调用结束后不消失，则需要用关键字 static 将该局部变量声明为静态局部变量，这些变量也被存储在内存的静态存储区。加上关键字 static 修饰后，原来的局部变量就类似于全局变量，它的值在下次调用该函数之前不会发生改变；与全局变量不同的是，全局变量的值可以在程序中的任何部分进行修改，而静态局部变量在程序中的其他部分是不可见的。

静态变量定义格式：

static 类型名　变量表

【案例 9-9】 根据静态变量的使用规则，追寻静态变量在运行过程中变量值的变化情况，分析程序的运行结果。

源程序

```
#include <stdio.h>
int f(int x)
{
    static int m=0;                          //申请静态变量 m,对其赋初值操
                                             //作仅仅在编译函数时进行一次
    m=m+x;
    return m;
}
int main()
{
        int n;
        n=5;
        printf("m=%d\n",f(n));
        printf("m=%d\n",f(n));               //这时函数 f()中 m=5
        return 0;
}
```

案例运行结果：

m=5

m=10

案例结果总结： 静态整型变量如果不赋初值，系统会自动分配值为 0，在程序的运行过程中，静态变量会记住前一次调用时留下来的值。如果还有下一次的运算的话，则前一次运行之后的末值作为下一次计算的初值。正如本例中的变量 m，第一次运行的时候，变量 m

值等于0，运行结束之后，变量 m 的值变成5，第二次变量 m 的初值为5，加上变量 n 的值5，得到最终变量 m 的值为10。

3. 用 extern 声明外部变量、外部函数

全局变量（外部变量）是在函数的外部定义的，它的作用域从变量的定义处开始，到该程序文件的末尾。在此作用域内，全局变量可以被该文件中的各个函数所引用。编译时将全局变量分配在静态存储区。

有时需要用 extern 来声明全局变量，以扩展全局变量的作用域。

（1）在一个文件内声明全局变量

如果外部变量不在文件的开头定义，则其有效的作用范围只限于定义处到文件终了。如果在定义点之前的函数想引用该全局变量，则应该在引用之前用关键字 extern 对该变量作外部变量声明，表示该变量是一个将在下面定义的全局变量。有了此声明，就可以从声明处起，合法地引用该全局变量，这种声明称为“提前引用声明”。

【案例9-10】 根据 extern 对外部变量做提前引用声明的作用，以扩展程序文件中的作用域，分析程序的运行结果。

源程序

```
#include <stdio.h>
int max(int,int);                        //函数声明
int main()
{
    extern int a,b;                      //对全局变量a、b做提前引用声明
    printf("%d\n",max(a,b));
    return 0;
}
int a=15,b=-7;                           //定义全局变量a、b
int max(int x,int y)
{
    int z;
    z=x>y? x:y;
    return z;
}
```

案例运行结果：

15

案例结果总结： 在 main() 后面定义了全局变量 a、b，但由于全局变量定义的位置在 main() 函数之后，因此如果没有程序的第四行，在 main() 函数中是不能引用全局变量 a 和 b 的。现在在 main() 函数第二行用 extern 对 a 和 b 做了提前引用声明，这样在 main() 函数中就可以合法地使用全局变量 a 和 b 了。如果不做 extern 声明，编译时会出错，系统认为 a 和 b 未经定义。一般都把全局变量的定义放在引用它的所有函数之前，这样可以避免在函数中多加一个 extern 声明。

（2）在文件的程序中声明外部变量

如果一个程序包含两个文件，而且两个文件中都要用到同一个外部变量 num，则不能分别在两个文件中各自定义一个外部变量 num。正确的做法是：在任一个文件中定义外部变量 num，而在另一文件中用 extern 对 num 作外部变量声明，即

```
extern int num;
```

编译系统由此知道 num 是一个已在别处定义的外部变量。它先在本文件中寻找是否有外部变量 num，如果有，则将其作用域扩展到从本行开始（如上节所述）；如果本文件中无此外部变量，则在程序连接时从其他文件中寻找有无外部变量 num，如果有，则把在另一文件中定义的外部变量 num 的作用域扩展到本文件，在本文件中可以合法地引用该外部变量 num。用 extern 扩展全局变量的作用域，虽然能为程序设计带来方便，但应十分慎重，因为在执行文件中的函数时，可能会改变该全局变量的值，从而影响到另一文件中的函数执行结果。

寄存器变量（register）

当一个变量频繁地被读写时，需要反复访问内存，从而耗费大量的存取时间。为此 C 语言提供了一种变量，即寄存器变量。这种变量存放在 CPU 的寄存器中，使用时，不需要访问内存，而是直接从寄存器中读写，从而提高效率。寄存器变量的说明符是 register。对于循环次数较多的循环控制变量及循环体内反复使用的变量均可定义为寄存器变量，而循环计数是应用寄存器变量的最好候选者。

什么变量可以声明为寄存器变量

只有局部自动变量和形参才可以定义为寄存器变量。寄存器变量属于动态存储方式，凡需要采用静态存储方式的变量都不能定义为寄存器变量，包括模块间全局变量、模块内全局变量、局部 static 变量。

寄存器变量的应用范围与使用规律

1）寄存器变量可以用来优化加速 C 语言程序运行速度。

2）声名只需在类型前多加 register 即可，例如：register int quick；（quick 是一个整型的寄存器变量）。

3）register 只是一个建议型关键字，能不能声明成功还取决于编译器（建议型的关键字还有 C++中的 inline），若不幸没有请求成功，则变量变成一个普通的自动变量。

4）寄存器变量 register 不能用来取地址（因为寄存器变量多放在寄存器而非内存中，内存有地址，而寄存器是无地址的）。

5）即便没有请求成寄存器变量，没有如愿地放入寄存器中，也依旧不能对它取地址，因为它已经被声明为 register 了。

（3）在文件的程序中声明外部函数

函数的调用，一般是对同一个源文件中的其他函数进行调用的，也可以对另外一个源文件中的函数进行调用。C 语言中，根据函数能否被其他源文件调用，分为内部函数和外部函数，外部函数是可以被其他源文件调用的函数，而内部函数只在定义的文件中才有效。

内部函数只能够在本文件中被其他函数调用，其定义格式为：static 返回类型 函数名（参数列表），前面使用了 static 进行声明，也称为静态函数，它不能够被同一路径下的其他文件所访问，只能够被本文件其他函数访问。

外部函数：如果一个函数能够被其他文件访问，可以把这个函数定义为外部函数，其定义方式为：extern 返回类型 函数名（参数列表），在函数定义前面加上了 extern 等限定词，一般情况下，C 语言的所有函数默认情况下是 extern 类型的，能够被所有的文件访问，前提是包含文件所在的头文件。

【案例9-11】 使用多文件函数调用关系，改写选择排序算法，分析程序的调用关系，分析程序的运行过程与运行结果。

源程序

```
9-11 主函数 调用其他 4 个文件
#include“9-11.1.c”
#include“9-11.2.c”
#include“9-11.3.c”
#include“9-11.4.c”
#include <stdio.h>
int main()
{
    extern void input(int a[],int n);   /*声明用到外部函数 */
    extern void choose(int a[],int n); /*声明用到外部函数 */
    void show(int a[],int n);
    int n,a[10];
    printf("输入数的个数(n<=10):");
    scanf("%d",&n);                          /*输入 n 个整数到数组 a */
    printf("输入%d个数组元素:",n);
    input(a,n);               /*调用函数 input,输入数组 */
    choose(a,n);              /*调用函数 choose,对数组 a 进行排序 */
    printf("排序后:",n);
    show(a,n);                /*调用函数 show,输出排序后的结果 */
    printf("\n");
    return 0;
}

    //下面是 9-11.1.c 源程序代码主要功能,执行选择排序算法
    void choose(int a[],int n)          /*定义选择法排序来实现功能 */
    {
        int i,j,index;
        void swap(int *,int *);             //函数的声明
        for(i=0;i<n-1;i++)
        {
        index=i;
```

```
        for(j=i+1;j<n;j++)
        if(a[j]<a[index])index=j;        /*比较元素大小,记录最小元素
                                           的下标 */
        if(index!=i)
        swap(&a[i],&a[index]);
        /*调用 swap 函数,交换最小元素与 a[i]的值 */
        }
}
    //下面是 9-11.2.c 源程序代码,主要功能,实现数据交换
    void swap(int *px,int *py)            /*定义函数 swap,实现两个数
                                            交换 */
    {  int temp;
    temp=*px;
    *px=*py;
    *py=temp;
    }
    //下面是 9.11.3.c 源程序代码,主要功能实现数据的输入
    #include <stdio.h>
    void input(int a[],int n)             /*定义函数 input,实现数组输
                                            入 */
    {
        int i;
        for(i=0;i<n;i++)
        scanf("%d",&a[i]);
    }
    //下面是 9.11.4.c 源程序代码,主要功能实现数据的输出
    #include <stdio.h>
    void show(int a[],int n)              /*定义函数 show,打印结果*/
    {  int i;
      for(i=0;i<n;i++)
      printf("%4d",a[i]);                 //每个元素占 4 位
    }
```

输入测试数据：

输入数的个数（n<=10）：6

输入 6 个数组元素：3 5 4 2 6 1

案例运行结果：排序后： 1 2 3 4 5 6

案例结果总结：本案例涉及到 5 个程序文件函数，可以把它们放在同一文件夹下。主程序 9-11 调用了其他 4 个程序文件函数，分别为排序函数、交换函数、输入函数和输出函数。

其中，输入与排序函数前面加上了 extern，表明它们是外部函数，可以被其他文件直接访问；输出函数前面没有加 extern 修饰，但是默认情况还是表示外部函数，也可以被主函数调用。使用多函数文件的时候，务必在调用函数所在的文件头部，加上被调用文件的头文件。例如，案例中包含头文件：#include “9-11.1.c”。这样程序在调用查找方面，不容易错。在后面学习文件章节时也可能涉及到类似问题。

9.5 递归函数

递归函数

【案例9-12】 斐波那契数列前两项都是1，从第3项开始，每一项都等于前两项之和，求第n项的斐波那契数的值，数列序列如下所示：1，1，2，3，5，8，13，21，34…。

案例要点解析： 斐波那契数列的运行规律，从第3项开始，任意一项等于前面连续两项数之和，即 f(n)=f(n-1)+f(n-2)，函数的出口在 f(1)=1、f(2)=1 两处位置。

源程序

```
#include <stdio.h>
int fib(int n){
    if(n==1||n==2)
    return 1;                          //递归出口
    else
    return fib(n-1)+fib(n-2);    //函数递归调用
}
int main()
{
    int n;
    scanf("%d",&n);
    printf("%d",fib(n));
    return 0;
}
```

输入测试数据：

8

案例运行结果：

21

案例结果总结： 斐波那契数列可以使用循环求解，但是本案例使用递归方法求解，找到了递归函数的规律与递归出口，即第n项的值等于第n-1项的值+第n-2项的值，fib(n)=fib(n-1)+fib(n-2)，递归出口为变量n等于1或者等于2。

9.5.1 递归的定义

递归（recursion）是指在函数的定义中又调用函数自身的方法。递归与函数的嵌套不一样，函数的嵌套是自己调用其他函数，递归就是函数调用自己函数本身。

递归算法通常把一个大的复杂问题层层转化为一个或多个与原问题相似的规模较小的问题来求解。递归策略只需少量的代码就可以描述出解题过程所需要的多次重复计算，大大减少了程序的代码量，例如，求 n!（n 为正整数）的递归算法。

解：对应的递归函数如下

```
int f(int n)
{
    if(n==1)
        return 1;           //递归出口
    else
        return f(n-1) * n;  //调用自身函数
}
```

如上所示，在函数 f(n) 的求解过程中直接调用了函数 f(n-1)。

递归程序设计及过程分析

一般来说，能够用递归解决的问题应该满足以下三个条件：

1）需要解决的问题能够分解为多个子问题，这些子问题与原问题的求解方法完全相同，只是在数量规模上不同。

2）递归调用的次数必须是有限的。

3）必须有结束递归的条件来终止递归，终止递归的条件叫做递归出口。

编写递归函数程序时，必须要抓住以下两个关键点。

1）递归出口：即递归的结束条件，达到什么条件，函数返回，不再递归调用下去。

2）递归体：递归表达式，即递推关系式（通项公式），如 fib(n)=fib(n-1)+fib(n-2)。

接下来，以案例 9-12 斐波拉契数列为例，分析递归函数的执行过程。

1）由 fib（5）分解为 fib（4）+fib（3）。

2）fib（4）分解为 fib（3）+fib（2）。

3）fib（3）分解为 fib（2）+fib（1）。

4）fib（2）和 fib（1）的求值结果均为 1，从而求出 fib（3）的值为 2。

5）fib（2）的求值结果为 1，从而求出 fib（4）的值为 3。

6）以此类推，求出 fib（3）的值为 2，所以最终 fib（5）的值为 5。

【案例 9-13】 问题描述：汉诺塔游戏规则，如图 9-1 所示。

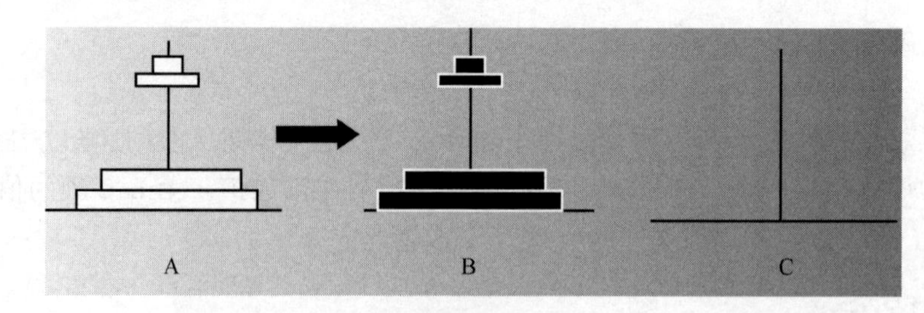

图 9-1 汉诺塔初始化图

将 64 个盘子从座 A 柱子搬到座 B 柱子:

1）一次只能搬一个盘子。

2）盘子只能插在 A、B、C 三个柱子中。

3）大盘不能压在小盘上。

案例要点解析:

把 A 柱子中的 n 个盘子分成两个部分，上部分为 n-1 个盘子（作为一个整体），下部分为一个盘子（单列），先把上部分的 n-1 个盘子从 A 柱子通过 B 柱过渡递归移动到 C 柱上面，然后把 A 柱下部分的一个盘子直接移动到 B 柱，最后，把 C 柱子的 n-1 个盘子通过 A 柱子过渡移动到 B 柱子。盘子移动过程如图 9-1、9-2、9-3 所示，最终所有的盘子都要移到 B 柱子，最终 B 柱子的全部盘子效果如 A 柱子初始盘子的效果一致。

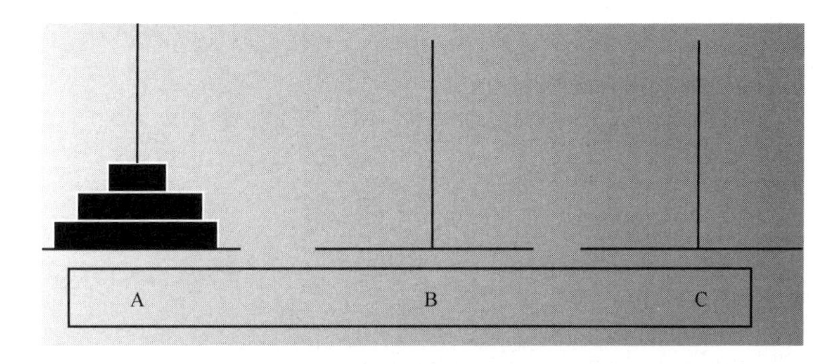

图 9-2 汉诺塔过程分析图 1

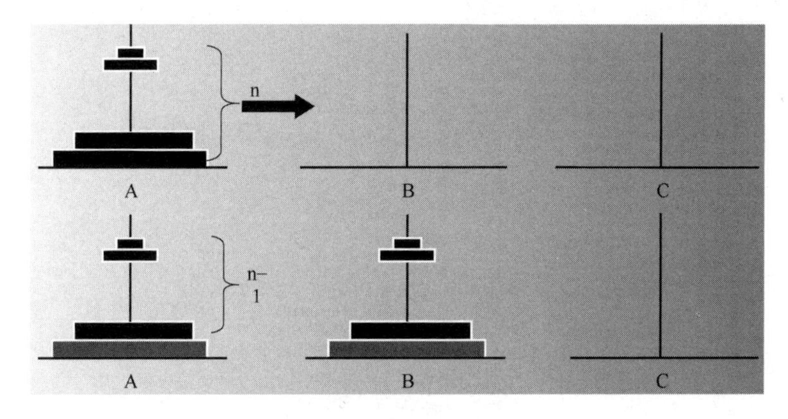

图 9-3 汉诺塔过程分析 2

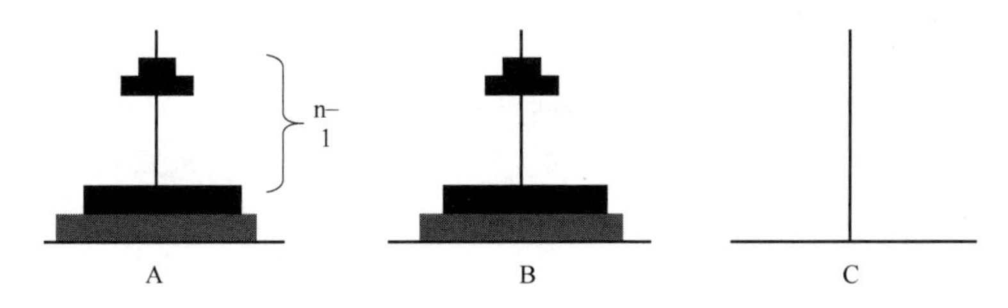

图 9-4 汉诺塔过程分析 3

下面分析函数的伪代码实现过程如下：

```
hanio(n 个盘,A→B)                           //C 为过渡
{  if(n ==1)
       直接把盘子 A→B
   else
   {
       hanio(n-1 个盘,A→C)            //B 为过渡
       把 n 号盘 A→B
       hanio(n-1 个盘,C→B)            //A 为过渡
   }
}
```

汉诺塔的伪代码思路量化为函数如下：

```
/* 搬动 n 个盘,从 a 到 b,c 为中间过渡 */
void hanio(int n,char a,char b,char c)
{  if(n ==1)  printf("% c-- >% c\n",a,b);
   else
       {
       hanio(n-1,a,c,b);
       printf("% c-- >% c\n",a,b);
       hanio(n-1,c,b,a);
       }
}
hanio(n 个盘,A→B)                           //C 为过渡柱子
{  if(n ==1)  直接把盘子 A→B
   else
   {
           hanio(n-1 个盘,A→C)
           把 n 号盘 A→B
           hanio(n-1 个盘,C→B)
   }
}
```

源程序

```
/* 搬动 n 个盘,从 a 到 b,c 为中间过渡   */
#include <stdio.h>
void hanio(int n,char a,char b,char c)
{
   if(n ==1)
```

```
        printf("%c-->%c\n",a,b);
        else
        {
            hanio(n-1,a,c,b);
            printf("%c-->%c\n",a,b);
            hanio(n-1,c,b,a);
        }
    }
    int main(void)
    {
        int n;
        printf("input the number of disk:");
        scanf("%d",&n);
        printf("the steps for %d disk are:\n",n);
        hanio(n,'a','b','c');
        return 0;
    }
```

输入测试数据：

input the number of disk：5

案例运行结果：

the steps for 5 disk are：

a-->b

a-->c

b-->c

a-->b

c-->a

c-->b

a-->b

a-->c

b-->c

b-->a

c-->a

b-->c

a-->b

a-->c

b-->c

a-->b

c-->a

c-- >b

a-- >b

c-- >a

b-- >c

b-- >a

c-- >a

c-- >b

a-- >b

a-- >c

b-- >c

a-- >b

c-- >a

c-- >b

a-- >b

案例结果总结：递归问题一般情况需要把握两点，寻找递归的规律和递归的出口，本案例中的递归规律就是将 n 个盘子分成 n-1 盘子和一个盘子两部分，出口是一个盘子的移动问题。另外注意：一般递归问题的深度不要太大，如果太大容易爆栈，运行效率低下。

【案例 9-14】 问题描述：从 1　2… n 的自然数中，随机选择其中的 k 个数，输出所有方案数，并把数按照从小到大顺序输出。

输入样例：n = 3，k = 2

输出样例：

1　2

1　3

2　3

案例要点分析：输出的 a[0] a[1] …a[k-1] 按照从小到大是顺序排列，则 a[k-1] 为第 k 个元素，假设它的最大值为 j，则 j 的取值范围为 k <= j <= n；如果把取 k 个元素当作大问题的话（前面 k-1 个元素 + 第 k 个元素（其值为 a[k-1]），则前面的从 j-1 中选取 k-1 个数就是小问题（因为问题规模缩小了 1），重复递归过程，依次缩减规模，直到元素个数 k 为 0，到出口，然后直接输出打印方案。详细的实现代码如下所示。

源程序

```
#include <stdio.h>
#define Max 20
int a[Max];
int KK;//k 个元素
void comb(int n,int k)//从 n 个自然数 选择 k 个数
{
    if(k==0)
    {
```

```
            for(int i =0;i <KK;i ++)
            printf(" %d ",a[i]);
            printf("\n");
        }
        else
        {
        for(int j =k;j <=n;j ++)
        {
            a[k-1] =j;
            comb(j-1,k-1);
        }
        }
    }
    int main()
    {
        int n,k;
        scanf("%d%d",&n,&k);
        KK =k;
        comb(n,k);
    return 0;
    }
```

输入测试数据：

n =5，k =3

案例运行结果：

1 2 3

1 2 4

1 3 4

2 3 4

1 2 5

1 3 5

2 3 5

1 4 5

2 4 5

3 4 5

案例结果总结：本案例的关键是需要找到递归的规律与递归的出口，产生 k 个元素，包括产生最后一个元素（第 k 个元素）+前面的 k-1 个元素，所以先需要产生第 k 个元素，然后递归产生前面 k-1 个元素，类似的方法就是递归规律，元素的规模等于0 就是递归出口。

9.6 字符串处理函数

在实际的编程过程中，经常会遇到对字符串的整体操作。字符串是一种重要的数据类型，由零个或多个字符组成的有限串行。

字符串处理

在 C 语言中并没有专门的字符串数据类型，它有如下两种风格的字符串：

字符串常量：以双引号括起来的字符序列（""），规定所有的字符串常量都由编译器自动在末尾添加一个空字符。

字符数组：末尾添加了 '\0' 的字符数组，一般需要显示在末尾添加空字符。

字符串的输入方式有两种，第一种采用 scanf（"%s"，ch）的格式输入字符串，遇到空格就结束；第二种采用 gets( ) 函数输入字符串，可以输入完整的一行，中间允许有空格。

C 语言里虽然有 <string.h> 这个头文件，但是 C 语言里没有字符串类这个数据类型，所以在使用字符串处理函数时，必须包含字符串所在的头文件 <string.h>。

字符串通常放在常量字符串或者字符数组中。字符串常量适用于那些对它不做修改的字符串函数，常用字符串处理函数如表 9-1 所示。

表 9-1 字符串处理函数表

函　数	说　明
int strlen(s)	返回字符串的长度，不包括字符结束符 null
char *strcpy(s,t)	将 t（包括‘\0’）复制到 s 中，并返回 s
char *strcat(s,t)	将 t 连接到 s 的尾部，并返回 s
int strcmp(s,t)	比较字符串 s 和 t，根据字符的大小相应返回负数、0、正数
char *strncpy(s,t,n)	将 t 的前 n 个字符复制到 s 中，并返回 s
char *strncat(s,t,n)	将 t 的前 n 个字符连接到 s 的尾部，并返回 s
int *strncmp(s,t,n)	比较字符串的前 n 个字符，并返回相应值，大于 0，前者大，小于 0 后者大，等于 0，相等
char *strchr(s,ch)	返回字符 ch 在 s 中第一次出现的位置，若不存在，返回 null
char *strrchr(s,ch)	返回字符 ch 在 s 中最后一次出现的位置，若不存在，返回 null
char *strstr(s,chr)	返回子串 chr 在 s 中第一次出现的位置
char *strpbrk(s,chr)	返回子串 chr 中的任意字符在 s 中第一次出现的位置

下面通过案例展示常用的字符串处理函数的使用规律，之后将介绍几种常见的字符串函数的应用。

【案例 9-15】 根据 strlen( ) 函数和 sizeof( ) 函数的使用规则，分析程序的运行结果。

源程序

```
#include <stdio.h>
#include <string.h>
```

```
int main()
{
    char str1[] = "hello world";
    int length1 = strlen(str1);
    int length2 = sizeof(str1);
    printf("length1 = %d\n", length1);
    printf("length2 = %d\n", length2);
    return 0;
}
```

案例运行结果：

length1 = 11

length2 = 12

案例结果总结：

strlen( ) 函数计算的是字符串的实际长度，遇到第一个 '\ 0' 结束；

sizeof( ) 与 strlen( ) 不同，sizeof( ) 不是函数，仅仅是个操作符，sizeof( ) 返回的是变量声明后所占的内存数，不是实际长度。本题中 sizeof( ) 比 strlen( ) 值多了一个 '\ 0'，所以对于同样的字符串来说，sizeof( ) 比 strlen( ) 返回的值要大 1。

【案例 9-16】 根据 strcmp( ) 函数和 strncmp( ) 函数使用规则，分析程序的运行结果。

源程序

```
#include <stdio.h>
#include <string.h>
int main()
{
    char str1[] = "hello world";
    char str2[] = "wonderful";
    int m1 = strcmp(str1, str2);
    int m2 = strncmp(str1, str2, 5);
    printf("m1 = %d\n", m1);
    printf("m2 = %d\n", m2);
    return 0;
}
```

案例运行结果：

m1 = -1

m2 = -1

案例结果总结： 如果两个字符串大小相等，返回 0；如果 str1 比 str2 大，返回 1，如果 str1 比 str2 小，返回-1。判断字符串大小根据字符的 ASCII 表，从左往右依次比较每个字符，直到分出胜负。要注意字母的大小写是当成两个不同的字母。同一个字母，小写字母的 ASCII 码比大写字母的 ASCII 大 32。strncmp( ) 函数指定前 n 个字符进行比较。

【案例 9-17】 根据 strcat() 函数和 strncat 函数的使用规则，分析程序的运行结果。

源程序

```
#include <stdio.h>
#include <string.h>
int main()
{
    char str1[] = "hello world";
    char str2[] = "wonderful";
    strcat(str1,str2);
    printf("连接后的字符串为:%s\n",str1);
    strncat(str1,str2,3);
    printf("将 str2 中的前 3 个字符连接到 str1 尾部:%s\n",str1);
    return 0;
}
```

案例运行结果：

连接后的字符串为：hello worldwonderful

将 str2 中的前三个字符连接到 str1 尾部：hello worldwonderfulwon

案例结果总结：注意 strcat() 与 strncat() 函数的异同。

【案例 9-18】 根据 strcpy() 函数和 strncpy() 函数的使用规则，分析程序的运行结果。

源程序

```
#include <stdio.h>
#include <string.h>
int main()
{
    char str1[] = "hello world";
    char str2[] = "wonderful";
    strcpy(str1,str2);
    printf("str1 =%s\n",str1);
    return 0;
}
```

案例运行结果：

str1 = wonderful

案例结果总结：如果参数 str1 所指的内存空间不够大，可能会造成缓冲溢出的错误，在编写程序时需特别留意，或者用 strncpy() 来取代，关于字符串其他处理函数可自行测试。

关于字符串的输入输出格式问题，特别容易出错，因此需要引起重视。

输入字符串在 C 语言中有两种方式，第一种是 scanf（"%s"，s）方式进行输入，这种输入方式遇到空格就结束。如果一行中没有空格的话，可以当成一个字符串；如果有一个空格，从空格隔开，后面的字符串无效。

第二种输入方式采用 gets() 函数输入，puts() 函数输出，按照行输入输出字符串，默认带有换行。必须换行才能够结束。下面通过案例进行演示：

例如，char s [20]; scanf ("%s", s); 输入 abc def

如果输出 puts (s)，结果为 abc，不是 abc def。如果把 scanf() 换成 gets (s)，则输出 abc def，所以如果输入的是一行字符串，中间可以有多个空格，只要一行字符串个数不超过 20 个即可（包括 '\0'）。所以建议在输入输出字符串时使用 gets() 与 puts()，这样比较方便，适用性也更强，而且输入输出自带换行功能。

字符串与其他数据类型混合输入的时候，特别容易出错，尤其在需要测试多组数据的时候一定要注意整数、浮点数与字符串输入时的隔开问题。一般情况下，用 getchar()（或者用 scanf ("\n")）进行隔开，否则程序会把换行字符当作下一个字符串，导致其他数据接收失败。特别是循环多次输入字符串与整数时候，如果数据格式使用不对，很容易出错。

如果只是需要先输入一个字符串（gets()），然后再输入一个整数，则它们之间不需要隔开，但是在多次循环输入字符串与整数时候，就特别容易出错，因为前一次的整数与下次开始的字符串中间需要隔开换行（getchar() 函数），否则会把“换行”当作下一个字符串，很容易造成数据的错乱。

经验总结，在整数（浮点数）与字符串之间换行输入的时候，一定要用 getchar() 隔开。下面通过案例进行讲解说明。

【案例 9-19】 问题描述；张三迷上了网站编程，有一天登录时忘记密码了（他没绑定邮箱或者手机），于是便把问题抛给了你。

张三虽然忘记密码，但他还记得密码是由一个字符串组成。密码是由原文字符串（由不超过 50 个小写字母组成）中每个字母向后移动 n 位形成的。z 的下一个字母是 a，如此循环。他现在找到了移动前的原文字符串及 n，请求出密码。

输入格式：

第一行：n。第二行：未移动前的一串字母。

输出格式：

一行，是张三的密码。

输入输出样例如下：

输入样例：

1

qwe

2

zmt

输出样例：

rxf

bov

案例要点解析：本案例需要测试多组案例，而且使用的是标准键盘输入，所以使用了 while (! feof (stdin))，这样可以重复测试多组案例，用 ctrl + z 结束测试，另外本案例输入的整数 n 与输入的一行字符串中间必须用 getchar() 隔开，如果不隔开，字符串传值会出错，本案例使用的输入输出字符串为 gets()，puts()，自带换行功能。scanf ("%s", s) 输入字符串，printf（"%s"，s）输出字符串的时候不带换行，必须手动写'\ n'，本案例主要利用字符ASCII码之间的关系，求解字符的密码，每个字符向后面移动n个数字字符，相当于ASCII码的值增加了n。如果发生字符越界问题，则重新从A（a）开始，也就是说Z（z）的下一个字符为A（a）。

源程序

```
#include <stdio.h>
#include <string.h>
int main()
{
    char s[20];
    int n,i,j;
    while(!feof(stdin))              //测试多组案例,Ctrl + z 结束
    {
        scanf("%d",&n);
        getchar();                   //千万不能够省略,如果省略后面接受的
                                       数据可能就不正确了
        if(n>26)
        n=n%26;
        gets(s);
        for(i=0;i<strlen(s);++i)
        {
            for(j=1;j<=n;++j)
            {
                ++s[i];
                if(s[i]>'z')
                s[i]='a';
            }
        }
    puts(s);
    }
    return 0;
}
```

输入测试数据1：

1

Abc

案例运行结果1：

Bcd

输入测试数据2：

2

xyz

案例运行结果2:

zab

案例结果总结: while (! feof (stdin)) 可以无限测试，直到遇到Ctrl + z结束测试，另外在整数与字符数组中需要用getchar() 来吸收一下换行，否则字符串不能够接收到正确有效的字符，另外注意最后一个字符 "z" ("Z") 的下一个字符为 "a" ("A")。

【案例9-20】 问题描述：统计一行字符串中单词的数量，要求编写程序统计一行字符串中单词的个数。所谓 "单词" 是指连续不含空格的字符串，各单词之间用空格分隔，单词之间的空格可以是一个或者多个，如果这行字符串全部为空格的话，则单词数量为0，行开始的空格或者行末多余的空格均不计算单词，下面给定几组测试案例供大家理解。

输入格式:

输入一行字符。

输出格式:

在一行中输出单词个数。

输入样例1：引号里面内容是输入内容，每个单词间隔一个空格，行末没有多余的空格。

"i want to do computer book."

输出样例1:

6

输入样例2：引号里面的内容是输入的内容，全部是空格

"   "

输出样例2:

0

输入样例3：引号里面的内容是输入的内容，前面有一些空格

"   i want to go home."

输出样例3:

5

案例要点解析: 本案例是字符串经典应用，涉及到字符串分割成单词。字符串结束的标记为'\0'。本案例采用strlen() 函数求解字符串的长度，然后利用遍历的方法，找到相邻两个连续字符，分别为 "非空格字符" 和 "空格字符"，这样单词的数量才增加1；还有一种特殊情况，需要考虑行末可能存在连续两个字符的情况，如果前面一个是非空格，后面一个是'\0'，这种情况计数变量也增加1。出现其他情况和连续的空格时，计数器变量都不会增加。切记，不要遇到空格单词数量就增加1。

源程序

```
#include <stdio.h>
#include <string.h>
int main()
{
```

```
        char s[2000];
        gets(s);
        int num=0,i;
        int t;
        t=strlen(s);
        for(i=0;i<t;i++)
        {
            if(s[i]!=' ' && s[i+1]==' ')
                num++;
            if(s[i]!=' '&& s[i+1]=='\0')
                num++;
        }
            printf("%d",num);
            return 0;
    }
```

输入测试数据1：//引号里面的内容是输入的内容，中间有若干个连续的空格。

“i   want   to   do computer   book.”

案例运行结果：

6

输入测试数据2：//引号里面的内容是输入的内容，行末尾有一些空格。

“i want to do computer book.”

案例运行结果：

6

案例结果总结：本案例主要考察字符串重点单词的应用问题，要求大家掌握单词的判定规则，特别需要注意的是连续的空格不算单词。

9.7 函数应用综合案例

【案例9-21】 问题描述：利用函数求100以内的全部素数，每行输出10个。素数就是只能被1和自身整除的正整数，1不是素数，2是素数。

要求定义和调用函数prime（m）判断m是否为素数，当m为素数时返回1，否则返回0。主函数里面的循环判断1-100中的每一个数，每行输出10个素数。

案例要点解析：利用prime函数判断素数，如果找到一个因子那么这个数就是非素数，返回0，如果是素数，返回1，主函数循环判断1～100的每个数是否为素数，如果是素数，计数变量增加1，打印此素数，当计数变量是10的倍数，打印一个“换行”字符。

源程序

```
    #include <stdio.h>
```

```
int main()
{
    int count,m;
    int prime(int m);
    count=0;
    for(m=2;m<=100;m++)
    {
        if(prime(m)!=0)
            {
                printf("%6d",m);
                count++;
                if(count %10 ==0)
                printf("\n");
            }
    }
        printf("\n");
    return 0;
}
int prime(int m)
{
        int i;
        if(m<=1)
        return 0;
        for(i=2;i*i<=m;i++)
        if(m % i==0)
        {
                return  0;
        }
    return 1;
}
```

案例运行结果:

```
 2    3    5    7   11   13   17   19   23   29
31   37   41   43   47   53   59   61   67   71
73   79   83   89   97
```

在【案例9-21】的基础上，读者已经掌握了素数的使用规则，下面请试着对比分析“哥德巴赫猜想”程序在使用函数调用或不使用函数调用时的区别。

【案例9-22】 问题描述：数学领域著名的“哥德巴赫猜想”的大致意思是：任何一个大于2的偶数总能表示为两个素数之和。比如，24=5+19，其中5和19都是素数。本实验的任务是设计一个程序，验证20亿以内的偶数都可以分解成两个素数之和。

输入格式：

在一行中输入一个（2，2000000000］范围内的偶数N。

输出格式：

在一行中按照格式“N = p + q”输出N的素数分解，其中p≤q均为素数。又因为这样的分解不唯一（如24还可以分解为7 + 17），要求必须输出所有解中p最小的解。

输入样例：

24

输出样例：

24 = 5 + 19

案例要点解析：本案例的思路是将变量n分解成两个素数之和，而且第一个素数必须尽量的小。首先要制定判定素数规则的函数，从第一个素数i = 2开始查找，看n-i是否为素数，如果n-i为非素数，则循环查找下一个素数i，重新判断n-i是否为素数，如果是素数，则找到了满足题目的方案，不再继续寻找，最后打印程序的最小分解方案即可。

源程序（循环版本）

```
#include <stdio.h>
#include <math.h>
int main()
{
    long long n,p,q,t;              //n为待验证的大于2的偶数,
    //p和q为寻找的两个素数,使得n=p+q
    int f1,f2;                      //f1,f2为p和q为素数的标志
    scanf("%ld",&n);                //读入一个大于2的偶数
    for(p=2;p<=n/2;p++)             //p可能的取值,从2开始
    {
        f1=1;                       //假定p为素数成立
        f2=1;                       //假定q为素数成立
        q=n-p;
        for(t=2;t<=sqrt(p);t++)
            if(p%t==0)
            {
                f1=0;
                break;
            }                       //p不为素数,f1修改值为0

            if(f1==1)               //p为素数成立
        {
            for(t=2;t<=sqrt(q);t++)
```

```
            if(q%t ==0)
            {
                f2 =0;
                break;
            }                           //q 不为素数,f2 修改值为 0
            if(f2 ==1)                  //q 也为素数成立
            {
                printf("%ld=%ld+%ld",n,p,q);            //输出结果
                break;
            }
        }
    }
    return 0;
}
```

源程序（函数版本）

```
#include<stdio.h>
#include<math.h>
int prime(int m);
int main()
{
    long n,p,q,t;
    int f1,f2;
    scanf("%ld",&n);
    for(p =2;p <=n/2;p ++)
    {
        q=n-p;
        f1 =prime(p);
        f2 =prime(q);
        if(f1&&f2)
        {
            printf("%ld=%ld+%ld",n,p,q);
            break;
        }
    }
    return 0;
}
//素数函数的定义
```

```
int prime(int m)
{
    int i;
    if(m <=1)
        return 0;
    for(i =2;i *i <=m;i ++)
        if(m % i ==0)
        {
            return  0;
        }
    return 1;
}
```

案例运行结果:

2	3	5	7	11	13	17	19	23	29
31	37	41	43	47	53	59	61	67	71
73	79	83	89	97					

案例结果总结: 经过分析对比，使用函数调用程序结构清晰，功能容易验证。一般情况下，建议大家写程序尽量采用函数模块来撰写程序，利用好函数间的调用关系。这样一来函数的功能就易于测试，而且结构简单，出错概率小，即使出现错误也便于查找。

【案例 9-23】 问题描述：若一个合数的质因数分解式逐位相加之和等于其本身逐位相加之和，则称这个数为 Smith 数。如 4937775 = 3 * 5 * 5 * 65837，而 3 + 5 + 5 + 6 + 5 + 8 + 3 + 7 = 42，4 + 9 + 3 + 7 + 7 + 7 + 5 = 42，所以 4937775 是 Smith 数。求给定一个正整数 N，求大于 N 的最小 Smith 数。

输入格式：若干个 case，每个 case 一行代表正整数 N，输入 0 表示结束。

输出格式：大于 N 的最小 Smith 数。

输入样例:

4937774

0

输出样例:

4937775

案例要点解析: 本程序要点是自定义素数函数 isprime (int n) 判定 n 是否为素数，如果是素数返回 1，否则返回 0。再自定义一个求解整数各位数字之和的函数 sumdigits (int n)，然后定义素数因子分解的各个素数和函数 sumyz (int n)。注意：素数可能是多位整数，这时需要套用数字和函数 sumdigits()，之后主函数逐步判定每一个变量 i，如果判断该数是素数且满足数字和等于素数因子的数字和，则退出循环。本案例可以一次测试多组案例，把输入放在循环里面，这也是在线平台测试的通用技巧。while (scanf ("%d", &n) && n != 0)，只要输入不等于 0，可以一直测试下去。

源程序

```
#include <stdio.h>
int isprime(int n)                        //素数返回1,非素数返回0
{
    for(int i =2;i *i <=n;i ++)
        if(n % i ==0)
        return 0;
    return 1;
}
//求解一个数的数位分离的数字和
int sumdigits(int n)
{
    int sum =0;
    while(n ! =0)
    {
        sum + =n % 10;
        n / =10;
    }
    return sum;
}
//求解所有被分解的素数的数位分离的数字和。
int sumyz(int n)
{
    int sum =0;
    int i =2;
    while(1)
    {
        if(n % i ==0)
        {
            sum + =sumdigits(i);
            n =n/i;
            if(isprime(n) ==1)          //分解到素数为止
                break;
        }
            else
                i ++;
    }
        sum + =sumdigits(n);
```

```
        return sum;
}
int main()
{
        int n,k=1;
        while(scanf("%d",&n)&& n!=0)
    {
            k=1;
            for(int i=n+1;k==1;i++)
        {
                if(!isprime(i))
            {
                    if(sumdigits(i)==sumyz(i))
                {
                        printf("%d\n",i);
                        k=0;break;
                }
            }
        }
    }
    return 0;
}
```

输入测试数据：

10000 20000 100000 0

案例运行结果：

10086 20065 100066

案例结果总结：本案例知识点众多，需要大家掌握素数的判断方法，整数的数位分离并求和，自定义函数之间的嵌套调用等，注意被调用的函数需要放在调用函数的上面。

9.8 本章小结

本章主要讨论了函数的定义、类型以及作用。函数是 C 语言程序设计的基本组成单元，学好函数对今后的程序设计至关重要。

本章以案例引出函数，先介绍了函数的定义和使用，然后讨论了变量与函数的关系，最后介绍了递归函数和字符串处理函数。函数是一个完成特定工作的独立程序模块，是一个处理过程，包括库函数和自定义函数两种。

函数的类型可以分为有参函数、无参函数、空函数。任何 C 语言程序执行都要先从主函数 main() 开始。如果遇到某个函数调用，主函数就暂停执行，转而执行相应的函数，该函数执行结束后返回主函数，然后主函数继续从中断位置继续向下执行。

在函数的调用过程中会涉及到参数的传递，C 语言中函数的参数传递有三种方式：值传递、地址传递、引用传递。值传递不会改变实参的值，地址传递和引用传递都会改变实参的值。另外，也介绍了 C 程序的标识符作用域，标识符作用域有三种：局部、全局、文件。标识符的作用域决定了程序中的哪些语句可以使用它，每个作用域的变量的生存周期也不一样，局部变量存放在动态存储区，全局变量和局部静态变量存在静态存储区。

最后，本章介绍了递归函数和字符串处理函数。这两种函数在程序设计中应用非常普遍。递归算法通常把一个大的复杂问题层层转化为一个或多个与原问题相似的规模较小的问题来求解，递归策略只需少量的代码就可以描述出解题过程所需要的多次重复计算，大大减少了程序的代码量。字符串处理函数能够对字符串进行操作，熟记每个处理函数的功能很重要，要特别注意输入字符串与输入整数之间如何接收有效数据，有时候需要用 getchar() 函数进行隔开，吸收换行字符。

习　题　9

1. 选择题

（1）若调用一个函数，且此函数中没有 return 语句，则正确的说法是该函数______。

A）没有返回值　　B）返回若干个系统默认值

C）返回一个用户所希望的函数值　　D）返回一个不确定的值

（2）以下不正确的说法是，C 语言规定______。

A）实参可以是常量、变量或表达式

B）形参可以是常量、变量或表达式

C）实参可以是任意类型

D）实参应与其对应的形参类型一致

（3）以下正确的描述为______。

A）函数的定义可以嵌套，但函数的调用不可以嵌套

B）函数的定义不可以嵌套，但函数的调用可以嵌套

C）函数的定义和函数的调用均不可嵌套

D）函数的定义和函数的调用均可以嵌套

（4）如果在一个复合语句中定义了一个变量，则有关该变量正确的说法为______。

A）只在该复合语句中有效　　B）只在该函数中有效

C）在本程序范围内均有效　　D）为非法变量

2. 填空题

（1）以下程序的运行结果为______。

```
void fact()
{
    int x=0;
    x+=1;
printf("%d",x);
}
```

```
int main()
{
    fact();
    fact();
    fact();
    return 0;
}
```

(2) 以下程序的运行结果为______。

```
int main()
{
    int i=5;
    printf("%d\n",sub(i));
    return 0;
}
int sub(int n)
{
    int a;
    if(n==1)
        return 1;
    a=n+sub(n-1);
    return a;
}
```

(3) 以下程序的运行结果为______。

```
#include <stdio.h>
void f(int a[])
{
    int i=0;
    while(a[i]<=10)
    {
    printf("%3d",a[i]);
    i++;
    }
}
int main()
{
    int a[]={1,5,10,9,11,7};
    f(a+1);
```

```
    return 0;
}
```

（4）以下程序可计算10名学生1门课成绩的平均分，请填空。

```
float average(float array[])
{
    int i;float aver,sum=array[0];
    for(i=1;______;i++)
        sum+=______;
        aver=sum/10;
    return aver;
}
int main()
{
    float score[10],aver;
    int i;
    printf("\ninput 10 scores:");
    for(i=0;i<10;i++)
        scanf("%f",&score[i]);
      aver=______;
    printf("\naverage score is %5.2f\n",aver);
    return 0;
}
```

3. 编程题

（1）输入一个整数n，判断n是否为素数。如果n为素数，输出YES，否则输出NO。

（2）递归计算x^n。输入整数x、n，利用递归函数求解，最后输出结果。

（3）利用递归求阶乘之和。输入一个整数n，求1!+2!+3!+…+n!。定义递归函数f(n)计算n!。

（4）实现一个函数，判断任一给定整数n是否满足条件：它是完全二次方数，至少有两位数字相同，如144、676等。输入一个整数n，调用函数来判断，如果满足条件输出YES，否则输出NO。

（5）实现一个函数，可统计任一整数中某个位数出现的次数。例如，1314中，1出现了2次，则该函数应该返回2。输入一个整数，调用该函数，输出结果值。

（6）古典问题：有一对兔子，从出生后第三个月起每个月都生一对兔子，小兔子长到第三个月后每个月又生一对兔子，假如兔子都不死，问每个月的兔子总数为多少？

（7）一个数如果恰好等于它的因子之和，这个数就称为“完数”，例如6=1+2+3，编程找出1000以内的所有完数。

（8）两个羽毛球队进行比赛，各出三人。甲队为a，b，c三人，乙队为x，y，z三人。已抽签决定比赛名单。有人向队员打听比赛的名单。a说他不和x比，c说他不和x，z比，请编程序找出三队赛手的名单。

(9) 输入两个正整数 m 和 n，求其最大公约数和最小公倍数。

(10) 编写一个函数，当输入 n 为偶数时，调用函数求 1/2 + 1/4 + … + 1/n，当输入 n 为奇数时，调用函数 1/1 + 1/3 + … + 1/n。

(11) 实现一个函数，打印乘法口诀表，输入 n，输出 n * n 口诀表

```
#include <stdio.h>
int print(int x)
{
    //代码补充完成
}
int main()
{
    int n=0;
    printf("请输入乘法表需要打印的行数:");
    scanf("%d",&n);
    print(n);
    return 0;
}
```

(12) 设计一个函数判断 year 是不是闰年。

```
#include <stdio.h>
int isleapyear(int year)
{
    //代码补充完整,实现判断闰年,如果是闰年返回1,不是返回0
}
int main()
{
    int y=0;
    scanf("%d",y);
    if(isleapyear(y))
    {
        printf("%d是闰年",y);
    }
    else
        printf("不是");
    return 0;
}
```

第 10 章 简单指针及其应用

导读

指针是C语言中广泛使用的一种构造的数据类型。运用指针编程是C语言最主要的风格之一，也是本书的重难点之一。学好指针对于后面课程的学习至关重要。利用指针变量可以表示各种数据结构，能方便地使用数组和字符串，从而编出精练而高效的程序。指针的使用极大地丰富了C语言的功能。因此，学习指针是学习C语言中最重要的一环。能否正确理解和使用指针是能否掌握C语言的一个标志。同时，指针也是C语言中较难掌握的内容，在学习中除了要正确理解基本概念，还必须多编程和上机调试，并且要特别注意空指针异常的情况。

本章知识点

1. 指针的定义、内涵本质。
2. 指针、地址、内存存储单元的关系。
3. 指针与一维数组的关系。
4. 简单指针的应用。

10.1 指针初探

在了解指针之前要先了解地址是什么，以及为什么程序中的数据会有自己的地址。

作为一个程序员，不需要了解内存的物理结构，因为操作系统将 DRAM 等硬件和软件结合起来，给程序员提供一种对物理内存使用的抽象。这种抽象机制使得程序使用的是虚拟存储器，而不是直接操作物理存储器。所有的虚拟地址形成的集合就是虚拟地址空间。图 10-1 所示为指针变量在内存中的存储情况，下面举例说明指针变量的简单使用场景。

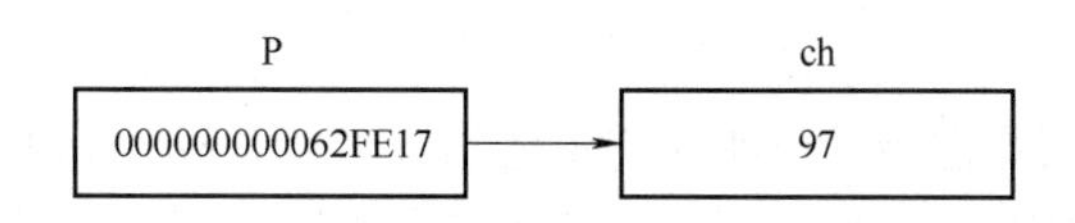

图 10-1　指针变量在内存中的存储情况

【案例 10-1】 根据指针、变量在内存的使用情况，分析程序的运行结果。

源程序

```
#include <stdio.h>
```

```
int main()
{
    char  ch='a';
    int  num=97;
    char *p=&ch;
    printf("ch 变量地址:%p\n",&ch);
    printf("num 变量地址:%p\n",&num);
    printf("p 变量地址:%p\n",p);
    return 0;
}
```

案例运行结果：

ch 变量地址：000000000062FE17

num 变量地址：000000000062FE10

p 变量地址：000000000062FE17

案例结果总结：本机器是 64 位的 CPU，所以地址空间是 16 位的十六进制数（64 位二进制 =16 * 4），一位十六进制数可由四位二进制数组成，不同的机器最终结果可能有不同，但是变量 ch 的地址与 p 指针代表的是同一地址空间。“&”代表地址符，“ * ”代表间接运算符，取的是该地址单元的内容。

C 语言指针的值实质是内存单元（即字节）的编号，所以指针单独从数值上看也是整数，它们一般用十六进制表示。指针的值（虚拟地址值）使用一个机器字的大小来存储，也就是说，对于一个机器字为 64 位的电脑而言，它的虚拟地址空间是 16 位十六进制。

10.2 一维指针定义、使用

指针是一个特殊的变量，它里面存储的数值被解释成内存里的一个地址。指针有四方面的内容：指针的类型、指针所指向的类型、指针的值或者叫指针所指向的内存区、指针本身所占据的内存区，下面是常用的指针形式：

1）int * ptr;

2）char * ptr;

3）float * ptr;

1. 指针的类型

从语法的角度看，只要把指针声明语句里的指针名字去掉，剩下的部分就是这个指针的类型。这是指针本身所具有的类型。下面描述了三种不同数据类型的指针：

1）int * ptr；//指针的类型是 int * 。

2）char * ptr；//指针的类型是 char * 。

3）float * ptr；//指针的类型是 float * 。

2. 指针所指向的类型

当通过指针来访问指针所指向的内存区时，指针所指向的类型决定了编译器将把该内存区里的内容当做什么数据类型看待。

从语法上看，只须把指针声明语句中的指针名字和名字左边的指针声明符 * 去掉，剩下的就是指针所指向的类型。例如：

1） int *ptr；//指针所指向的类型是 int。

2） char *ptr；//指针所指向的的类型是 char。

3） float *ptr；//指针所指向的的类型是 float。

指针的类型（即指针本身的类型）和指针所指向的类型是两个概念。把与指针搅和在一起的“类型”这个概念分成“指针的类型”和“指针所指向存储单元的数据类型”两个概念，是精通指针的关键点之一。

3. 指针的值——或者叫指针所指向的内存区或地址

指针的值是指针本身存储的数值，这个值将被编译器当作一个地址，而不是一个一般的数值。在 64 位计算机 CPU 里，所有类型的指针的值都是一个 64 位二进制数，因为 64 位程序里内存地址全都是 64 位长。指针所指向的内存区就是从指针的值所代表的那个内存地址开始，长度为 sizeof( ) 函数（指针所指向的类型）的一片内存区。如果说一个指针的值是 XX，就相当于说该指针指向了以 XX 为首地址的一片内存区域；说一个指针指向了某块内存区域，就相当于说该指针的值是这块内存区域的首地址。指针所指向的内存区和指针所指向的类型是两个完全不同的概念。在上面的例子中，指针所指向的类型已经有了，但由于指针还未初始化，所以它所指向的内存区是不存在的，或者说是无意义的。在今后程序编写的过程中，每遇到一个指针都应该问问：这个指针的类型是什么？指针指的类型是什么？该指针指向了哪里？

4. 指针本身所占据的内存区

如果想知道指针本身占了多大的内存，只要用函数 sizeof 测一下就知道了。在 64 位平台里，指针本身占据了 8 个字节的长度。理解指针本身占据的内存这个概念在判断一个指针表达式是否是左值表达式时很有作用。

5. 指针的算术运算

指针可以加上或减去一个整数。指针的这种运算的意义和通常的数值的加减运算的意义是不一样的，它以单元为单位。例如：

```
int a[20];
int *ptr = a;              //强制类型转换并不会改变 a 的类型
ptr++;
```

在上例中，指针 ptr 的类型是 int *，它指向的类型是 int，它被初始化为指向整型变量 a。接下来的第三句中，指针 ptr 被加了 1，编译器是这样处理的：它把指针 ptr 的值加上了 sizeof（int），在 64 位程序中，是被加上了 4，因为在 64 位程序中，int 占 4 个字节。由于地址是用字节做单位的，故 ptr 所指向的地址由原来的变量 a 的地址向高地址方向增加了 4 个字节。由于 char 类型的长度是一个字节，所以，原来 ptr 是指向数组 a 的第 0 号单元开始的 4 个字节，此时指向了数组 a 中从第 8 个单元开始的 4 个字节。可以用一个指针和一个循环来遍历一个数组，下面举例说明：

```
int array[20] = {0};
int *ptr = array;
```

```
for(i=0;i<20;i++)
{
    (*ptr)++;
    ptr++;
}
```

这个例子中需要包括两条语句，语句一：(*ptr)++语句；指针指向的存储单元的值加1；语句二：ptr++；将指针ptr地址增加1，即指向数组下一个元素的地址。

下面的例子是通过指针移动多个存储单元：

```
char a[20]="You_are_a_girl";
int *ptr=(int *)a;
ptr+=5;
```

在这个例子中，ptr被加上了5，编译器是这样处理的：将指针ptr的值加上5乘sizeof(int)，在程序中就是加上了5*4=20。由于地址的单位是字节，故现在的ptr所指向的地址对于加5后的ptr所指向的地址来说，是向高地址方向移动了20个字节。

在这个例子中，没加5之前的ptr指向数组a的第0号单元开始的4个字节；加5后，ptr已经指向了数组a的合法范围之外了。虽然这种情况在应用上会出问题，但在语法上却是可以的，这也体现出了指针的灵活性。如果上例中，ptr是被减去5，那么处理过程大同小异，只不过ptr的值是被减去5*sizeof(int)，新的ptr指向的地址将比原来的ptr所指向的地址向低地址方向移动了20个字节。

6. 运算符&和*

&是取地址运算符，*是间接运算符。

&a的运算结果是一个指针，指针的类型是a的类型加个*，指针所指向的类型是a的类型，指针所指向的地址就是a的地址。*p的运算结果是不固定的。总之*p的结果是p所指向存储单元的内容，其特点是：它的类型是指针p指向的数据类型，它所占用的地址是p所指向的地址，举例说明：

```
int a=12;int b;int *p;
p=&a;
```

&a的结果是一个指针，类型是int*，指向的类型是int，指向的地址是a的地址。

```
*p=24;
```

*p的结果=24，在这里它的数据类型是int，它所占用的地址是指针p所指向的地址，显然，*p就是变量a。

10.3 一维指针与数组的关系

指针与一维数组的关系

指针的运算主要包括三种情况，指针与整数的加减运算、两个指针的关系运算、两个指针的减法运算。指针运算一般都会结合一维数组进行使用。下面分别说明：

1. 指针加上一个正整数或者减去一个正整数

```
int b[6]={1,2,3,4,5,6};
```

```
int *p1 = b + 1;
int *p2 = p1 + 4;
int *p3 = p2 - 2;
```

输出p1，p2，p3指针所指向存储单元的内容分别为2、6、4，因为p1指向b数组的第一个元素往后面移动1个元素，相当于指向第二个元素；p2在p1基础上再往后面移动4个元素，相当于p2指向b数组的第六个元素（最后一个元素）；p3指向的位置为p2位置的前面2个位置，相当于指向第四个元素 。

2. 指针自加或者自减（++、--）

```
int b[6] = {1,2,3,4,5,6};
int *p1 = b;
int *p2 = p1 + 4;
p1 ++;
p2 --;
```

int *p1 = b；p1指向b第一个元素；int *p2 = p1 + 4；p2指向b的第五个元素，p1 ++，则p1指向b的第二个元素（第一个元素的下一个元素），也就是刚才指向元素的下一个元素的位置；p2 --指向b数组的第四个元素，也就是刚才指向元素的上一个元素的位置。

3. 指针的关系运算

指针存储的是变量的地址，它们的地址本身是有大小之分的。一般来说指向同一数组不同的元素，指向后面元素的地址比前面元素的地址要大。具体来说分四种情况：

1）p > q代表p指针在q指针后面的位置。

2）p == q代表p指针与q指针指向同一位置。

3）p < q代表p指针指向q指针前面的位置。

4）p! = q代表p指针指向的位置与q指针指向的位置不相同。

举例说明：

```
int b[6] = {1,2,3,4,5,6};
int *p1 = b + 1;
int *p2 = b + 3;
```

根据上面的判断规则：p2 > p1

4. 指针相减

指向同一数组不同元素的指针相减，代表它们之间相隔元素的个数。

```
int b[6] = {1,2,3,4,5,6};
int *p1 = b + 1;
int *p2 = b + 3;
```

p2-p1的结果为2，代表p2与p1之间相隔2个元素，而且p2在p1后面

p1-p2的结果为 -2，代表p1与p2之间相隔2个元素，而且p1在p2前面

5. 指针表达式

指针表达式是指指针常常与++或者()等结合，顺序不同，优先级不同。例如：

```
int b[6] = {1,2,3,4,5,6};
int *p = b;
```

1） *p++，根据运算优先级，++优先级高于*，p++，p虽然指向下一个元素的位置，但是表达式的值取p地址的初始值，然后取其指针的内容，其值为1。

2） * ++p，根据运算符优先级，++优先级高于*，++p，p指针指向下一个元素的位置，表达式的值也取p指针的末尾值，然后取*p的内容，其值为2。

3）（*p）++，根据优先级的不同，先结合*，之后结合的是括号，然后再结合的是运算符++，*p指向的首元素1；根据++表达式在后面的规则，表达式的值取其初值，则还是1。

4）++（*p），根据优先级的不同，先结合*，再结合的是括号，然后结合的是运算符++，*p指向的首元素1；根据++表达式在前面的规则，表达式的值取其表达式末尾的值，则表达式的值变成了2。

【案例10-2】 根据指针与一维数组的对应关系，分析程序的运行结果。

源程序

```
#include <stdio.h>
int  main()
{
    int a[] ={ 1,2,3,4,5 };
    int *p =a;
    int i;
    for(i =0;i <5;i ++)
        {
            printf("%d  ",p[i]);
        }
    printf("\n");
    for(i =0;i <5;i ++)
        {
            printf("%d  ",p +i);
        }
    return 0;
}
```

案例运行结果：

1 2 3 4 5

6487536 6487540 6487544 6487548 6487552

案例结果总结： p指针指向数组a，这样的话p指针与数组a具有某种等价关系，指针指向的存储单元值与数组元素具有如下等价关系p[i] ==a[i]，指针与地址具有如下等价关系p+i==a+i==&a[i]，后面打印的5个地址，由于它们是连续的5个元素，而且是整形，所以它们的地址值相隔4个字节。

【案例10-3】 问题描述：请使用指针的方法编写程序，程序的功能是从键盘输入10个数，求其最大值与最小值的差。

输入格式:

输入 10 个整数，每个整数之间用空格分隔。

输出格式:

同样例。

输入样例:

1 2 3 4 5 6 7 8 9 10

输出样例:

difference value = 9

案例要点解析: 指针 p 指向数组首元素的地址，通过对指针的位置进行遍历比较（相当于对数组元素进行遍历），从而找出最大元素与最小元素，然后求最大值与最小值的差。

源程序

```
#include <stdio.h>
int main()
{
    int a[10];
    int i;
    for(i=0;i<10;i++)
    scanf("%d",&a[i]);
    int *p;
    p=a;
    int min,max;
    min=max=a[0];
    for(p=a;p<a+10;p++)
    {
        if(*p<min)
        {
            min = *p;
        }
        if(*p>max)
        {
            max = *p;
        }
    }
    printf("difference value =%d",max-min);
    return 0;
}
```

输入测试数据:

5　20 30 60 1 70 80 27 98 77

案例运行结果：

difference value = 97

案例结果总结：指针可以指向数组的任意元素的位置，根据指针指向位置的不同，可以指向不同的数组元素，并进行比较、求最大值、最小值等运算。

10.4 一维指针及其应用

1. 指针的基本用法

【案例 10-4】 根据指针地址与指针所指向的存储单元内容的关系，分析程序的运行结果。

源程序

```
#include <stdio.h>
/*声明并初始化一个 int 类型的变量 */
int var=1;
/*声明一个指向 int 类型变量的指针 */
int *pta;
int main(void)
{
    /*让 pta 指向 var */
    pta=&var;
    /*直接和间接访问 var */
    printf("\nDirect access,var=%d",var);
    printf("\nIndirect access,var=%d", *pta);
    /*以两种方式显示 var 的地址 */
    printf("\n\nThe address of var=%d",&var);
    printf("\n\nThe address of var=%d\n",pta);
    return 0;
}
```

案例运行结果：

Direct access，var = 1

Indirect access，var = 1

The address of var = 4206608

The address of var = 4206608

案例结果总结：该程序声明了两个变量。第 3 行声明了一个 int 类型的变量 var 并初始化为 1；第 5 行声明了一个指向 int 类型变量的指针 pta；第 9 行，使用了取地址运算符（&）将 var 的地址赋值给指针 pta，程序的其余部分负责将这两个变量的值打印在屏幕上；第 11 行打印 var 的值，第 12 行打印 pta 指向位置中所储存的值，本案例中这两个值都是 1；第 14 行在 var 前使用了取地址运算符，该行打印 var 的地址；第 15 行打印指针变量 pta 的值，与 14 行打印值相同。

【案例10-5】 根据指针与一维数组的关系，以及不同数据类型变量所占用的存储空间数，分析程序的运行结果。

源程序

```
/*该程序演示了不同数据类型数组的元素和 *//*地址之间的关系 */
#include <stdio.h>
/*声明一个计数器变量和三个数组 */
int ctr;
short array_s[10];
float array_f[10];
double array_d[10];
int main(void)
{
    /*打印表头   */
    printf("\t\tShort\t\tFloat\t\tDouble");
    printf("\n =====================================");
    printf(" ============================");
    /*打印各元素的地址 */
    for(ctr =0;ctr <10;ctr ++)
        printf("\nElement %d:\t%ld\t\t%ld\t\t%ld",ctr,
            &array_s[ctr],&array_f[ctr],&array_d[ctr]);
    printf("\n =====================================");
    printf(" ============================\n");
    return 0;
}
```

案例运行结果：

```
            Short       Float       Double
=====================================================================
Element 0:  4223056     4223104     4223168
Element 1:  4223058     4223108     4223176
Element 2:  4223060     4223112     4223184
Element 3:  4223062     4223116     4223192
Element 4:  4223064     4223120     4223200
Element 5:  4223066     4223124     4223208
Element 6:  4223068     4223128     4223216
Element 7:  4223070     4223132     4223224
Element 8:  4223072     4223136     4223232
Element 9:  4223074     4223140     4223240
=====================================================================
```

案例结果总结：根据结果分析可以看出，本例中相邻的两个 short 类型元素地址间隔是 2 个字节，相邻的两个 float 类型元素地址间隔是 4 个字节，相邻的两个 double 类型元素地址间隔是 8 个字节。

【案例 10-6】 使用指针表示法访问数组元素，分析程序的运行结果。

源程序

```
#include <stdio.h>
#define MAX 10
//声明并初始化一个整型数组
int i_array[MAX] = {0,1,2,3,4,5,6,7,8,9};
//声明一个指向 int 类型变量的指针,和一个 int 类型的变量
int *i_pta,count;
//声明并初始化 float 类型的数组
float f_array[MAX] = { 0.0,0.1,0.2,0.3,0.4,0.5,0.6,0.7,0.8,0.9 };
//声明一个指向 float 类型变量的指针
float *f_pta;
int main(void)
{
    /* 初始化值指针 */
    i_pta = i_array;
    f_pta = f_array;
    /* 打印数组元素 */
    for(count = 0;count < MAX;count ++)
        printf("%d\t%f\n", *i_pta ++, *f_pta ++);
    return 0;
}
```

案例运行结果：

```
0   0.000000
1   0.100000
2   0.200000
3   0.300000
4   0.400000
5   0.500000
6   0.600000
7   0.700000
8   0.800000
9   0.900000
```

案例结果总结：在该程序中，第 2 行将自定义的常量 MAX 设置为 10，整个程序代码都可以使用该常量；在第 4 行，MAX 设置数组 i_ array 的元素个数，在声明数组时已经初始化

了该数组的所有元素，第一个是指针变量，第二个是普通变量；第8行定义并初始化数组，该数组的类型是float，包含MAX个值，所有元素都已被初始化为float类型的值；第10行声明了一个指向float类型变量的指针。

2. 一维指针作为函数的参数

指针可以作为函数的参数，在函数这章已经进行了说明。指针作为函数的参数，其传递方式是地址传递。下面举例进行说明地址传递在函数中的应用，重点了解一下地址的变化情况。

【案例10-7】 根据指针作为函数参数的传递规则，跟踪程序指针的地址变量情况，分析程序的运行结果。

源程序

```
#include <stdio.h>
int a=10;
int b=100;
int *q;
void func(int *p)
{
    printf("func:&p=%d,p=%d\n",&p,p);                    //note:3
    p=&b;
    printf("func:&p=%d,p=%d\n",&p,p);                    //note:4
}
int main()
{
    printf("&a=%d,&b=%d,&q=%d\n",&a,&b,&q);        //note:1
    q=&a;
    printf("*q=%d,q=%d,&q=%d\n", *q,q,&q);          //note:2
    func(q);
    printf("*q=%d,q=%d,&q=%d\n", *q,q,&q);          //note:5
    return 0;
}
```

案例运行结果：

&a=4206608，&b=4206612，&q=4223024

*q=10，q=4206608，&q=4223024

func：&p=6487552，p=4206608

func：&p=6487552，p=4206612

*q=10，q=4206608，&q=4223024

案例结果总结：

*q=10，q=0032F000，&q=0032F228

根据输出可知：

note：1->a，b，q都有一个地址。

note：2- >q 指向 a。

note：3- >参数 p 的地址变了，与 q 不一样了。参数传递是制作了一个副本，也就是 p 和 q 不是同一个指针，但是指向的地址 0x0032F000（a 的地址）是不变的。

note：4- >p 重新指向 b。

note：5- >退出函数，p 的修改并不会对 q 造成影响。

编译器总是要为函数的每个参数制作临时副本，指针参数 q 的副本是 p，编译器使 p = q（但是 &p! = &q，也就是它们并不在同一个内存地址中，只是它们的内容一样，都是 a 的地址）。在本例中 p 申请了新的内存，只是把 p 所指的内存地址改变了（变成了 b 的地址，但是 q 指向的内存地址没有影响），所以在这里并不影响函数外的指针 q。

【案例 10-8】 问题描述：根据指针与数组的对应关系，掌握指针作为函数参数的传递方式，掌握字符数组的运算规则，分析程序的执行结果。

案例输入：

aaa bbb ccc

案例输出：

aaa bbb ccc

源程序

```
#include <stdio.h>
void output(char *p,int len)
{
    for(int i =0;i <len; ++i)
    {
        printf("%c", *(p +i));
    }
}
int main()
{
    char str[100];
    gets(str);
    int len,i;
    for(i =0;str[i]! ='\0';i ++);
    len =i;
    output(str,len);
    return 0;
}
```

输入测试数据：

abcdefg aabbcc ddeeff asdga

案例运行结果：

abcdefg aabbcc ddeeff asdga

案例结果总结：一维字符数组可以使用gets()函数进行字符串的输入，可以输入一行字符串，字符串中间可以包含空格。一般情况下，字符串的结束标记为'\0'或者换行；数组名是这个数组首元素的地址，可以进行指针传递，其效果是双向的，要获取字符指针所指向的元素，可以使用*(p+i)或者使用p[i]。

10.5 本章小结

本章介绍的指针是C语言的重点内容。指针是存储其他变量的地址。指针“指向”它所储存地址上的变量。学习指针的过程中会用到两个运算符：取地址运算符(&)和间接运算符(*)。把取地址运算符放在变量名之前，返回变量的地址；把间接运算符放在指针名之前，返回该指针指向变量的内容。

指针和数组的关系比较特别，数组名是指向该数组首元素的地址。通过指针的运算特性，可以很方便地使用指针来访问数组元素。实际上，数组下标表示法就是指针表示法的特殊形式。

本章还介绍了通过传递指向数组的指针来将数组作为参数传递给函数的应用。函数一旦知道数组的地址和数组的元素个数，便可使用指针表示法或下标表示法来访问数组元素。

习 题 10

1. 选择题

(1) 以下程序的运行结果为______。

```
void sub(int x,int y,int *z)
{ *z =y-x;}
int main()
{
    int a,b,c;
    sub(10,5,&a);
    sub(7,a,&b);
    sub(a,b,&c);
    printf("%4d,%4d,%4d",a,b,c);
    return 0;
}
```

A) 5, 2, 3　　B) -5, -12, -7

C) -5, -12, -17　　D) 5, -2, -7

(2) 执行以下程序后，a的值为__①__，b的值为__②__。

```
int main()
{
    int a,b,k=4,m=6, *p1 =&k, *p2 =&m;
    a =p1 ==&m;
```

```
        b = (- *p1) / ( *p2) + 7;
        printf("a = %d, b = %d\n", a, b);
        return 0;
    }
```

① A) -1　　B) 1　　C) 0　　D) 4

② A) 5　　B) 6　　C) 7　　D) 10

(3) 有四组对指针变量进行操作的语句，以下判断正确的选项为______。

1) int *p, *q; q = p;

int a, *p, *q; p = q = &a;

2) int a, *p, *q; q = &a; p = *q;

int a = 20, *p; *p = a;

3) int a = b = 0, *p; p = &a; b = *p;

int a = 20, *p, *q = &a; *p = *q;

4) int a = 20, *p, *q = &a; p = q;

int p, *q; q = &p;

A) 正确: 1); 不正确: 2), 3), 4)

B) 正确: 1)、4); 不正确: 2), 3)

C) 正确: 3); 不正确: 1), 2), 4)

D) 以上结论都不正确

(4) 有如下语句 int a = 10, b = 20, *p1 = &a, *p2 = &b; 如果让两个指针变量均指向 b，正确的赋值方式为______。

A) *p1 = *p2;　　B) p1 = p2;

C) p1 = *p2;　　D) *p1 = *p2;

(5) 若有说明 int *p, m = 5, n; 则以下正确的程序段为______。

A) p = &n;
scanf ("%d", &p);

B) p = &n;
scanf ("%d", *p);

C) scanf ("%d", &n);
*p = n;

D) p = &n;
*p = m;

(6) 若有说明 int *p1, *p2, m = 5, n; 以下正确的程序段为______。

A) p1 = &m; p2 = &p1;　　B) p1 = &m; p2 = &n; *p1 = *p2;

C) p1 = &m; p2 = p1;　　D) p1 = &m; *p2 = *p1;

(7) 已有变量定义和函数调用语句 int a = 25; print_ value (&a); 下面函数输出的正确结果为______。

```
void print_value(int *x)
{
    printf("%d\n", ++ *x);
}
```

A）23　　B）24　　C）25　　D）26

（8）设有下面的程序段，则下列正确的为______。

char s[ ] = "china";char *p;p = s;

A）s 和 p 完全相同

B）数组 s 中的内容和指针变量 p 中的内容相同

C）s 数组长度和 p 所指向的字符串长度相等

D）*p 与 s［0］相等

2. 填空题

（1）下面程序段是把从终端读入的一行字符作为字符串存放在字符数组中，然后输出，请分析程序并填空。

```
int i;
char s[80], *p;
for(i =0;i <79;i ++)
{
    s[i] =getchar();
    if(s[i] == '\n')
        break;
}
s[i] =______;
p =______;
while (*p)
    putchar(*p ++);
```

（2）下面程序的运行结果为______。

```
#include <stdio.h>
int main()
{
    char a[80],b[80], *p ="aAbcdDefgGH";
    int i =0,j =0;
    while(*p! ='\0')
        {
            if(*p > ='a'&& *p <='z')
            {a[i] = *p;i ++;}
            else
        {b[j] = *p;j ++;}
         p ++;
        }
    a[i] =b[j] ='\0';
```

```
    puts(a);puts(b);
    return 0;
}
```

（3）下面程序是判断输入的字符串是否为“回文”（顺读和倒读都一样的字符串，称“回文”，如 level、XYZYX 和 xyzzyx）。

```
#include "stdio.h"
#include "string.h"
int main()
{
    char s[81], *p1, *p2;
    int n;
    printf("Input a string:");
    gets(s);
    n=strlen(s);
    p1=s;
    p2=s+n-1;
    while(p1<p2)
    {
        if(*p1! = *p2)break;
        else
            {p1++;p2--;}
    }
    if(______)printf("No\n");
    else printf("Yes\n");
    return 0;
}
```

3. 编程题

（1）代码如下，请问程序运行结果是什么？

```
#include <stdio.h>
int main()
{
    char *c[]={ "ENTER","NEW","POINT","FIRST" };
    char **cp[]={ c+3,c+2,c+1,c };
    char ***cpp=cp;
    printf("%s\n", **++cpp);
    printf("%s\n", *-- *++cpp+3);
    printf("%s\n", *cpp[-2]+3);
```

```
    printf("%s\n",cpp[-1][-1]+1);
    return 0;
}
```

(2) 代码如下，请问程序运行结果是什么?

```
#include <stdio.h>
int main()
{
    int a[4]={1,2,3,4};
    int *pta1=(int *)(&a+1);
    int *pta2=(int *)(a+1);
    printf("%x\n%x\n",pta1[-1],*pta2);
    return 0;
}
```

(3) int a=10,b=20;

写一个函数，在函数中将 a 的值改变为 b。

(4) 字符串的连接

本题要求实现一个函数，将两个字符串连接起来。

函数 str_cat 可以将字符串 t 复制到字符串 s 的末端，并且返回字符串 s 的首地址。

输入样例:

abc

def

输出样例:

abcdef

abcdef

(5) 本题要求实现一个字符串逆序的简单函数

函数 f 对 p 指向的字符串进行逆序操作。要求函数 f 中不能定义任何数组，不能调用任何字符串处理函数。

输入样例:

Hello World!

输出样例:

!dlroW olleH

(6) 移动字母

本题要求编写函数，将输入字符串的前三个字符移到最后。

其中 char s[] 是用户传入的字符串，题目保证其长度不小于3；函数 Shift 需将按照要求变换后的字符串仍然存放在 s[]里。

输入样例:

abcdef

输出样例:

defabc

(7) 判断“回文”字符串

本题要求编写函数，判断给定的一串字符是否为“回文”。

输入样例1：

thisistrueurtsisiht

输出样例1：

Yes

thisistrueurtsisiht

输入样例2：

thisisnottrue

输出样例2：

No

thisisnottrue!

(8) 利用指针找最大值

本题要求实现一个简单函数，找出两个数中的最大值。

输入样例：

3 5

输出样例：

5

第 11 章

复杂指针及其应用

导读

第 10 章介绍了指针的本质定义和简单指针的应用规则。这一章旨在帮助读者掌握复杂指针的使用方法。所有的复杂指针声明都是由各种数据类型嵌套构成的。解读复杂指针的使用规则需要理解指针的结合顺序关系，掌握复杂指针在程序中的应用。

本章知识点

1. 二级指针的定义、使用。
2. 指针数组、数组指针的区别、联系 和应用。
3. 指针函数、函数指针的区别和应用范围。
4. 复杂指针与二维数组、复杂指针与函数的关系。
5. 复杂指针的应用。

11.1 复杂指针初探

在学习 C 语言指针的过程中，一些复杂指针可能理解起来有些难度，但只要掌握相应技巧，一切都能迎刃而解。

一些复杂指针的具体解析过程：

int * p[3];

[ ] 优先级比 * 高，因此 p 先与 [ ] 结合，说明 p 首先是个数组；之后再与 * 结合，说明数组中的元素是指针；最后再与 int 结合，说明该指针指向的类型是整型 int。(即这个元素定义了一个整型指针数组，该数组中有 3 个不同的指针)。

int (* p)[3];

( ) 的优先级最高，因此 p 先与 * 结合，再与( )结合，说明 p 首先是个指针；然后再与 [ ] 结合，说明指针指向的内容是数组；最后再与 int 结合，说明数组中存放的元素的数据类型为 int。(即等价于开辟了一个 int p [ ] [3]，是个二维数组)。

int * * p;

p 与最近的 * 结合，说明 p 首先是个指针 A（代表 * p）；然后再与 * 结合，说明该指针指向的内容也是一个指针 B（代表 * * p）；最后再与 int 结合，说明指针 B 指向的内容为变量 int。(即 * * p 是指向指针的指针)。

11.2　二级指针

1. 概念

在如下的 A 指向 B、B 指向 C 的指向关系中，不同计算机中分配的地址不同。

首先，C 是"一段内容"，如用 malloc 或者 new 分配了一块内存，然后塞进去"一段内容"，那就是 C 了。C 的起始地址是 0×00000008，如图 11-1 所示。

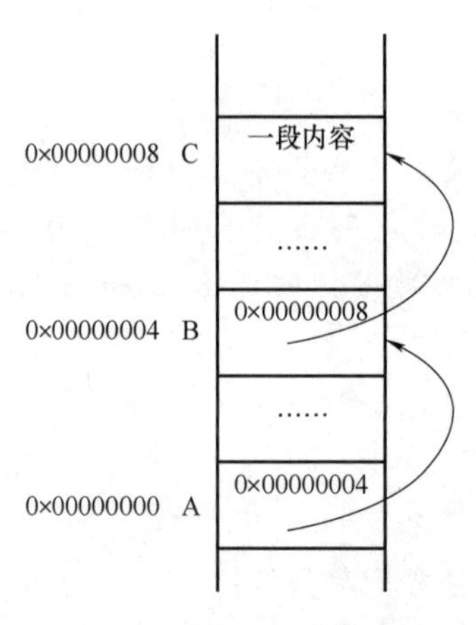

图 11-1　内存地址分配图

B 是一个指针变量，其中存放着 C 的地址，但是 B 也要占空间，所以 B 也有地址；B 的起始地址是0×00000004，但是 B 内存中存放的是 C 的地址，所以 B 里面的内容就是 0×00000008。

代码段：

```
B =0×00000008;              //B 的内容
*B ="一段内容";              //B 解引用，也就是 B 指针指向的 C 的值
&B =0×00000004;             //B 取地址，B 的地址是0×00000004
```

再来看 A：

A 是二级指针变量，其中存放着 B 的地址0×00000004，A 也有地址，是0×00000000；

```
*A = B =0×00000008;         //A 解引用，也就是 B 的内容
**A = *B ="一段内容";        //B 解引用，也就是 B 指针指向的 C 的值
A = &B =0×00000004;         //A 存的是 B 的地址，B 的地址是0×00000004
&A =0×00000000;             //A 取地址
```

2. 应用

（1）二维指针（指针的指针）

指针的指针最终存储的是变量，中间指针存储的是变量的地址，外面指针存储的是变量地址的地址。

例如，int **p;

其中 *p 存储的是变量的地址，外面的指针，存储的是 *p 的地址，**p 最终存储的

是间接地址单元的内容。

【案例 11-1】 下面举例验证一下指针的指针的运行情况，分析下面程序语句的最终结果。

源程序

```
#include <stdio.h>
int main()
{
    int x, *p, **q;
    x=10;
    p=&x;
    q=&p;
    printf("**q=%d\n", **q);        /* 打印出 x 的值 */
    printf("&p=%u\n",&p);
    printf("p=%u\n",p);
    printf("&x=%u\n",&x);
    return 0;
}
```

案例运行结果：

* * q = 10

&p = 6487560

p = 6487572

&x = 6487572

案例结果总结： * * q 存储内容就是 x，所以打印的就是 x 的值 10。输出语句第三行与第四行代表同一含义都是 x 的地址，结果相同，因为 p 指针就是指向 x 的地址，但是输出语句第二行中的 &p，代表的是 q 指针的指向，是 p 的地址，是一个间接指针，存储的是变量 x 地址的地址，结果与后面两行不同。通过上面案例可以得出**一级指针存储的都是变量的地址，二级指针存储的都是变量地址的地址。**

（2）二级指针的另外一个表现形式：与二维数组的对应关系

首先二级指针是一个指向指针的指针，例如，int * * p。

二维数组是一个可以理解为矩阵数据的变量，例如，int a[2][3] = {{1,2,5},{7,9,11}};。

容易理解错误的是一维数组的数组名 a 是一个地址常量，而二维数组的数组名 a 所表示的地址是一个指向装有一维数组地址空间（就是说 a 的地址指向一个地址，被指向的地址就是一位数组的地址），例如，这里的数组名 a 的地址指向 a[0]，a[0] 是一个装有一维数组地址的指针常量。

例如：* a　等价于 a[0]，它是一个地址。

* （a + 1）　等价于 a[1]，它也是一个地址。

注意 a[0] 是一个装有地址的常量，指向一维数组 a[0] [0] 的地址。

11-2. c 源程序代码是一个典型的例子。

【案例 11-2】 根据指针与二维数组的关系，分析下列程序的运行结果。

源程序

```
#include <stdio.h>
int main()
{
    int a[3][3] = {1,2,3,4,5,6,7,8,9};
    int y = 0;
    for(int i = 0;i < 3;i ++)
    {
        for(int j = 0;j < 3;j ++)
        {
            y += (*(a + i))[j];
            printf("%d\n",y);      //二维数组按照行展开,每个元素逐步相
                                     加,输出
        }
    }
    int m;
    int **p;
    m = *(a[0] +1);                //说明 a[0]是一个常量指针,可以用指
                                     针的操作符 *
    printf("%d\n",m);
    printf("a[0]:%d\n",a[0]);
    printf(" *a:%d\n", *a);
    return 0;
}
```

案例运行结果：

1
3
6
10
15
21
28
36
45
2
a[0]：6487520
*a：6487520

案例结果总结：上面结果显示，当二维数组按照行展开元素，每个元素逐个相加，输出

结果依次为：1，3，6，10，15，21，28，36，45；m的值与a[0][1]的值相等，均为2，printf("a[0]:%d\n",a[0])；其中a[0]的值是一个地址，相当于a[0][0]的地址，printf("*a:%d\n",*a)；其中*a也是一个地址，指向a[0][0]，最终的结果还是&a[0][0]，地址结果为6487520，不同机器结果可能不同，但是最后两行的结果应该为同一内存地址。注意：p=a；是不可以的，因为p是一个指向int指针的指针，而a是一个指向整型数组指针的指针，a相当于a[0]，也相当于a[0][0]的地址。

（3）二级指针作为函数的参数

二级指针作为函数参数的作用：在函数外部定义一个指针p，在函数内给指针赋值，函数结束后对指针p生效，那么就需要使用二级指针。下面这一段代码中有两个变量（a，b）以及指针（q，q）指向变量a。如果想让指针q指向变量b，可以通过函数调用实现，下面举例说明二级指针作为函数参数进行传递的原理、过程以及结果。

【案例11-3】 根据二级指针参数传递的规则及地址变化情况，分析程序的运行结果。

源程序

```
#include <stdio.h>
int a=10;
int b=100;
int *q;
void func(int **p)                                  //2
{
    printf("func:&p=%d,p=%d\n",&p,p);              //note:3
     *p=&b;
    printf("func:&p=%d,p=%d\n",&p,p);              //note:4
}
int main()
{
    printf("&a=%d,&b=%d,&q=%d\n",&a,&b,&q);
    q=&a;
    printf(" *q=%d,q=%d,&q=%d\n", *q,q,&q); //note:2
    func(&q);
    printf(" *q=%d,q=%d,&q=%d\n", *q,q,&q); //note:5
    return 0;
}
```

案例运行结果：

&a=4206608，&b=4206612，&q=4223024

*q=10，q=4206608，&q=4223024

func：&p=6487552，p=4223024

func：&p=6487552，p=4223024

*q=100，q=4206612，&q=4223024

案例结果总结：这里只改动了三个地方，函数的参数传递变成二级指针的传递。函数传递指针 q 的地址（二级指针＊＊p）给函数，所以二级指针拷贝的是指针 p，一级指针中拷贝的是 q，拷贝了指针但是指针内容也就是指针所指向的地址是不变的，所以它还是指向一级指针 q(＊p = q)。在这里无论拷贝多少次，它依然指向 q，那么＊p = &b；自然的就是 q = &b。

（4）利用二级指针进行空间申请、分配

【案例 11-4】 二级指针存储空间的申请、分配，分析程序的运行过程与结果。

案例分析：代码中以二级指针作为参数比较常见的是定义一个指针 MyClass ＊ptr = NULL，在函数内对指针赋值＊ptr = malloc（…），二级指针作为参数 my_malloc（char ＊＊s），此位置不能使用一级指针，函数结束后指针依然有效，这个时候就必须要用 free( ) 函数释放指针所指向的存储空间。

源程序

```
#include <stdio.h>
#include <malloc.h>
void my_malloc(char **s)
{
    *s = (char *)malloc(100);
}
int main()
{
    char  *p = NULL;
    my_malloc(&p);
    printf("%d",p);
    //do something
    if(p)
    free(p);
    return 0;
}
```

案例运行结果：

8000560（不同机器可能结果不同）

案例结果总结：这里给指针 p 分配内存，do something，然后 free（p）（释放 p 所用的存储空间）。如果用一级指针，那么就相当于给指针 p 的拷贝 s 分配内存，指针 p 依然没有分配内存，使用二级指针之后，才对指针 p 分配了内存，案例输出的是指针 p 的地址。如果地址不为空，通过 free( ) 函数销毁指针 p。

11.3 指针数组、数组指针

1. 指针数组与二维数组的关系

指针数组落脚点是指针，先结合数组，然后结合指针，相当于数组的每一个元素为指针，指针数组与二维数组具有一定的关系。一般情况下，指针数组相对于二维数组来说，指针的个数等同于二维数组的行数。下面通过【案例11-5】说明。

指针与二维数组的关系

【案例11-5】 给出了二级指针与数组的关系，并对测试后的多组数据结果进行分析。

源程序

```
#include <stdio.h>
void test(char *argv[]);
int main(void)
{
    char *argv[3]={"abcdefg","1234567","q1w2e3r"};
    test(argv);   /*调用指针数组时,可直接使用指针数组名*/
    return 0;
}
void test(char *argv[])
{
    char **p=argv;
    /***测试1组***/
    printf("argv[0]=0x%x,argv[0]=%s\n",argv[0],argv[0]);
    printf("argv[1]=0x%x,argv[1]=%s\n",argv[1],argv[1]);
    printf("argv[2]=0x%x,argv[2]=%s\n",argv[2],argv[2]);
    /***测试2组***/
    printf("p=0x%x\n",p);
    printf("argv[0]=0x%x\n",argv[0]);
    printf("&argv[0]=0x%x\n",&argv[0]);
    /***测试3组***/
    printf("*p=%s\n",*p);
    printf("*(p+1)=%s\n",*(p+1));
    printf("*(p+2)=%s\n",*(p+2));
    /***测试4组***/
    printf("*p=%s\n",*p);
    printf("(*p+1)=%s\n",(*p+1));
    printf("(*p+2)=%s\n",(*p+2));
    /***测试5组***/
    printf("p=0x%x\n",p);
    printf("argv=0x%x\n",argv);
    printf("&argv[0]=0x%x\n",&argv[0]);
    printf("&argv[1]=0x%x\n",&argv[1]);
```

```
        printf("&argv[2]=0x%x\n",&argv[2]);
        /* **测试6组***/
        printf("sizeof(argv)=%d\n",sizeof(argv));
    }
```

案例运行结果：

```
&argv[0]=0x62fe00
*p=abcdefg
*(p+1)=1234567
*(p+2)=q1w2e3r
*p=abcdefg
(*p+1)=bcdefg
(*p+2)=cdefg
p=0x62fe00
argv=0x62fe00
&argv[0]=0x62fe00
&argv[1]=0x62fe08
&argv[2]=0x62fe10
sizeof(argv)=8
```

说明：不同计算机地址分配有差异，这里的地址是某次编译后的地址。

案例结果总结：char *argv[3]={"abcdefg","1234567","q1w2e3r"}；是一个指针数组，相当于三个指针。假如二维数组有三行，则三个指针分别指向每行元素首元素的地址，每行表示一个字符串。

1）指针数组argv中每个元素都是指针，即每个元素都是字符串的首地址。因此测试一组输出结果为：

argv[0]=0x62fe00,argv[0]=abcdefg

2）二级指针p指向指针数组argv的首地址处，因此测试一组输出结果为：

```
p=0x62fe00
    /*二级指针p中存放了指针数组argv所在(连续)地址空间的首地址*/
argv=0x4270ac        /*字符串0首地址*/
&argv[0]=0x62fe00   /*字符串0首地址所在存储空间的地址*/
```

可以看出，二级指针p所指向的地址与指针数组中首元素所在的存储空间地址相同，均为0x13ff74.

3）从测试二组可知，二级指针p中存放了指针数组argv所在（连续）地址空间的首地址，换句话说，二级指针p中存放的是地址，所以*p是该地址中的内容，即字符串0的首地址。因此测试三组输出结果为：

```
*p=abcdefg
*(p+1)=1234567
*(p+2)=q1w2e3r
```

4）从测试二组可知，二级指针 p 中存放了指针数组 argv 所在（连续）地址空间的首地址，因此测试四组输出结果为：

（ * p）= abcdefg

（ * p + 1）= bcdefg

（ * p + 2）= cdefg

5）从测试二组可知，二级指针 p 中存放了指针数组 argv 所在（连续）地址空间的首地址，因此测试五组输出结果为：

p = 0x62fe00

argv = 0x62fe00

&argv[0] = 0x62fe00

&argv[1] = 0x62fe08

&argv[2] = 0x62fe10

再次验证了二级指针 p 与指针数组中各成员之间的关系。

6）由于是指针型数据，因此测试六组输出结果为：sizeof(argv) = 8。

2. 数组指针与二维数组的关系

通过上面的讲解可知二维数组名是指向行的，但是它不能对如下说明的指针变量 p 直接赋值：

int a[3][4] = {{10,11,12,13},{20,21,22,23},{30,31,32,33}}, * p;

原因是指针 p 与变量 a 的对象性质不同，或者说二者不是同一级指针。C 语言可以通过定义行数组指针的方法，使得一个指针变量与二维数组名具有相同的性质。

下面介绍数组指针，又叫行数组指针。数组指针先结合指针，再结合数组，落脚点在数组，强调了每个指针可以指向几个数组元素，其定义方法如下：

数据类型(* 指针变量名)[二维数组列数];

例如，对上述 a 数组，行数组指针定义如下：

int(* p)[4];

它表示数组 * p 每一行有 4 个 int 型元素，分别为(* p)[0]、(* p)[1]、(* p)[2]、(* p)[3]，即 p 指向的是有 4 个 int 型元素的一维数组，p 为行指针（数组指针）。此时可用如下方式对指针 p 赋值：

p = a;　//p = &a[0][0]

【案例 11-6】 根据数组指针与二维数组的对应关系，掌握行指针的使用方法，分析程序的运行结果。

源程序

```
#include <stdio.h>
int main()
{
    int a[4][3] = {{1,2,3},{4,5,6},{7,8,9},{10,11,12}};
    int (*b)[3];          //数组指针,行指针,规定了每行的元素的个数
    int *c[4];            //指针数组,相当于有 4 个指针,对应二维数组每行的首
                          //地址
```

```
    int i = 0, j = 0;
    b = a;                              //自己用二维数组数组名进行初始化
    for(i = 0; i < 4; i ++)
    {
    for(j = 0; j < 3; j ++)
    {
    printf("%d ", b[i][j]);
    }
    printf("\n");
    }
    for(i = 0; i < 4; i ++)
    {
    c[i] = a[i];                        //每个指针指向二维数组的每行的首
                                        //地址
    for(j = 0; j < 3; j ++)
    {
    printf("%d ", c[i][j]);
    }
    printf("\n");
    }
    return 0;
}
```

案例运行结果:

1 2 3

4 5 6

7 8 9

10 11 12

1 2 3

4 5 6

7 8 9

10 11 12

案例结果总结: 指针与数组的关系总结:

数组参数	==》	等效的指针参数
一维数组 char a[30]	==》	指针 char *a;
指针数组 char *a[30]	==》	指针 char **a;
二维数组 char a[10][30]	==》	数组指针(行指针)char(*a)[30];
二维数组 char a[10][30]	==》	指针数组 char *a[10];

11.4 指针函数、函数指针

1. 指针函数

指针函数是指带指针的函数，本质是一个函数返回一个指定类型的指针。

类型标识符 * 函数名（参数表）

int *f(int x,int y);

首先它是一个函数，只不过这个函数的返回值是一个地址值。函数的返回值必须用同类型的指针变量来接收，也就是说指针函数一定有函数返回值，而且在主调函数中函数返回值必须赋给同类型的指针变量。

范例：

float *fun(int a);

float *p;

p=fun(a);

注意：指针函数与函数指针表示的方法与作用效果也完全不同，千万不要混淆。

指针函数：

当一个函数声明其返回值为一个指针时，实际上就是返回一个地址给调用函数，用于需要使用指针或地址的表达式中。

格式：

类型说明符 * 函数名（参数），当然了由于返回的是一个地址，所以类型说明符一般都是 int。

【案例11-7】 问题描述：通过指针函数返回数组里面最小元素的位置，输出位置和该位置的元素。

输入n：5

输入n个整数：3 1 2 5 4

通过指针函数，返回指针指向的最小元素的位置，主函数调用，并输出位置与值。

案例要点解析： int *f（int a[ ]，int n）函数返回数组中最小元素的地址值，主函数调用它，并把该地址值里面的存储内容打印出来，也就是最小元素。

源程序

```
#include <stdio.h>
int *f(int a[],int n)
{
    int i;
    int *p=a;
    for(i=0;i<n;i++)
    if(a[i]<*p)
    p=a+i;
    return p;
}
```

```
int main()
{
    int n;
    scanf("%d",&n);
    int a[n], *q;
    for(int i=0;i<n;i++)
    scanf("%d",&a[i]);
    q=f(a,n);
    printf("最小元素的地址位置:%d\n",q);
    printf("最小元素的值:%d", *q);
    return 0;
}
```

输入测试数据:

10

8 9 2 3 4 5 6 1 7 10

案例运行结果:

最小元素的地址位置：6487468 //（不同机器可能地址不同）

最小元素的值：1

案例结果总结：本案例通过指针函数，返回了求解数组最小值的地址，主函数通过调用指针函数返回了该地址，并输出该地址存储单元的内容。

2. 函数指针

函数指针是指向函数的指针变量，即本质是一个函数指针变量。

int(* f)(int x);/ * 声明一个函数指针 * /

f = func;/ * 将 func 函数的首地址赋给指针 f * /

指向函数的指针包含了函数地址的入口地址，可以通过它来调用函数。

声明格式如下:

类型说明符（ * 函数名）（参数）

其实这里不能称为函数名，应该叫做指针的变量名。这个特殊的指针指向一个返回整型值的函数。函数指针的声明和它指向函数的声明应保持一致，个数一致，类型一致。

指针名和指针运算符外面的括号改变了默认的运算符优先级。如果没有圆括号，就变成了一个返回整型指针的函数的原型声明。例如:

void(* fptr)();

void Function();

把函数的地址赋值给函数指针，可以采用下面两种形式:

fptr = &Function;

fptr = Function;

取地址运算符“&”不是必需的，因为单一函数标识符标号就表示了它的地址。如果是函数调用，还必须包含一个圆括号括起来的参数列表。

可以采用以下两种方式来通过指针调用函数:

x = (* fptr)( );

x = fptr( );

第二种格式看上去和函数调用无异，但是有些程序员倾向于使用第一种格式，因为它明确指出是通过指针而非函数名来调用函数。

函数指针的本质是为了函数的复用，通过函数指针来指向不同的函数。

举例说明:

```
int( * f)(int n)
int f1(int n)
{
    return n + 1;
}
int f2(int n)
{
    return n + 2;
}
```

如果 f = f1 的话，就是使用 f1 函数，返回 n + 1；如果 f = f2 的话，就是使用 f2 函数，返回 n + 2。本质上是通过一个通用的函数，来指向不同的函数。必须注意的一点是 f 函数的参数个数与类型必须和后面 f1 与 f2 的参数类型与个数相同。

11.5 复杂指针综合应用

1. 二维数组与指针应用

【案例 11-8】 分析二维数组作为函数的实参进行传递，形参中有二维数组、数组指针、一维指针等，观察程序变量结果的变化情况。下面举例说明:

第一种：利用二维数组作为形参

注意：列数据规模必须已知，如下面函数参数中 int array [ ] [3] 中的 3.

源程序（二维数组作为参数）

```
#include <stdio.h>
#include <stdlib.h>
#include <assert.h>
using namespace std;
int func(int array[][3],int m)                //列为 3,行为 m
{
    int i,j;
    for(i = 0;i < m;i ++)
    {
        for(j = 0;j < 3;j ++)
```

```
            array[i][j]=array[i][j];
        printf("\n");
    }
    return 0;
}
int main()
{
    int m=3,n=3,i;
    int array[][3]={{1,2,3},{4,5,6},{7,8,9}};
    func(array,m);
    for(i=0;i<m;i++)
        for(int j=0;j<3;j++)
            printf("%4d",array[i][j]);
    return 0;
}
```

案例运行结果:

1 2 3 4 5 6 7 8 9

第二种:利用数组指针(行指针)作为形参

源程序(行指针版本)

```
#include <stdio.h>
using namespace std;
int func(int(*array)[3],int m)
{
    int i,j;
    for(i=0;i<m;i++)
    {
        for(j=0;j<3;j++)
            array[i][j]=array[i][j];
        printf("\n");
    }
    return 0;
}
int main()
{
    int m=3,n=3,i;
    int array[][3]={{1,2,3},{4,5,6},{7,8,9}};
    func(array,m);
```

```
    for(i =0;i <m;i ++)
        for(int j =0;j <3;j ++)
            printf("%4d",array[i][j]);
    return 0;
}
```

案例运行结果:

1 2 3 4 5 6 7 8 9

第三种:将二维数组按照行展开,转换为一维数组,再利用指针,进行传递

源程序(一维指针作为形参)

```
#include <stdio.h>
#include <stdlib.h>
#include <assert.h>
int func(int *array,int m,int n)
{
    int i,j;
    for(i =0;i <m;i ++)
    {
        for(j =0;j <n;j ++)
            printf("%4d", *(array + i *n + j));
        printf("\n");
    }
    return 0;
}
int main()
{
    int m =3,n =3,i;
    int array[][3] = {{1,2,3},{4,5,6},{7,8,9}};
    func( *array,m,n);
    return 0;
}
```

案例运行结果:

1 2 3 4 5 6 7 8 9

案例结果总结:通过上述三种方法,案例的结果均一样,但是函数参数传递的方法不一样,实现的原理也不一样,请读者仔细体会,掌握三种不同的参数传递方法在二维数组中的应用。

2. 复杂指针在字符串中的应用

在字符串中使用复杂指针也很常见。下面通过案例介绍指针与字符串的关系,以及其使用方法。

【案例 11-9】 问题描述：将单词 one，two，three，four，five 等五个不同的单词按照字典的排序规则进行排序，然后输出排序后的结果。每个单词单独占一行输出。

案例要点解析： 本案例需要使用到字符串的排序。选择排序时要注意，C 语言没有字符串的直接比较，需要调用字符串的专门比较函数 strcmp( ) 函数进行比较，依据的是返回值的大小。如果返回值大于 0，则说明前面比后者大；如果等于 0，说明前者与后者相等；如果返回值小于 0，说明前者比后者小。n = sizeof(s)/sizeof(char ∗);这条语句是求解字符串的个数，变量 s 为指针数组，它所占用的空间数除以每个指针所占的空间数，其结果就是数组元素真实的个数。

源程序

```
#include <stdio.h>
#include <string.h>
void  sort(char *p[],int n)   /* 采用的是选择排序,指针数组作为函数的
                                 形参 */
{
    int i,j,k;
    char *temp;                  //字符指针相当于动态的字符数组,或者字
                                 //符串
    for(i=0;i<n;i++)
    {  k=i;
       for(j=i+1;j<n;j++)
       {  if(strcmp(p[k],p[j])>0)
              k=j;                /* 记录最小数组元素的位置 */
       }
       if(k!=i)                  /* 将最小元素交换到位置排头位置 i */
       {
       temp=p[k];
       p[k]=p[i];
       p[i]=temp;
       }
    }
}
int main()
{
    char *s[]={"one","two","three","four","five"};
    int i,n=sizeof(s)/sizeof(char *);
    sort(s,n);
    for(i=0;i<n;i++)
    puts(s[i]);
```

```
    return 0;
}
```

案例运行结果：

five

four

one

three

two

案例结果总结：字符串的顺序是按照字符 ASCII 码来进行排序的，依次比较每一个字符串中对位字符的大小关系，直到得出比较结果为止。字符串的排序在实际应用中经常遇到，请读者熟练掌握字符串的输入、输出与排序。

11.6　本章小结

本章主要介绍了指针的一些高级用法，涉及到二维指针如何存储变量，二维指针与二维数组的关系，二维指针作为函数参数的传递情况，指针函数、函数指针的应用。通过本章的学习，大家应理解并掌握二维指针的用法，为以后学习结构体、链表打下坚实的基础。

习　题　11

1. 选择题

（1）下面程序的运行结果为______。

```
#include <stdio.h>
int main(void)
{
    int x[5] = {2,4,6,8,10};
    int *p;
    int **pp;
    p = x;
    pp = &p;
    printf("%d ", *(p++));
    printf("%d\n", **pp);
    return 0;
}
```

A）4　6　　B）2　4　　C）2　2　　D）4　4

（2）对于以下变量定义，正确的赋值为______。

int　*p[3],a[3];

A）p = a　　B）*p = a[0]　　C）p = &a[0]　　D）p [0] = &a[0]

（3）设有如下定义的链表，则值为 7 的表达式为______。

```
struct st
{
    int n;
    struct st *next;
}
a[3] = {5,&a[1],7,&a[2],9,NULL}, *p = a;
```

A) p- >n　　B) (p- >n) ++　　C) (++p) - >n　　D) p- >next- >n

(4) 下列程序的输出为______.

```
#include <stdio.h>
int main(void)
{
    int a[12] = {1,2,3,4,5,6,7,8,9,10,11,12}, *p[4],i;
    for(i =0;i <4;i ++)
    p[i] =&a[i *3];
    printf("%d\n",p[3][2]);
    return 0;
}
```

A) 6　　B) 8　　C) 12　　D) 上述程序有误

2. 填空题

(1) 下列函数用于将链表中的各结点的数据依次输出。请补充:

```
void print(struct student *head)
{
    struct student *p;
    p =head;
    if(head! =null)
        do
            {
                printf("%ld\n",p- >data);
                ______;
            }
                while(______);
}
```

(2) 下面程序可以逐行输出 language 数组元素所指向的五个字符串。请填写程序中的相应语句。

```
#include <stdio.h>
int main(void)
```

```
    {  char *language[] = {"BASIC","FORTRAN","PROLOG","JAVA","C ++"};
       char ______;
       int k;
    for(k = 0;k < 5;k ++)
    {
       q = ______;
       printf("%s\n", *q);
    }
    return 0;
    }
```

3. 编程题

（1）（难点题目）题目：输入N个英文单词，建立字符串数组，按字典顺序输出这些单词。要求使用指针。

输入样例：

5

blue

red

yellow

green

purple

输出样例：

blue

green

purple

red

yellow

（2）使用函数删除字符串中的字符，输入一个正整数 repeat(0 < repeat < 10)，做 repeat 次下列运算：

输入样例：

3　　　　　　　　　(repeat = 3)

happy new year　　　(字符串"happy new year")

a　　　　　　　　　(待删除的字符 'a')

bee　　　　　　　　(字符串"bee")

e　　　　　　　　　(待删除的字符 'e')

111211　　　　　　 (字符串"111211")

1　　　　　　　　　(待删除的字符 '1')

输出样例：

result：hppy new yer　　(字符串"happy new year" 中的字符 'a' 都被删除)

result：b　　　　　　　　（字符串"bee" 中的字符 'e' 都被删除）

result：2　　　　　　　　（字符串"111211" 中的字符 '1' 都被删除）

（3）应用指针变量输出二维数组 a[3][4] = {{0,1,2,3},{10,11,12,13},{20,21,22,23}} 中的元素。

（4）顺序输出字符串，char *c[] = {"ENTER","NEW","POINT","FIRST"};

（5）题目中**变量 i** 的结果是多少？

```
#include <stdio.h>
int main(void)
{
    int i =10;
    int *p =&i;
    int **q =&p;
    int ***r =&q;
    printf("i =%d\n", ***r);
    return 0;
}
```

第12章 结构体及其应用

导读

前面学习了构造的数据类型：数组、指针等。本章将继续学习C语言中另一种重要的数据类型：结构体。结构体是一种由若干数据成员组合构造而成的数据类型，它可以把一些相互关联的不同变量放在一起封装成一个整体，从而方便存储和管理。例如一个学生成绩管理系统里面有学号、姓名、专业、各科成绩等各种信息，这些信息的数据类型不同，要想用以前的方法对它们进行统一管理比较难以实现，因此可以考虑构造一个学生结构体类型，含有以上信息，这样每个学生个体就是一个学生结构体类型中的一个变量。

本章知识点

1. 结构体的定义，结构体变量、成员等的使用方法。
2. 结构体与数组的关系。
3. 结构体与指针的关系。
4. 结构体变量与函数参数的关系。
5. 链表的概念及其基本操作。
6. 简单结构体的应用。

12.1 结构体案例初探

【案例12-1】 问题描述：给定N个学生的基本信息，包括学号（由五个数字组成的字符串）、姓名（长度小于10的不包含空白字符的非空字符串）和成绩（[0，100]区间内的整数），要求计算他们的平均成绩，并顺序输出平均线以下的学生名单。

输入格式：

在一行中输入正整数N（≤10）。随后N行，每行输入一位学生的信息，格式为“学号 姓名 成绩”，中间以空格分隔。

输出格式：

首先在一行中输出平均成绩，保留两位小数。然后按照输入顺序，每行输出一位平均线以下的学生的姓名和学号，间隔一个空格。

输入样例：

5
00001 zhang 70
00002 wang 80

00003 qian 90
10001 li 100
21987 chen 60
输出样例：
80.00
zhang 00001
chen 21987

案例要点解析：学生类都有共同的特点，即都包含三个成员：学号、姓名、成绩。本案例是计算10个学生的平均成绩，要求输入10个学生的信息，并对每一个学生的成绩进行累计求和，然后计算平均成绩，最后需要输出平均成绩，并把低于平均成绩的学生的部分信息输出。

源程序

```
#include <stdio.h>
struct Student
{
    char Sno[10];
    char Sname[20];
    int Sgrade;
};
/* 计算平均成绩 */
void Average(struct Student *S,double &avg,int n)
{
    double sum=0;
    int i;
    /* 求和 */
    for(i=0;i<n;i++){
        sum+=S[i].Sgrade;
    }
    /* 取平均值 */
    avg=sum/n;
}
/* 输出平均线以下的学生 */
void Display(struct Student *S,double &avg,int n){
    for(int i=0;i<n;i++){
        if(S[i].Sgrade<avg){
            printf("%s %s\n",S[i].Sname,S[i].Sno);
        }
    }
}
```

```
int main()
{
    int n;
    double avg=0;
    scanf("%d",&n);
    struct Student S[n];
    for(int i=0;i<n;i++){
        scanf("%s",S[i].Sno);
        scanf("%s",S[i].Sname);
        scanf("%d",&S[i].Sgrade);
    }
    Average(S,avg,n);
    printf("%.2lf\n",avg);
    Display(S,avg,n);
    return 0;
}
```

输入测试数据：

5

00001 zhang 70

00002 wang 80

00003 qian 90

10001 li 100

21987 chen 60

案例运行结果：

80.00

zhang 00001

chen 21987

案例结果总结：结构体是数据类型的集合，在处理大数据中经常遇到，请读者掌握结构体的定义、数据类型、变量等，利用结构体变量进行运算，特别需要注意结构体成员中的字符串（字符数组）成员的输入输出方式。

12.2 结构体定义与使用

结构体（struct）是由一系列具有相同类型或不同类型的数据构成的数据集合，是一种构造的数据类型，也叫作结构。

结构体是一种数据结构，属于C语言中聚合数据类型（aggregate data type）的一类，关键字struct和它后面的标志一起构成了新的数据类型名。结构体可以被声明为变量、指针或数组等，用以实现较复杂的数据结构。结构体同时也是一些元素的集合，这些元素称为结构体的成员（member），且这些成员可以为不同的类型，成员一般用名字访问。

1. 定义与声明

结构体的定义如下所示，struct 为结构体关键字，属于结构体定义中不可缺少的一部分。

struct 结构名
{
    结构体成员列表;
} 声明的变量;

以上为结构体定义的基本格式。在一般情况下，结构体名、结构体成员列表和声明的变量这三部分至少出现两个即可。

【案例 12-2】 分析下面程序的运行结果，理解结构体定义，掌握成员的使用方法。

源程序

```
#include <stdio.h>
struct A
{
    int a;
};
struct
{
    int c;
}s1,s2;
struct B
{
    int b;
}b1,b2;
int main()
{
    struct A a;
    a.a=1;
    s1.c=2;
    s2.c=3;
    b1.b=4;
    b2.b=5;
    printf("%d %d %d %d %d",a.a,s1.c,s2.c,b1.b,b2.b);
    return 0;
}
```

案例运行结果：

1 2 3 4 5

案例结果总结：本案例旨在让大家明白结构体如何定义，结构体变量如何定义、使用，以及如何对结构体成员进行运算、输出等。

结构体本身是为用户提供的一种自定义复杂数据类型，定义好结构体后就可以声明对应数据类型的结构体变量。在 C 语言中共有三种结构体变量的声明方式：

（1）独立式声明

关键字 struct 表示其是一个结构体，后面是一个可选的标记（Student），表示引用该结构体的快速标记 。

基本格式：

struct 标记 变量名；

例如：

struct Student student;

struct Student s[100];

以上定义了一个结构体变量 student 和一个结构体数组 s[100]，其数据类型都属于聚集数据类型 struct Student，其中 struct 和 Student 必须联合使用缺一不可。

（2）混合式声明

顾名思义混合式声明就是将结构体的定义和变量的声明放在一块儿进行的声明方式。这种方式不仅保留了结构体声明的变量，而且还将定义的复杂数据类型保留了下来。

基本格式：

struct 结构名

{

结构体成员变量；

} 声明的结构体变量；

【案例 12-3】 问题描述：利用结构体变量的相关运算编写程序，按照样例给定的结果进行学生成绩相关信息的输入输出。

输入样例：

请输入 s1 成员变量的值：001 zhangsan 59

请输入 s2 成员变量的值：002 lisi 60

请输入 s3 成员变量的值：003 lihua 61

输出样例：

s1 成员变量的值为：001　zhangsan　59.00

s2 成员变量的值为：002　lisi　60.00

s3 成员变量的值为：003　lihua　61.00

源程序

```
#include <stdio.h>
struct Student
{
    char Sno[10];
    char Sname[20];
    double Sgrade;
}
```

```
    s1,s2,s3;
int main()
{
    printf("请输入 s1 成员变量的值:");
    scanf("%s%s%lf",s1.Sno,s1.Sname,&s1.Sgrade);
    printf("请输入 s2 成员变量的值:");
    scanf("%s%s%lf",s2.Sno,s2.Sname,&s2.Sgrade);
    printf("请输入 s3 成员变量的值:");
    scanf("%s%s%lf",s3.Sno,s3.Sname,&s3.Sgrade);
    printf("s1 成员变量的值为:");
    printf("%s  %s  %.2lf\n",s1.Sno,s1.Sname,s1.Sgrade);
    printf("s2 成员变量的值为:");
    printf("%s  %s  %.2lf\n",s2.Sno,s2.Sname,s2.Sgrade);
    printf("s3 成员变量的值为:");
    printf("%s  %s  %.2lf\n",s3.Sno,s3.Sname,s3.Sgrade);
    return 0;
}
```

案例运行结果：

如题目给定样例所示。

案例结果总结：定义出 Student 标记的结构体，内部含有三个结构体成员，并另外声明了变量 s1、s2、s3 作为 Student 结构体变量，后面对每一个结构体变量的成员进行了输入输出处理，需要特别注意的是字符数组的输出可以采用字符串的输入输出格式%s。

(3) 无类型式结构体的声明

无类型声明和混合式声明的规则大致相同，只是不能将定义的复杂数据类型进行保留。

基本格式：

```
struct
{
    数据类型 结构体成员变量 1;
    数据类型 结构体成员变量 2;
    ……
    数据类型 结构体成员变量 n;
} 声明的结构体变量;
```

【案例 12-4】 根据无明确类型的结构体变量的定义与使用规则，按照题目给定的范例，编写程序实现题目要求。

输入样例：

请输入 s1 成员变量的值：001 zhangsan 59

请输入 s2 成员变量的值：002 lisi 60

请输入 s3 成员变量的值：003 lihua 61

输出样例：

s1 成员变量的值为：001 zhangsan 59.00

s2 成员变量的值为：002 lisi 60.00

s3 成员变量的值为：003 lihua 61.00

源程序

```
#include <stdio.h>
struct
{
    char Sno[10];
    char Sname[20];
    double Sgrade;
} s1,s2,s3;
int main()
{
    printf("请输入 s1 成员变量的值:");
    scanf("%s%s%lf",s1.Sno,s1.Sname,&s1.Sgrade);
    printf("请输入 s2 成员变量的值:");
    scanf("%s%s%lf",s2.Sno,s2.Sname,&s2.Sgrade);
    printf("请输入 s3 成员变量的值:");
    scanf("%s%s%lf",s3.Sno,s3.Sname,&s3.Sgrade);
    printf("s1 成员变量的值为:");
    printf("%s  %s  %.2lf\n",s1.Sno,s1.Sname,s1.Sgrade);
    printf("s2 成员变量的值为:");
    printf("%s  %s  %.2lf\n",s2.Sno,s2.Sname,s2.Sgrade);
    printf("s3 成员变量的值为:");
    printf("%s  %s  %.2lf\n",s3.Sno,s3.Sname,s3.Sgrade);
    return 0;
}
```

案例运行结果：

如题目给定样例所示。

案例结果总结：无类型结构体成员与有类型的结构体成员的输入输出方式相同，都是使用变量成员的方式引用成员。字符数组的输入输出采用字符串的输入输出格式%s。

省略了结构体的结构名，直接声明出结构体变量。应该注意这种声明方式是一次性的，在此定义语句之后便无法再声明这个类型的变量，对比一下【案例12-3】与【案例12-4】源程序，功能结果一致，所以对一般初学者来说不建议使用【案例12-4】的程序。

2. 结构体的使用

（1）结构变量成员的引用

结构变量主要是对其中的成员变量进行操作。在C语言中通常使用结构体成员操作符

“.”来引用结构体成员变量。基本语法为：

结构体变量.结构成员变量

结构成员变量的使用和基本数据类型变量的使用是一致的，可实现等同的操作。

例如：

s1. Sname = "xiaoming" ;

s2. Sname = s1. Sname;

strcpy（s2. Sname,"lihua"）; //字符串的拷贝赋值，不能够用 = 号

（2）结构变量的赋值

和基本数据类型变量一样，只要赋值运算符“ = ”两边变量的数据类型是一致的，就允许将运算符右边的值赋给左边的变量。赋值时，结构体成员变量的值会赋值给对应结构体成员变量。

例如：

struct Student s1，s2; //声明两个结构体变量。

s1 = s2; //将结构体变量 s2 拷贝到结构体变量 s1 中。

（3）结构变量作为函数参数

结构体也是一种数据类型，结构变量可以与基本数据类型变量一样作为函数的参数进行传递。

【案例 12-5】 主要考查结构体变量作为函数的形参进行传递，分析程序运行结果，掌握结构体变量作为函数参数的使用方法。

源代码

```
#include <stdio.h>
struct A
    {
        int a;
    }a;
    void alter_Value(struct A &b)
    {
        b.a += 10;
    }
    int main()
{
        a.a = 0;
        printf("调用前:%d\n",a.a);
        alter_Value(a);
        printf("调用后:%d\n",a.a);
        return 0;
}
```

案例运行结果：

调用前：0

调用后：10

案例结果总结： 本案例中就是将 struct　A 定义的变量 a 作为函数参数进行传递计算。结果为：调用前为 0，调用后为 10。本案例定义了结构体 A，同时结构体 A 内包含一个整型变量 a，此外结构体还有一个别名小写的字母 a，定义了 alter_ Value 函数，里面涉及到结构体对象 b 作为参数，并采用了参数引用传递的方法，其作用参考前面的引用传递。通过传递，修改结构体里面的成员变量 a，并观察传递前、传递后结构体成员 a 的变量变化情况，文中的 a. a 代表 a 结构体中的整型变量 a，前面说明了结构体 A 有一个别名 a。

3. 结构体的嵌套

结构体的成员可以包含其他结构体，也可以包含指向自己结构体类型的指针，而通常这种指针的应用是为了实现一些更高级的数据结构，如链表和树等。

下面结构体的声明包含了指向自己类型的指针。

```
struct A
{
    int data;
    struct A * p;
}
```

此结构体还嵌套了自己本身，这在后面学习数据结构链表、二叉树中均有体现。

下面是结构体嵌套其他结构体，也就是说其他结构体变量作为本结构体的成员变量。

```
struct Student
{
    char Sno[10];
    char Sname[20];
    double Sgrade;
    struct A  b;
};
```

注意：结构体的嵌套，需要把被嵌套的结构体在定义之前完成定义，就上面的例子来说 struct A 需要在 struct student 的前面定义。

4. 结构体作用

结构体和其他类型基础数据类型一样，例如，int 类型、char 类型，只不过结构体可以定义成自己想要的数据类型，以方便日后的使用。

观察某人编写的大型 C 语言程序，只看其对 struct 的使用情况就可以对他的编程经验进行评估。因为一个大型的 C 程序，势必要涉及一些（甚至大量）数据组合的结构体，这些结构体可以将原本意义属于一个整体的数据组合在一起。从某种程度上来说，会不会用 struct，怎样用 struct 是区别一个开发人员是否拥有丰富开发经验的标志。

在网络协议、通信控制、嵌入式系统的 C/C ++ 编程中，经常要传送的不是简单的字节流（char 型数组），而是多种数据组合起来的一个整体，其表现形式就是一个结构体。

经验不足的开发人员往往将所有需要传送的内容依顺序保存在 char 型数组中，通过指针偏移的方法传送网络报文等信息。这样做使得编程变得复杂，易出错，而且一旦控制方式及通信协议有所变化，程序就要进行非常细致的修改。

12.3 结构体与数组、指针的关系

结构体数组、结构体指针

1. 结构体和数组

在12.1节中尝试过使用结构体数组S存放n个学生的信息。先输入学生个数n，之后输入n个学生的信息，然后采用函数计算平均成绩，再遍历结构体数组输出。

所谓结构体数组，是指数组中的每个元素都是一个结构体，变量是数组与结构体的巧妙结合。在实际应用中，C语言结构体数组常被用来表示一个拥有相同数据结构的群体，如一个班的学生、一个车间的职工等。

结构体数组的定义：

```
struct Student S [100];
```

定义了一个结构体数组，它可以存放100个人的信息。从S [0] …S [99]。所有元素都是struct Student类型的变量。

结构体：

```
struct Student
{
    char Sno[10];
    char Sname[20];
    double Sgrade;
};
```

在定义的时候还可以对其初始化，例如：

```
struct Student S[2] = {
                        {“0001”,“lihua”,99},
                        {“0002”,“xiaoming”,61}
                      };
```

对结构体数组元素成员的引用是通过使用数组下标与结构成员操作符‘.’共同实现的。其语法如下：

结构体数组名 [下标] . 结构体成员名

如：S[i]. Sno,S[i]. Sname,S[i]. Sgrade分别表示数组S[i] 结构体成员的学号、姓名、成绩。

```
/ * 案例中的读取操作 * /
for (int i =0; i <n; i ++)
{
    scanf ("%s", S [i] . Sno);
    scanf ("%s", S [i] . Sname);
    scanf ("%lf", &S [i] . Sgrade);
}
```

其使用方法和结构体变量的使用一致，如：

S[i]. Sno =“0001”;

strcpy(S[i]. Sname,“lihua”);

【案例12-6】 依照结构体和数组相结合的规则，根据题目给定的输入数据，分析程序的执行过程与运行结果。

输入样例：

定义时初始化输出：

0001 lihua 99.00

0002 xiaoming 61.00

00001 zhang 70

00002 wang 80

00003 qian 90

10001 li 100

21967 chen 60

00004 li 80

输出样例：

定义后初始化输出：

00001 zhang 70.00

00002 wang 80.00

00003 qian 90.00

10001 li 100

21967 chen 60

00004 li 80

源程序

```
#include <stdio.h>
struct Student
{
    char Sno[10];
    char Sname[20];
    double Sgrade;
}s[6];
    int main()
    {
        struct Student S[2] ={
            {"0001","lihua",99},
            {"0002","xiaoming",61}
        };
        printf("定义时初始化输出:\n");
        printf("%s  %s  %.2lf\n",S[0].Sno,S[0].Sname,S[0].Sgrade);
```

```
        printf("%s  %s  %.2lf\n\n",S[1].Sno,S[1].Sname,S[1].Sgrade);
    for(int i=0;i<6;i++)
        {
            scanf("%s",s[i].Sno);
            scanf("%s",s[i].Sname);
            scanf("%lf",&s[i].Sgrade);
        }
            printf("定义后初始化输出:\n");
            for(int i=0;i<6;i++)
        {
            printf("%s %s %.2lf\n",s[i].Sno,s[i].Sname,s[i].Sgrade);
        }
        return 0;
    }
```

案例运行结果：

同案例给定的样例结果一致。

案例结果总结： 本案例定义了结构体 Student，并声明了 6 个结构体变量 s［6］，在主函数中又声明了 2 个结构体变量 S［2］，进行了初始化，前面 6 个结构体变量与后面 2 个变量名字不同，后面结构体变量主要是对数据成员进行了输入输出处理。

2. 结构体和指针

指针可以指向任何一种变量，当一个指针变量指向结构体时，就称它为结构体指针。C 语言结构体指针的定义形式一般为：

struct 结构体名 ＊变量名；

结构指针也需要先赋值后使用，即把结构变量的首地址赋值给结构指针。有了结构指针，就可以访问它的结构成员变量。以下给出三种访问成员的等价形式：

1）结构变量名．成员名。

2）（＊结构指针变量名）．成员名。

3）结构指针变量名→成员名。

【案例 12-7】 通过简单的图书管理系统，理解结构体与指针的关系，分析程序的运行结果。

源程序

```
#include <stdio.h>
#include <string.h>
struct Books
{
    char  name[50];                //书名
    char  author[50];              //作者
    char  Publisher[100];          //出版社
```

```
    int  book_id;          //编号
};
void disPlay(struct Books *book)
{
    printf("Book name :%s\n",book->name);
    printf("Book author :%s\n",book->author);
    printf("Book Publisher :%s\n",book->Publisher);
    printf("Book book_id :%d\n",book->book_id);
}
int main()
{
    struct Books B1;          /*声明 B1,类型为 Books */
    struct Books B2;          /*声明 B2,类型为 Books */
    /*B1 详述 */
    strcpy(B1.name,"C 语言");
    strcpy(B1.author,"lihua");
    strcpy(B1.Publisher,"高等教育出版社");
    B1.book_id=6495407;
    /*B2 详述 */
    strcpy(B2.name,"技术前沿");
    strcpy(B2.author,"zhangsan");
    strcpy(B2.Publisher,"高等教育出版社");
    B2.book_id=6495700;
    /*通过传 B1 的地址来输出 B1 信息 */
    disPlay(&B1);
    /*通过传 B2 的地址来输出 B2 信息 */
    disPlay(&B2);
    return 0;
}
```

案例运行结果:

Book name :C 语言
Book author :lihua
Book Publisher :高等教育出版社
Book book_id :6495407
Book name :技术前沿
Book author :zhangsan
Book Publisher :高等教育出版社
Book book_id :6495700

案例结果总结：定义了 Book 结构体，内含 4 个成员变量，包含书名、出版社、作者、编号等。定义了一个函数 disPlay() 函数，这个函数里面涉及到结构体的指针成员作为其形参，利用指针传递方法分析结构体变量成员的变化信息，其结果如上面的输出样例所示。利用结构体指针变量的传递相当于地址传递，地址传递其值的变化情况见 9.3 节。

12.4 链表

1. 链表的概念

链表是一种常见而重要的动态存储分布的数据结构。它由若干个同一结构类型的“结点”依次串接而成。链表分单向链表和双向链表，本书只讨论单向链表。有 4 个结点数据的单向链表示意图如图 12-1 所示。

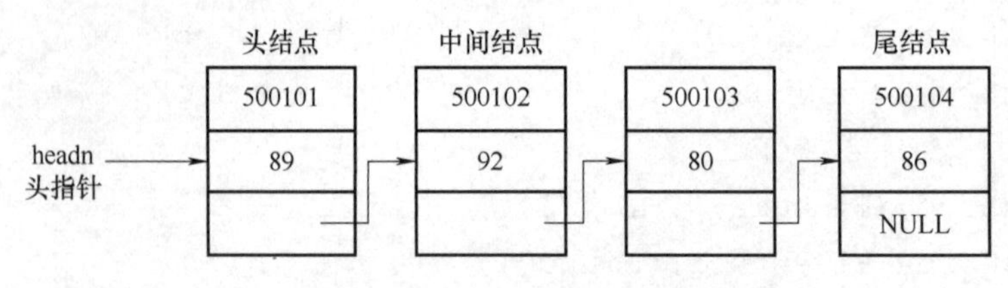

图 12-1　单向链表示意图

一般使用结构来定义单向链表结点的数据类型：

```
struct student
{
    long num;                    //数据域
    float score;                 //数据域
    struct student * next;       //结构的递归定义,指针域
};
```

用数组存放数据时，需要事先定义好数组的固定长度。在数组元素个数不确定时，可能会发生浪费内存空间或数组长度不够的情况，另外在数组中间插入或删除元素，需要大量移动数据。

链表是动态存储分布的数据结构。根据需要动态地开辟内存空间，可以比较方便地插入结点、删除结点等，故使用链表可以节省内存，提高操作效率。链表各结点在内存中分散存储，靠各结点的链接域串在一起，插入或删除元素时，只需更改结点间的链接域，不需要大量移动数据。不方便的是不能像数组那样随机访问指定元素，在链表中查找一个元素，需要从头结点起，沿着链表结点元素逐个查找，直至到大链表的表尾。

常用动态分配相关函数：

void * malloc(unsigned size)

功能：在内存的动态存储区中分配一块长度为 size 的连续空间。

返回值：指针，存放被分配内存的起始地址。若未申请到空间，则返回 NULL(0)。需要特别注意的是由于返回值为 void *，要根据申请的数据类型进行强制转换。

例如：

```
(int *) malloc (sizeof (int))
    (struct student *) malloc (sizeof (struct student))
void free (void *ptr)
```

功能：释放由 malloc( ) 申请的动态内存空间，ptr 存放该空间的首地址。

返回值：无。

例如：

```
free (p);
```

这两个函数使用时需要包含库文件 <stdlib. h>，且常常成对出现，动态申请，动态释放内存。动态分配函数还有 calloc，见附录表 3。

2. 单向链表的常见操作

链表的常见操作有链表的建立、遍历、插入结点、删除结点。

（1）链表的建立

采用动态申请内存，创建若干结点，一般进行尾插入或头插入的方法将结点链接成串，建立链表，案例 12-8 采用的是尾插入方法建立链表。常用的创建链表的步骤如下：

1）定义结点的数据结构，增加指向结点类型的指针域，创建一个指针域为空的头指针。

2）使用 malloc 函数为新结点分配内存。

3）将数据读入到新结点，并将该结点的指针域置为 NULL。

4）若头指针为空，则将头指针指向该结点，否则将新结点连接到链表尾（应有指向尾结点的指针）或连接到链表头，改变头指针的指向。

5）判断是否有后续结点，若有，重复转向步骤 2），否则创建链表结束。

（2）链表的遍历

遍历链表是指从链表头到链表尾访问各个结点的数据信息，常用循环进行链表遍历，步骤如下：

1）找到链表头指针 head。

2）设置临时结点 ptr，使得 ptr = head;

3）判断 ptr 是否为 NULL，到链尾，若是则结束循环，否则访问结点数据域信息。

4）通过 ptr = ptr- > next 修改 ptr，指向下一个结点，转向步骤 3）。

如输出链表数据信息，关键代码如下：

```
for(ptr = head;ptr! = NULL;ptr = ptr- > next)
printf("%d\t %d\n",ptr- > num,ptr- > score);
```

（3）插入结点

插入结点是指将一个结点插入到链表的指定位置，基本原则是先连后断。假设要在 ptr 所指结点后插入 s 结点，对插入的 s 结点，要点是先连 s- > next = ptr- > next；示意图如图 12-2a）所示，后断 ptr- > next = s；示意图如图 12-2b）所示。

（4）删除结点

删除结点是指在链表中删除指定的结点，操作原则是先接后删，即先找到待删除结点的前驱结点，通过修改前驱结点的指针指向，然后释放被删结点占据的内存，从而达到删除结点的目的。假设要删除 ptr1 所指结点的后继结点 ptr2，ptr2 = ptr1- > next；删除结点示意图如图 12-3a）所示，采用先连接 ptr1- > next = ptr2- > next；后删除 free(ptr2)；见删除结点示意图如图 12-3b）所示。

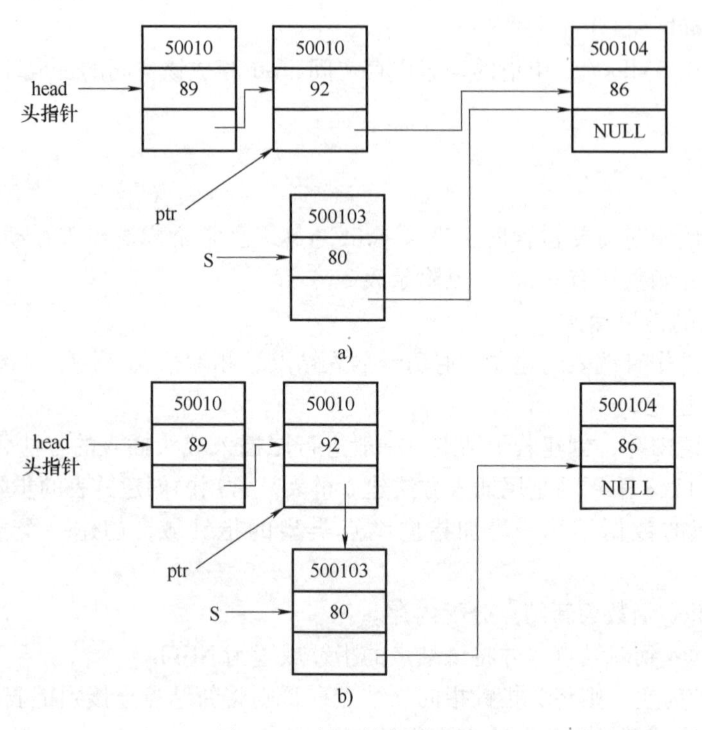

图 12-2　插入结点示意图

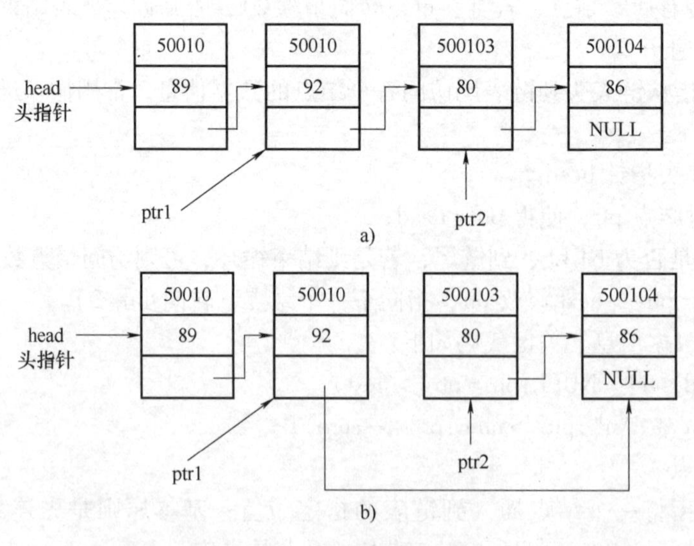

图 12-3　删除结点示意图

12.5　结构体综合应用

【案例 12-8】　综合运用结构体、指针等实现学生成绩管理系统的添加、检索功能。

源程序

```
#define LEN sizeof(struct stduent)
#include <stdio.h>
#include <stdlib.h>
struct stduent
{
    long num;
    float score;
    struct stduent *next;
};
int n=0;
struct stduent *creat(void)                    //尾插入创建链表
{
    struct stduent *head=NULL;
    struct stduent *p1=NULL;
    struct stduent *p2=NULL;
    p1=p2=(struct stduent *)malloc(LEN);
    printf("请输入所要存储的学生学号和成绩:\n");
    printf("如果需要退出请输入 0 \n");
    printf("学号 成绩\n");
    scanf("%ld%f",&p1->num,&p1->score);
    while(p1->num!=0)                          //建立链表
    {
        n+=1;
        if(n==1)
        {
            head=p1;
        }
        else
        {
            p2->next=p1;
        }
            p2=p1;
            p1=(struct stduent *)malloc(LEN);
            printf("学号 成绩\n");
            scanf("%ld%f",&p1->num,&p1->score);
    }
   p2->next=NULL;
```

```
    return head;
}
int main()
{
    struct stduent *pt = NULL;
    pt = creat();
    printf("学号  成绩\n");
    if(pt! = NULL)
    {
        do
        {
            printf("%-4ld  %4.1f\n",pt->num,pt->score);
            pt = pt->next;
        } while(pt ! = NULL);
    }
    system("pause");
    return 0;
}
```

输入测试数据：

请输入所要存储的学生学号和成绩：

如果需要退出请输入0

学号 成绩

1001 12

学号 成绩

1002 13

学号 成绩

1003 14

学号 成绩

0 0

案例运行结果：

学号 成绩

1001 12.0

1002 13.0

1003 14.0

案例结果总结：请读者根据案例运行结果理解常用结构体的一些基本运算，包括结构体定义、初始化、运算等，也包括结构体在数组、指针中的应用。

【案例12-9】 问题描述：某小学最近得到了一笔赞助，打算拿出其中一部分为学习成绩优秀的前5名学生发奖学金。期末每个学生都有3门课（语文、数学、英语）的成绩。

先按总分从高到低排序，如果两个同学总分相同，再按语文成绩从高到低排序，如果两个同学总分和语文成绩都相同，那么规定学号小的同学排在前面，这样每个学生的排序是唯一确定的。

任务：先根据输入的 3 门课的成绩计算总分，然后按上述规则排序，最后按排名顺序输出前 5 名学生的学号和总分。注意前 5 名同学奖学金都不相同，因此必须严格按上述规则排序。例如，如果前两行的输出数据（每行输出两个数：学号、总分）是：

77 279

55 279

这两行数据的含义是：总分最高的两个同学的学号依次是 77 号、55 号。这两名同学的总分都是 279（总分等于输入的语文、数学、英语三科成绩之和），但学号为 77 的学生语文成绩更高一些。如果你的前两名的输出数据是：

55 279

77 279

则按输出错误处理，不能得分。

输入格式

共 n + 1 行。

第 1 行为一个正整数 n，表示该校参加评选的学生人数。

第 2 到 n + 1 行，每行有 3 个用空格隔开的数字，每个数字都在 0 ~ 100。第 j 行的 3 个数字依次表示学号为 j-1 的学生的语文、数学、英语的成绩。每个学生的学号按照输入顺序编号为 1 ~ n（恰好是输入数据的行号减 1）。

所给的数据都是正确的，不必检验。

输出格式：

共 5 行，每行是两个用空格隔开的正整数，依次表示前 55 名学生的学号和总分。

输入、输出样例：

输入 #1

6

90 67 80

87 66 91

78 89 91

88 99 77

67 89 64

78 89 98

输出 #1

6 265

4 264

3 258

2 244

1 237

案例要点解析：本案例主要使用了结构体定制排序方法。如果使用选择排序或者冒泡排序非常复杂，而且容易出错。本案例给大家引入了一个库函数进行排序，即 sort 函数。sort 函数是专门对数组或者结构体数组进行排序的函数，使用非常方便。sort 函数包含在头文件为#include < algorithm > 的标准库中。调用标准库里的排序方法可以不必知道其内部是如何实现的，只要得到想要的结果即可。

sort 函数有三个参数：

1）第一个是要排序的数组的起始地址。

2）第二个是结束的地址（最后一位要排序的地址）

3）第三个参数是排序的方法，可以是从大到小也可以是从小到大，还可以不写第三个参数，此时默认的排序方法是从小到大排序。

sort 函数使用模板：

sort(start，end)//默认从小到大顺序排列，有 2 个参数或者 3 个参数。

例如，sort（a，a + n）对数组 a[0] -a[n-1] 的元素按照从小到大顺序排序。

sort(start，end，定制排序方法)//按照定制方法排序。

本案例定制了 cmp 函数方法，sort(a，a + n，cmp)。

本案例定制的 cmp() 函数的规则具体表现为：先按照总分的从大到小顺序，总分相同的话，按照语文成绩从大到小；如果总分与语文成绩都相同的话，按照学号的从小到大的顺序排序。注意规则，cmp() 函数里面有 2 个形参，如果第一个形参小的话，就是从小到大顺序，反之按照第一个形参的从大到小排序，例如，return x. yuwen > y. yuwen 就是按照语文成绩的从大到小排序。

源程序

```
#include <stdio.h>
#include <algorithm>
typedef struct student
{
    int no;
    int yuwen;
    int shuxue;
    int yingyu;
    int total;
}student;
int cmp(student x,student y)
{
        if(x.total!=y.total)
        return x.total>y.total;
        else
        {
            if(x.yuwen!=y.yuwen)
            return x.yuwen>y.yuwen;
```

```
            else
        return x.no < y.no;
        }
}
int main()
{
        int n;
        scanf("%d",&n);
        student s[n];
        for(int i =0;i <n;i ++)
        {
            s[i].no =i +1;
            scanf("%d%d%d",&s[i].yuwen,&s[i].shuxue,&s[i].yingyu);
            s[i].total =s[i].yuwen +s[i].shuxue +s[i].yingyu;
        }
        sort(s,s +n,cmp);              //定制排序
        for(int i =0;i <5;i ++)
        printf("%d %d\n",s[i].no,s[i].total);
        return 0;
}
```

输入测试数据:

8

80 89 89

88 98 78

90 67 80

87 66 91

78 89 91

88 99 77

67 89 64

78 89 98

案例运行结果:

8 265

2 264

6 264

1 258

5 258

案例结果总结: 请读者掌握结构体定制排序方法，特别是如何调用库函数 sort( ) 进行排序，在多关键字排序中，使用结构体定制排序比传统的选择排序、冒泡排序效率高，而且

算法简单、高效。

12.6 本章小结

结构体（struct）是由一系列具有相同类型或不同类型的数据构成的数据集合，也叫作结构。结构体的定义如下所示，struct 为结构体关键字。

struct 结构名 {
    结构体成员列表;
}   声明的变量;

结构体变量的三种声明方式：独立式声明、混合式声明和无类型式声明。结构变量主要是对其中的成员变量进行操作。在 C 语言中通常使用结构体成员操作符“.”来引用结构体成员变量。基本语法为：

结构体变量.结构成员变量

结构体数据类型和基本数据类型一样，只要赋值运算符“=”两边变量的数据类型是一致的，就允许将运算符右边的值赋给左边的变量。结构体的成员可以包含其他结构体。结构体数组，是指数组中的每个元素都是一个结构体，是数组与结构体的巧妙结合。

C 语言中结构体指针的定义形式一般为：

struct 结构体名 *变量名;

熟悉链表的概念及链表的插入、遍历、删除等操作，熟练掌握结构体的排序方法，熟练使用库函数 sort() 进行结构体排序，并且可以定制排序规则。

习 题 12

1. 选择题

（1）有以下说明和定义语句

```
    struct student
    {
        int age;
        char num[8];
    };
    struct student stu[3] = {{20,"200401"},{21,"200402"},{10\9,"
200403"}};
    struct student *p=stu;
```

以下选项中引用结构体变量成员的表达式错误的为（　　）。

A）(p++)->num

B）p->num

C）(*p).num

D）stu[3].age

（2）对于以下结构定义，p->str++中的++加在（　　）。

```
struct
{
    int len;
    char *str;
} *p;
```

A）指针 str 上　　B）指针 p 上
C）str 指向的内容上　　D）语法错误

（3）如果定义语句：

```
struct{
        int x,y;
    }s[2]={{1,3},{2,7}};
```

则语句：printf("%d\n",s[0].y/s[1].x);的输出结果为（　　）。

A）3　　B）2
C）1　　D）0

（4）设有如下定义，则对 data 中的 a 成员的正确引用为（　　）。

```
struct st
{
    int a,
    float b;
}data, *p=&data;
```

A）（*p）.data.a　　B）（*p）.a
C）p->data.a　　D）p.data.a

（5）若有以下说明及语句，则值为 6 的表达式为（　　）。

A）p++->n
B）p->n++
C）（*p）.n++
D）++p->n

```
struct st
{
    int n;
    struct st *next;
};
struct st a[3], *p;
a[0].n=5;
a[0].next=&a[1];
```

```
a[1].n=7;
a[1].next=&a[2];
a[2].n=9;
a[2].next='\0';
p=&a[0];
```

2. 填空题

（1）“->”称为______运算符，“.”称为______运算符。

（2）完成下列程序，该程序用来计算20名学生的平均成绩。

```
#include <stdio.h>
#include <string.h>
struct student
{
    int num;
    char name[21];
    int score;
};
struct student stu[20];
int main(void)
{
    int i,sum=0;
    for(i=0;i<20;i++)
    {
        scanf("%d %s %d",&stu[i].num,______,&stu[i].score);
        sum+=stu[i].score;
    }
    printf("aver=%d\n",sum/20);
    return 0;
}
```

（3）写出下面程序运行的结果______。

```
struct s1{
    char c1,c2;
    int n;
};
struct s2{
    int n;
    struct s1 m;
```

```
} m={1,{'A','B',2}};
int main(void)
{
    printf("%d\t%d\t%c\n",m.n,m.m.n,m.m.c1,m.m.c2);
    return 0;
    }
```

（4）写出下面程序的运行结果______。

```
struct abc{
    int a;
    float b;
    char *c;
};
int main(void)
{
    struct abc x={25,96.3,"li"};
    struct abc *px=&x;
    printf("%d,%s,%lf,%s\n",x.a,x.c,(*px).b,px->c);
    return 0;
}
```

3. 编程题

（1）题1：使用结构体实现图书的输入输出，图书信息包括：ISBN、书名、出版社、作者、余量等信息。题2：使用结构体数组实现一次添加多本图书并输出。

（2）在题1的基础上，定义一个函数 void cout(…){…}统计图书余量之和。

（3）采用结构体数组编写程序，定义一个含职工姓名、工作年限、工资总额的结构体类型，初始化5名职工的信息，最后再对工作年限超过30年的职工加100元工资，然后分别输出工资变化之前和之后的所有职工的信息。

（4）使用结构体计算两个复数a、b的和：

a=10+3i　　　　b=5+4i;

（5）使用C语言链表解决约瑟夫环（Josephus）问题：设编号为1，2，…，n的n个人按顺时针方向围坐一圈，约定编号为k（1≤k≤n）的人按顺时针方向从1开始报数，数到m的那个人出列，他的下一位又从1开始报数，数到m那个人又出列，依次类推，直到剩下一个人为止。

（6）题目描述：现有N（N≤1000）名同学参加了期末考试，并且获得了每名同学的信息：姓名（不超过8个字符的字符串，没有空格），语文、数学、英语成绩（均为不超过150的自然数）。总分最高的学生就是最厉害的，请输出总分最高的学生的各项信息（姓名、各科成绩）。如果有多个总分相同的学生，输出靠前的那位。提示，可以调用sort()函数进行排序。

输入 测试1
3
aaa 110 51 4
bbb 114 10 23
ccc 51 42 60
输出 测试1
aaa 110 51 4
输入 测试2
4
aaa 120 120 130
bbb 130 120 130
ccc 140 120 120
ddd 120 110 110
输出 测试2
bbb 130 120 130

（7）题目描述：某培训机构的学员有如下信息：

姓名（字符串）

年龄（周岁，整数）

去年 C 语言成绩（整数，且保证是 5 的倍数）

经过为期一年的培训，所有同学的成绩都有所提高，提升了 20%（当然假设 C 语言成绩的满分是 600 分，不能超过这个得分）。

输入学员信息，请设计一个结构体储存这些学生信息，并设计一个函数模拟培训过程，其中函数参数中包含结构体变量，函数的返回类型为结构体数据类型。

输入测试 1
输入测试的学员数量：3
ZHANGSAN 24 0
LISI   14 400
WANGWU   18 590
输出测试 1
ZHANGSAN 25 0
LISI 15 480
WANGWU 19 600
输入测试 2
输入测试的学员数量：4
AA 22 0
BB 23 500
CC   22 400
DD   23 550

输出测试2
AA 23 0
BB 24 600
CC 23 480
DD 24 600

第 13 章 文　件

导读

在日常的编程过程中，需要处理的数据常常放在文件中，因此文件的操作非常重要。本章主要讲解文件处理的若干操作，包括文件的打开、关闭、各种格式化的读写数据等。通过案例展示，读者需要掌握如何从文件中读出有用的数据，并进行相关数据处理，最后把处理的结果写到文件中。

文件

本章知识点

1. 文件的定义、分类。
2. 文件的不同打开方式、文件关闭。
3. 不同文件的格式化读写数据相关操作函数。
4. 应用文件解决日常生活中的问题。

13.1 文件初探

【案例 13-1】 问题描述：从记事本文件 data. txt 读取多行数据，逐行输出到屏幕上，并对读取的所有整数乘以 2 倍，重新写到文件 data1. txt 中。

/＊ 把下面文件保存到 data. txt 中

1 2 3

4 5 6

7 8 9

10 11 12

＊/

案例要点解析： 从文件读取数据，首先要判断文件打开是否成功。如果打开成功的话，按照格式化的方法读取整型数据；否则输出打开失败的相关信息。本案例采用的是 fscanf( ) 函数从指定文件中读取整数后，依次保存到对应的数组中，然后对数组的元素进行相关运算（乘以 2 倍），然后把数据写到文件中，操作完毕关闭文件。

源程序

```
#include <stdio.h>
int main()
{
```

```
    FILE  *fq;
    int x[4],y[4],z[4];
    FILE *fp;
    fq=fopen("13-1data\data.txt","r+");
    fp=fopen("13-1data\data1.txt","w+");
    if(fq!=NULL)
    for(int i=0;i<4;i++)
    {
        fscanf(fq,"%d %d %d\n",&x[i],&y[i],&z[i]);
    }
    else
        printf("文件不存在");
    for(int i=0;i<4;i++)
    {
        printf("%d %d %d\n",x[i],y[i],z[i]);
        fprintf(fp,"%d %d %d\n",2*x[i],2*y[i],2*z[i]);
                                                    //把2倍数据写文件
    }
    fclose(fq);
    fclose(fp);
    return 0;
}
```

案例运行结果：如图13-1所示。

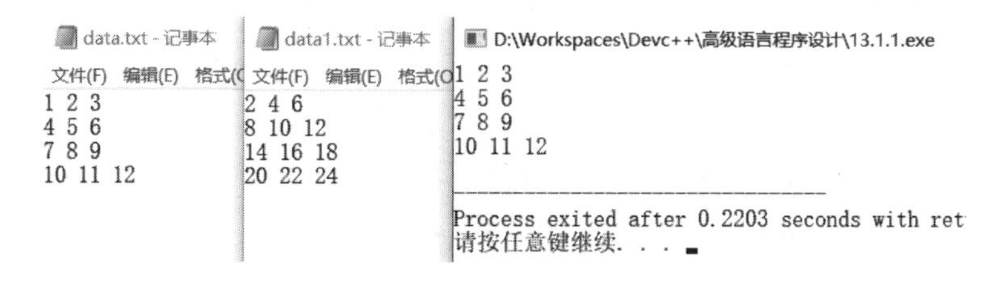

图13-1　程序运行结果图

案例结果总结：掌握文件指针声明、文件的打开、文件的关闭等相关操作，如何格式化读入整型数据是本案例的关键，采用fscanf( ) 函数读入整型数据。

13.2　文件定义、打开关闭

1. 文件的概念

文件（File）是操作系统中一个重要的概念。在系统运行时，计算机以进程为基本单位进行资源的分配和调度；而用户在进行输入、输出的过程中，则以文件为基本单位。大多数应用程序的输入都是通过文件来实现的，输出也都保存在文件中，以便信息的长期存放及将来的访问。当用户将文件用于应用程序的输入、输出时，还希望可以访问文件、修改文件和保存文件等实现对文件的维护管理，这时就需要系统提供一个文件管理系统。操作系统中的文件系统（File System）就是用于实现用户的这些管理需求。

文件是指由创建者所定义的一组相关信息的集合，逻辑上可分为有结构文件和无结构文件。在有结构文件中，文件由一组相似记录组成，如报考某学校的所有考生的报考信息记录，又称记录式文件；而无结构文件则被看成是一个字符流，比如一个二进制文件或字符文件，又称流式文件。

虽然上面给出了结构化的表述，但实际上对于文件并无严格的定义。通常在操作系统中将程序和数据组织成文件，文件可以是数字、字母或二进制代码，基本访问单元可以是字节、行或记录。文件可以长期存储于硬盘或其他二级存储器中，允许可控制的进程间共享访问，能够被组织成复杂的结构。

2. 文件的打开

大部分操作系统要求文件在使用之前就被显示打开。操作函数（open）会根据文件名搜索目录（路径 + 文件名），并将目录条目复制到打开文件表。如果调用 open 的请求（创建、只读、读写、添加等）得到允许，进程就可以打开文件，而 open( ) 函数通常返回一个指向打开文件表中的一个条目的指针。通过使用该指针（而非文件名）进行所有的 I/O 操作，可以简化步骤并节省资源。注意 open( ) 函数调用完成之后，操作系统对该文件的任何操作都不再需要文件名，只需要 open( ) 函数调用返回的指针。

整个系统表包含进程相关信息，如文件在磁盘的位置、访问日期和大小。一个进程打开一个文件，系统打开文件表就会为打开的文件增加相应的条目。当另一个进程执行 open 时，只不过是在其进程打开表中增加一个条目，并指向整个系统表的相应条目。通常系统打开文件表的文件时，还用一个文件打开计数器（OpenCount），以记录多少进程打开了该文件。每个关闭操作 close 则使得变量 Count 递减，当打开计数器为 0 时，表示该文件不再使用，系统将回收分配给该文件的内存空间等资源。若文件被修改过，则将文件写回外存，并将系统打开文件表中的相应条目删除，最后释放文件的文件控制块（FCB）。

在 C 语言中，打开文件的标准函数是 fopen( ) 函数。其调用的一般形式为：

文件指针名 = fopen（文件名，使用文件方式）;

其中：

1）“文件指针名”必须是被声明为 FILE 类型的指针变量。

2）“文件名”是被打开文件的文件名。

3）“使用文件方式”是指文件的类型和操作要求。

文件名要指出对哪个文件进行操作，一般应知道文件名和文件所在的路径。若不指定路径将默认为与应用程序的当前路径相同。文件路径若包含绝对完整路径，则定位子目录的分隔符“\”应用双斜杠“\\”代替。例如，c:\\Workspace\\first.txt，因为在 C 语言中“\”是转义字符，双斜杠就是为了避免冲突而存在的。

使用文件方式指的是文件以何种方式打开，在 C 语言中有表 13-1 所列举的打开方式。

表 13-1　文件打开方法相关表格

打开方式	说　明
r	以只读方式打开文件，该文件必须存在
r +	以读/写方式打开文件，该文件必须存在
rb +	以读/写方式打开一个二进制文件，只允许读/写数据
rt +	以读/写方式打开一个文本文件，允许读和写
w	打开只写文件，若文件存在则长度清为0，即该文件内容消失，若不存在则创建该文件
w +	打开可读/写文件，若文件存在则文件长度清为零，即该文件内容会消失。若文件不存在则建立该文件
a	以附加的方式打开只写文件。若文件不存在，则会建立该文件，如果文件存在，写入的数据会被加到文件尾，即文件原先的内容会被保留（EOF 符保留）
a +	以附加方式打开可读/写的文件。若文件不存在，则会建立该文件，如果文件存在，则写入的数据会被加到文件尾后，即文件原先的内容会被保留（原来的 EOF 符不保留）
wb	以只写方式打开或新建一个二进制文件，只允许写数据
wb +	以读/写方式打开或建立一个二进制文件，允许读和写
wt +	以读/写方式打开或建立一个文本文件，允许读写
at +	以读/写方式打开一个文本文件，允许读或在文本末追加数据
ab +	以读/写方式打开一个二进制文件，允许读或在文件末追加数据

在打开文件时，会执行 C 语言中的标准函数 fopen( )，计算机将执行以下步骤：

1） 在磁盘中找到该文件。

2） 在内存中分配一个 FILE 类型的存储单元。

3） 在内存中分配一个缓冲区。

4） 返回 FILE 结构地址。

在 C 语言中允许同时打开多个文件。不同的文件使用不同的指针指示其存储单元，但不允许一个未被关闭的文件再次被打开。

使用 fopen( ) 函数来创建一个新的文件或者打开一个已有的文件，这个调用会初始化一个 FILE 类型的对象，类型 FILE 包含了所有用来控制流的必要的信息。函数原型为：

FILE * fopen(const char * filename,const char * mode);

函数原型中的第一个参数为文件名，第二个参数为打开模式。模式可以有 r（允许读取）、w（允许写入）、a（允许追加）等。文件顺利打开后，指向该流的文件指针就会被返回。如果文件打开失败则返回 NULL，返回错误信息并退出。

【案例 13-2】 分析下面源程序代码的结果，分析在不同种文件打开方式下指针的值的情况。

源程序

```
#include <stdio.h>
int main()
{
```

```
    FILE *fp;
    fp = fopen("13-2data\data.txt","r + ");
    printf("data.txt 文件已存在时指针的值:%d\n",fp);
    fp = fopen("13-2data\data1.txt","r + ");
    printf("data1.txt 文件不存在时指针的值:%d\n",fp);
    printf("\n");
    fp = fopen("13-2data\data1.txt","w + ");
    printf("data1.txt 更改打开方式后指针的值:%d\n",fp);
    return 0;
}
```

案例运行结果：如图 13-2 所示。

```
data.txt文件已存在时指针的值：53344912
data1.txt文件不存在时指针的值：0

data1.txt更改打开方式后指针的值：53344960
```

图 13-2　案例结果图

案例结果总结：从上述程序运行结果可以看出，如果文件不存在，使用 r + 模式打开文件时，指针值为空，使用 w + 模式打开时，系统自动创建该文件并打开文件。另外文件指针的位置是一个地址，不同电脑文件指针的位置地址空间可能不同。

3. 关闭文件

关闭文件时需要使用 fclose( ) 函数，该函数的原型是：

int fclose(文件指针)；

该函数把缓冲区内的所有数据保存到文件中，关闭文件，则释放所有该流输入输出缓冲区的内存。fclose( ) 函数返回 0 表示成功，返回 EOF 表示产生错误。

【案例 13-3】 主要分析演示文件的打开关闭是否成功，通过分析程序的结果，理解文件的打开、关闭原理，掌握文件打开、关闭相关操作。

源程序

```
#include <stdio.h>
int main()
{
    FILE *f_1, *f_2;
    printf("创建并打开文件 data.txt\n");
    f_1 = fopen("13-3data\data.txt","w + ");
    if(fclose(f_1)! = EOF)
    {
        printf("文件 data.txt 已正常关闭\n");
    }
```

```
        else
        {
            printf("文件 data.txt 未正常关闭\n");
        }
        printf("\n");
        printf("打开不存在的文件 data1.txt\n");
        f_2 = fopen("13-3data\data1.txt","r + ");
        if(fclose(f_2)! = EOF)
        {
            printf("文件 data1.txt 已正常关闭\n");
        }
        else
        {
            printf("文件 data1.txt 未正常关闭\n");
        }
        return 0;
    }
```

案例运行结果：如图13-3所示。

```
创建并打开文件data.txt
文件data.txt已正常关闭

打开不存在的文件data1.txt
文件data1.txt未正常关闭
```

图13-3　运行结果图

案例结果总结：当程序退出时，所有打开的文件都会自动关闭。尽管如此，还是应该在文件处理完成后，主动关闭文件。否则一旦遇到非正常程序终止，就可能会丢失数据。而且一个程序可以同时打开的文件数量是有限的，数量上限为常量FOPEN_MAX规定的值。

13.3　常用的文件处理函数

C语言标准库stdio.h中提供了一系列文件的读写操作函数，常用的如下：

（1）文件的打开和关闭函数：fopen()和fclose()。

（2）字符方式文件读写函数：fgetc()和fputc()。

（3）字符串方式文件读写函数：fgets()和fputs()。

（4）格式化方式文件读写函数：fscanf()和fprintf()。

（5）数据块方式读写函数：fread()和fwrite()。

（6）字符方式文件读写函数：fgetc()和fputc()。

函数 fgetc() 从 fp 所指向的输入文件中读取一个字符。返回值是读取的字符，如果发生错误则返回 EOF。函数原型为：

int fgetc(FILE * fp);

fputc() 函数把参数 c 的字符值写入到 fp 所指向的输出流中。如果写入成功的话，它会返回写入的字符，如果发生错误，则会返回 EOF。函数原型为：

int fputc (int c, FILE * fp);

【案例 13-4】 文件以字符方式读取数据，并以字符方式写入到对应文件中，分析程序过程与结果，掌握以字符方式读写文件的存储方式。

源程序

```
#include <stdio.h>
#include <string.h>
int main()
{
    FILE *fp;
    char ch[255];
    int i=0;
    fp=fopen("13-4data\in.txt","r+");
    while((ch[i++]=fgetc(fp))!=EOF&&i<255)
    {
        printf("%c",ch[i-1]);
    }
    fclose(fp);
    FILE *f;
    char *s="123456789!";
    f=fopen("13-4data\out.txt","w+");
    for(i=0;i<strlen(s);i++)
        fputc(s[i],f);
    fclose(f);
    return 0;
}
```

案例运行结果：如图 13-4 所示。

案例结果总结：打开文件，通过 fgetc() 每次从指定的文件读出一个字符，fputc() 写一个字符到指定的文件里面，上面文件操作一次能够读入或者写入一个字符。

1. 字符串方式文件读写函数：fgets() 和 fputs()

fgets() 函数从 fp 所指向的输入流中读取 n-1 个字符。它会把读取的字符串复制到缓冲区，并在缓冲区的最后追加一个“NULL”字符来终止字符串。如果这个函数在读取最后一个字符之前就遇到一个换行字符（'\n'）或在文件的末尾遇到了 EOF 结束标记，则只会返回读取到的字符，包括换行符，函数原型为：

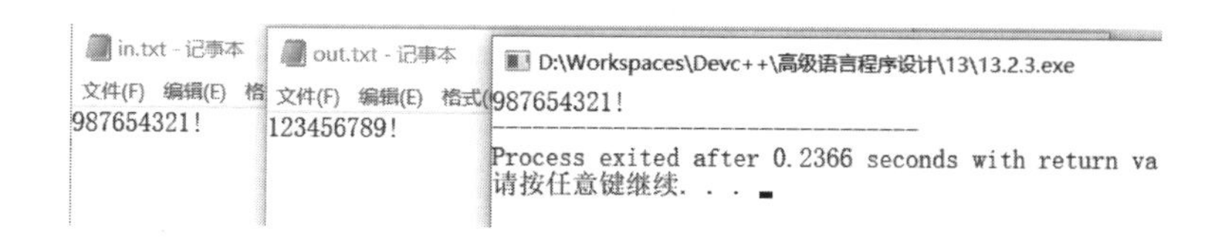

图 13-4　运行结果图

char ＊fgets(char ＊buf,int n,FILE ＊fp);

函数 fputs() 把字符串 s 写入到 fp 所指向的输出流中。如果写入成功，它会返回一个非负值，如果发生错误，则会返回 EOF。函数原型为：

int fputs(const char ＊s,FILE ＊fp);

【案例 13-5】 文件以字符串方式读取数据，并以字符串方式写入到对应文件中，分析程序的执行过程与运行结果，掌握字符串方式读写文件的原理。

源程序

```
#include <stdio.h>
#include <string.h>
int main()
{
    FILE *fp;
    char ch[255];
    int i =0;
    fp =fopen("13-5data\in.txt","r+");
    fgets(ch,10,fp);
    printf("%s",ch);
    fclose(fp);
    FILE *f;
    char *s ="1234567!";
    f =fopen("13-5data\out.txt","w+");
    fputs(s,f);
    fclose(f);
    return 0;
}
```

案例运行结果： 如图 13-5 所示。

案例结果总结： 打开文件，通过 fgets() 函数从指定的文件中读入一个字符串，fputs() 函数写一个字符串到文件里面，读入或者写出字符串保存到相应的地址空间中。

2. 格式化方式文件读写函数：fscanf() 和 fprintf()

函数 fscanf() 从一个流中执行格式化输入，成功返回读入的参数的个数，失败则返回 EOF(-1)。fscanf() 函数遇到空格和换行时结束，注意遇到空格时也结束。这与 fgets()

图 13-5　程序结果图

函数有区别，fgets( ) 函数遇到空格不结束。函数原型为：

int fscanf(FILE * stream,constchar * format,[argument…]);

【案例 13-6】 通过 fscanf( ) 函数格式化从文件读取对应类型的数据并存储起来，然后把结果输出到屏幕中，分析案例的运行结果，掌握 fscanf( ) 函数的使用方法与技巧。

源程序

```
#include <stdio.h>
int main()
{
    FILE *fp;
    char buff[255];
    fp=fopen("13-6data\data.txt","r");
    int a=fscanf(fp,"%s",buff,255);
    printf("读入参数个数为:%d\n",a);
    printf("1:%s\n",buff);
    a=fscanf(fp,"%s",buff,255);
    printf("读入参数个数为:%d\n",a);
    printf("2:%s\n",buff);
    a=fscanf(fp,"%s",buff,255);
    printf("读入参数个数为:%d\n",a);
    printf("3:%s\n",buff);
    fclose(fp);
}
```

案例运行结果： 如图 13-6 所示。

函数 fprintf( ) 按照指定的格式把数据写入到文件中，根据指定的 format（格式）发送信息（参数）到由 stream（流）指定的文件。fprintf( ) 的返回值是输出的字符数，发生错误时则返回一个负值。函数原型为：

int fprintf(FILE * stream,const char * format,…);

【案例 13-7】 通过 fprintf( ) 函数格式化把数据写入文件中，观察案例的运行结果，掌握 fprintf( ) 函数的使用方法与技巧。

源程序

```
data.txt - 记事本
文件(F) 编辑(E) 格式(O)
Thisisdata.txt
thisisfirst.
thisissecond.

D:\C++\文件\6.exe
读入参数个数为：1
1: Thisisdata.txt
读入参数个数为：1
2: thisisfirst.
读入参数个数为：1
3: thisissecond.

--------------------------------
Process exited after 0.0168 seconds with return value 0
请按任意键继续. . .
```

图 13-6　程序运行过程图

```
#include <stdio.h>
int main()
{
    FILE *fp;
    char buff[255];
    fp = fopen("13-7data\data.txt","w+");
    fprintf(fp,"1. 测试文件输出\n");
    fprintf(fp,"2.%d\n",123456);
    fprintf(fp,"3.%s\n","string");
    fclose(fp);
}
```

案例运行结果：如图 13-7 所示。

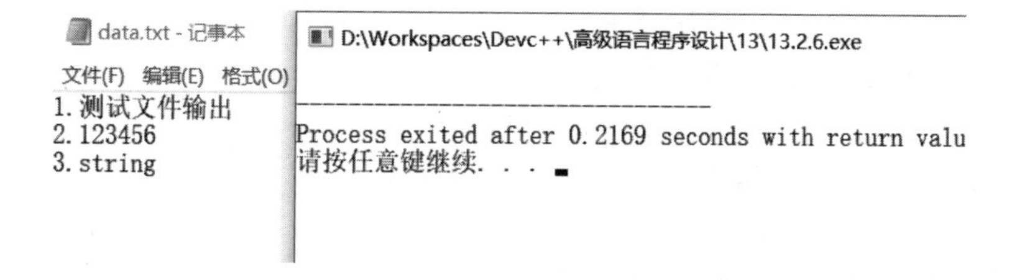

图 13-7　程序运行结果图

案例结果总结：通过 fprintf( ) 函数可以把数据格式化地写入文件中，如果采用"%d"格式，代表把整型数据写入到文件中；如果采用%s 格式，表示把字符串数据写入到文件中。

3. 数据块方式读写函数 fread( ) 和 fwrite( )

语法：

fread（buffer，size，count，fp）;

fwrite（buffer，size，count，fp）;

1）buffer：是一个指针，对 fread 来说它是读入数据的存放地址；对 fwrite 来说，是要输出数据的地址。

2）size：要读写的字节数。

3）count：要进行读写多少个 size 字节的数据项。

4）fp：文件型指针。

C 语言还提供了用于整块数据的读写函数。可用来读写一组数据，如一个数组元素，一个结构变量的值等。

读数据块的函数调用的一般形式为：fread（buffer，size，count，fp）；

写数据块的函数调用的一般形式为：fwrite（buffer，size，count，fp）；

其中 buffer 是一个指针变量，在 fread( ) 函数中，它表示存放输入数据的首地址，在 fwrite( ) 函数中，它表示存放输出数据的首地址，变量 size 表示数据块的字节数，变量 count 表示要读写的数据块数，变量 fp 表示文件指针。

【案例 13-8】 理解并分析程序的执行过程与运行结果，掌握 fread( ) 与 fwrite( ) 函数的使用方法与技巧。

源程序

```
#include <stdio.h>
#include <string.h>
int main()
{
    FILE *fp;
    char c[] = "This is fread and fwrite!";
    char buffer[20];
    fp = fopen("13-8data\data.txt","w+");
    /*写入数据到文件 */
    fwrite(c,strlen(c) +1,1,fp);
    /*查找文件的开头 */
    fseek(fp,0,SEEK_SET);
    /*读取并显示数据 */
    fread(buffer,strlen(c) +1,1,fp);
    printf("%s\n",buffer);
    fclose(fp);
    return(0);
}
```

案例运行结果：

如图 13-8 所示。

案例结果总结： fread( ) 与 fwrite( ) 函数，从文件中读入或者写入一块数据，里面涉及到四个参数，分别代表存储变量的数组地址、一次处理数据的块大小、处理数据的块数、需要处理的具体文件，其中 fseek( ) 函数表示文件的定位位置函数。

date.txt - 记事本
文件(F) 编辑(E) 格式(O) 查看(V) 帮助(H)
This is fread and fwrite!

D:\Workspaces\Devc++\高级语言程序设计\13\13.2.7.exe
This is fread and fwrite!

Process exited after 0.2169 seconds with retur
请按任意键继续. . .

图 13-8　程序运行结果图

13.4　文件的输入、输出重定位

在很多程序竞赛中，需要从同一文件中多次测试案例，然后把每次结果写入到同一文件中，最后通过结果的差异化判断结果是否正确。对于这种需要不停打开相同的文件、写入数据到同一文件中以及操作次数较为频繁的情况，可以使用文件的输入、输出重定位函数进行处理，简单高效。方法很简单，主要是使用 freopen( ) 函数进行重新定位，使用 fclose( ) 函数进行文件的关闭处理。

1. 格式

FILE * freopen(const char * filename,const char * mode,FILE * stream);

2. 参数说明

filename；需要打开的文件名，以及文件的绝对路径。

mode；文件打开方式，一般情况指的是读写（r/w）方式。

stream；文件指针，通常使用标准流文件（stdin/stdout/stderr）。

返回值：成功，返回一个 path 所指定文件的指针；失败，则返回 NULL（一般情况不使用它的返回值）。

功能：实现重定向，把预定义的标准流文件重新定向到由 path 指定的文件中。标准流文件具体是指 stdin 和 stdout。其中 stdin 是标准输入流，默认为键盘；stdout 是标准输出流，默认为屏幕；stderr 是标准错误流，一般把屏幕设为默认。通过调用 freopen( ) 函数，就可以修改标准流文件的默认值，实现文件数据的重定向，这比单纯地从文件里面读取数据要简单，而且不容易出错，在竞赛中经常使用。

3. 使用方法

因为文件指针使用的是标准流文件，因此可以不定义文件指针。

接下来使用 freopen( ) 函数以只读方式 r(read) 打开输入文件 in. txt，对应着标准的键盘输入方式读入数据，代码如下所示：

freopen("in. txt","r",stdin);

然后使用 freopen( ) 函数以写入方式 w(write) 打开输出文件 out. txt，对应着标准的输出屏幕方式显示，代码如下所示：

freopen("out. txt","w",stdout);

进行输入输出的重新定位后，后面的数据处理就跟不使用文件操作一样，这也是使用 freopen( ) 函数的优势，不需要修改任何的输入、输出函数，维持代码原样。因为 freopen( ) 函数重定向了标准流，使其指向前面指定的文件，到最后只需要使用 fclose( ) 关闭输入文件和输出文件即可，具体代码操作如下：

fclose(stdin);

fclose(stdout);

4. 案例说明

【案例13-9】 问题描述：根据题目给定的数据编写程序，从给定的n个整数中找到最大值及首次出现最大值所在的最小下标位置（下标从0开始）。注意：使用文件获取数据，把数据结果写到对应的文件中。

输入格式：

在第一行中输入一个正整数n（1 < n≤100）。第二行输入n个整数，用空格分开。

输出格式：

在一行中输出最大值及最大值首次出现的最小下标，中间用一个空格分开。

输入样例：（输入的数据来源于文件in.txt）

8

2 3 5 9 7 1 9 7

输出样例：（输出的结果写到文件out.txt）

9 3

案例要点解析： 本案例使用了重定向，简单地说就是程序中用标准输入scanf()函数输入的数据从文件in.txt中读取，printf()函数输出的数据直接写入到文件out.txt中去，屏幕上不再等待输入数据，也不再显示输出结果。如果把freopen("in.txt","r",stdin);

freopen("out.txt","w",stdout);这两条语句进行注释的话，就恢复到常规的键盘输入，屏幕输出。大家可以使用键盘输入、屏幕输出进行数据验证，然后再添加上面两行代码即可。

源程序

```
#include <stdio.h>
int main()
{
    freopen("in.txt","r",stdin);
    freopen("out.txt","w",stdout);
    int a[100],i,n;
    int maxi =0;                    //最大元素的下标初始值为0
    scanf("%d",&n);
    for(i =0;i <n;i ++)
    scanf("%d",&a[i]);
    for(i =0;i <n;i ++)
    if(a[maxi] <a[i])
    maxi =i;
    printf("%d %d",a[maxi],maxi);
    fclose(stdin);
```

```
    fclose(stdout);
    return 0;
}
```

案例运行结果：

同案例样例给定的结果一致。

案例结果总结： 使用文件重新定位，非常方便，比使用传统文件打开、关闭、读取数据等操作简单、易懂。也是程序竞赛通用的做法，希望读者理解掌握文件的重定位使用方法。

【案例 13-10】 问题描述：人比人，气死人；鱼比鱼，难死鱼。小鱼最近参加了一个"比可爱"比赛，比的是每条鱼的可爱程度。参赛的鱼被从左到右排成一排，头都朝向左边，然后每条鱼会得到一个整数数值，表示这条鱼的可爱程度，很显然整数越大，表示这条鱼越可爱，而且任意两条鱼的可爱程度可能一样。由于所有的鱼头都朝向左边，所以每条鱼只能看见在它左边的鱼的可爱程度，它们心里都在计算，在自己的眼力范围内有多少条鱼不如自己可爱呢。请帮这些可爱但是鱼脑不够用的小鱼们计算一下。

输入格式：

第一行输入一个整数 n，表示鱼的数目。

第二行内输入 n 个整数，用空格间隔，依次表示从左到右每条小鱼的可爱程度。

输出格式：

行内输出 n 个整数，用空格间隔，依次表示每条小鱼眼中有多少条鱼不如自己可爱。

输入数据：（假设输入数据来源于文件 in. txt）

6

4 3 0 5 1 2

输出数据：（输出的结果需要写到文件 out. txt）

0 0 0 3 1 2

案例要点解析：

需要建立文件重定位的映射关系，主要通过 freopen("in. txt","r",stdin); freopen("out. txt","w",stdout)；将键盘输入映射到文件输入，屏幕结果输出映射到文件输出。首先把 6 4 3 0 5 1 2 这些数据保存到 in. txt 文件的数据中，并且与源代码文件放在同一文件夹中，剩下就是前面所学到的知识，编写程序代码与文件无关，最后处理完成之后把标准输入输出设备关闭。

源程序

```
#include <stdio.h>
int main()
{
    int n;
    freopen("in.txt","r",stdin);
    freopen("out.txt","w",stdout);
    scanf("%d",&n);
```

```
        int a[n];
        for(int i =0;i <n;i ++)
        {
        scanf("%d",&a[i]);
        int cnt =0;
        for(int j =0;j <i;j ++)
        if(a[i] >a[j])
        cnt ++;
        printf("%d ",cnt);
        }
        fclose(stdin);
        fclose(stdout);
        return 0;
    }
```

案例运行结果：

同案例给定样例一致。

13.5 文件综合应用

【案例 13-11】 问题描述：要求读取文件 file1. txt 的内容：

12

34

56

将上面文件的内容，逐行倒序输出到文件 file2. txt 中。其结果如下：

56

34

12

案例要点解析：

分别打开读取与写入数据的两个文件，从文件 file1. txt 中逐个读取字符，存储在数组中，然后将数组元素倒序后写入到文件 file2. txt 中。

源程序

```
#include <stdio.h>
#include <stdlib.h>
#define MAX_LINE_LENGTH 1024
int main()
{
    //读文件,打开文件等操作
```

```
FILE *fpone;
FILE *fptwo;
fpone = fopen("13-9data\filea.txt","r");
fptwo = fopen("13-9data\fileb.txt","w");
if(fpone == NULL)
{
    perror("13-9data\filea.txt");
    exit(EXIT_FAILURE);
}
if(fptwo == NULL)
{
    perror("13-9data\fileb.txt");
    exit(EXIT_FAILURE);
}
//把原始数据存储起来,使用动态内存
int max =10;
int *a_ptr = (int *)malloc(max *sizeof(int));
int *b_ptr;
if(a_ptr == NULL)
{
    perror("开辟内存");
    exit(-1);
}
char ch;
int i =0,j =0;
//获取原始数据,并存储在指针 a_ptr 所指向的空间中
while((ch = fgetc(fpone))! = EOF)
{
    printf("%c",ch);
    a_ptr[i ++] = ch;
    j ++;
    if(i > =max)
    {
        max = max *2;
        b_ptr = (int *)realloc(a_ptr,max *sizeof(int));
        if(b_ptr == NULL)
        {
            perror("开辟内存");
```

```
                exit(-1);
            }
            a_ptr=b_ptr;
        } }
    //处理数据
    for(int m=j-1;m >=0;m--)
    {
        for(int n=m;n >=0;n--)
        {
            if(a_ptr[n]=='\n'||n==0)
            {
                //重新构造顺序
                int j=(n==0 ? n :(n+1));
                int i=m;
                for(;i >=(n+m)/2,j <=(n+m)/2;i--,j++)
                {
                    int temp=a_ptr[i];
                    a_ptr[i]=a_ptr[j];
                    a_ptr[j]=temp;
                }
                m=n;
                break;
            }
        } }
    //写入另外一个文件
    for(;--j >=0;)
    {
        fputc(a_ptr[j],fptwo);
    }
    //关闭文件操作
    if(fclose(fpone)!=0)
    {
        perror("fclose");
        exit(EXIT_FAILURE);
    }
    if(fclose(fptwo)!=0)
    {
        perror("fclose");
```

```
            exit(EXIT_FAILURE);
        }
        free(b_ptr);
        return 0;
    }
```

案例运行结果：如图13-9所示。

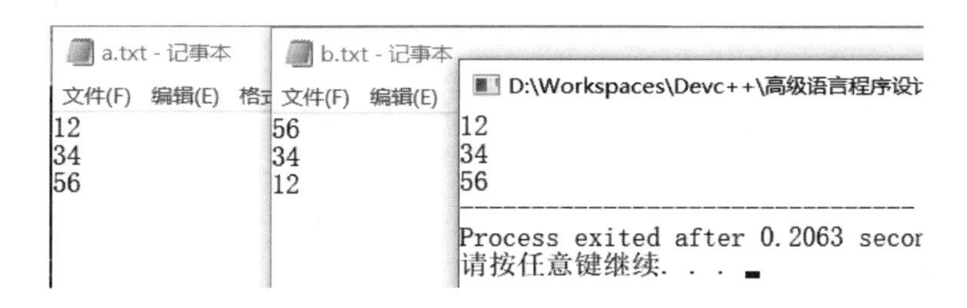

图13-9 程序运行结果图

案例结果总结：一般情况从文件读取的数据为二进制文件，如果要对文件的数据进行运算，需要把二进制数据转换为对应的数据类型，如int等，或者采用格式化的读取文件数据方法，请读者自行掌握。

13.6 本章小结

文件是指由创建者所定义的一组相关信息的集合，逻辑上可分为有结构的流式文件和无结构的记录式文件。

打开文件的标准函数是fopen() 函数。其调用的一般形式为：

文件指针名 = fopen（文件名，使用文件方式）;

其中：

1）“文件指针名”必须是被声明为FILE类型的指针变量。

2）“文件名”是被打开文件的文件名。

3）“使用文件方式”是指文件的类型和操作要求。

关闭文件时需要使用函数fclose()，该函数的原型是：

int fclose（文件指针）;

C语言标准库stdio.h中提供了一系列文件的读写操作函数，常用的如下：

1）文件的打开和关闭函数：fopen() 和fclose()。

2）字符方式文件读写函数：fgetc() 和fputc()。

3）字符串方式文件读写函数：fgets() 和fputs()。

4）格式化方式文件读写函数：fscanf() 和fprintf()。

5）数据块方式读写函数：fread() 和fwrite()。

掌握文件的重定位操作，具体包含如下语句：

freopen("文件名","r",stdin);fclose(stdin);

freopen("文件名","w",stdout);fclose(stdout);

习 题 13

1. 选择题

(1) 以下语句将输出______。

```
#include <stdio.h>
int main()
{
    printf("%d %d %d",null,'\0',EOF);
    return 0;
}
```

A) 0 0 -1　　B) 0 0 1　　C) NULL　EOF　　D) 1 0 EOF

(2) 如果二进制文件 a. dat 已经存在，现在要求写入全新数据，应以______方式打开。

A) "w+"　　B) "w"　　C) "wb"　　D) "wb+"

(3) 缓冲文件系统的文件缓冲区位于______。

A) 磁盘文件中　　B) 磁盘缓冲区中　　C) 程序文件中　　D) 内存数据区中

(4) 若 fp 是指向某文件的指针，且已读到文件末尾，则函数 feof (fp) 的返回值为______。

A) EOF　　B) -1　　C) 1　　D) NULL

(5) C 语言中，能识别处理的文件为______。

A) 流文件和文本文件　　B) 文本文件和数据块文件

C) 数据文件和二进制文件　　D) 文本文件和二进制文件

2. 填空题

(1) 函数 fopen() 的返回值为______。

(2) 文件的三大特征为______，______和______。

(3) 函数 rewind 的作用为______。

(4) 只能向指定文件写入一个字符的函数为______。

(5) 使文件指针重新定位到文件读写的首地址的函数为______。

3. 编程题

(1) 从键盘上输入一个字符串，以"#"号结束，将其中的小写字母改成大写字母，大写字母改为小写字母，然后输出到一个磁盘文件中。

(2) 从磁盘文件读入一组字符串，并将其输出到控制台。

(3) 有两个磁盘文件，各自存放一些字符，要求两个文件合并，用 C 语言实现。

(4) 有两个磁盘文件 a. txt 和 b. txt，其中：

a. txt 存放：12　13　14　15

b. txt 存放：21　31　41　51

要求：从两个文件读出对应数据并将其对应值相加，将结果输出到 c. txt 中。

c. txt 最终存放：33 44 55 66

（5）统计英文文本文件中，有多少个大写字母、小写字母、数字、空格、换行以及其他字符。

（6）文件加密和解密，将文件 1. txt 加密后保存到 1-Encrypt. txt；解密以后保存到 1-Decrypt. txt。加密方式采用异或加密，即每个字符异或一个整数的方式。将以下文本保存至 1. txt 中：File encryption and decryption saves the file 1. txt encryption to 1-Encrypt. txt；注意，最好按照二进制的方式加密，可以保证绝对精确；文本的方式，换行符会被解析为/r/n，往往容易出现问题。

第 14 章 综合案例

导读

本章主要利用前面所学到的分支、循环、数组、函数、结构体、指针、文件等进行综合程序设计。本章实现了三个综合案例，三个案例侧重点不同，第一个案例要求掌握结构体、函数、多分支等知识及其综合应用；第二个案例主要考查结构体、文件等相关数据操作及其应用；第三个案例主要考查指针、结构体、链表的添删改查等综合应用。

本章知识点

1. 结构体、函数、多分支的综合应用。
2. 结构体、文件数据操作、函数的综合应用。
3. 结构体、链表的添删改查等综合应用。

14.1 学生成绩管理系统

【案例 14-1】 问题描述：学生信息包括学号、姓名、语文成绩、计算机成绩、总分等。试设计学生信息管理系统。

设计要求：

1）系统以菜单方式工作。

2）具备学生信息添加功能。

3）具备学生信息删除功能。

4）具备对学生信息进行排序，可以按照总分由高到低顺序排列的功能等。

5）具备学生信息的修改与删除等功能。

6）具备学生信息查询功能等。

7）界面齐整，容易操作。

8）有一定容错能力，例如，输入成绩不在 0 ~ 100 之间，给出提示信息，并提示重新输入。

9）最好用结构体或者链表的方式实现案例。

案例要点解析：

首先，一个学生个体包括这么多的属性，应该考虑定义一个结构体。其次，应该考虑数据的存储形式：是定义一个数组来存储，还是定义一个结构体来存储？在这里如果以数组的方式来存储，理论上是可以的，然而定义一个数组首先必须知道学生人数大概是多少，以便确定数组的大小。但是题目中并没有给出学生人数范围，而且题目要求中有删除、插入操作，所以用结构体的方式比较合适。

对于菜单的实现，首先用 printf( ) 函数把程序的功能列出来，然后根据用户输入的不同，而执行不同的函数选项，执行完一个功能后返回函数主菜单。文件的读写操作可参照书中文件的有关章节进行编写程序。

按照菜单模式，实现学生成绩的添加、删除，查找、修改学生字段信息，按照总分进行排序等功能。

学生结构体具有学号、姓名、语文成绩、计算机成绩、总分等字段。

具体由数字功能导航键进行菜单选择。

1 添加记录 |
2 显示记录 |
3 修改记录 |
4 删除记录 |
5 查找记录 |
6 排序记录 |
0 退出系统 |

源程序

```
#include <stdio.h>
#include <string.h>
#include <stdlib.h>
#define HH printf("%-10s%-10s%-10s%-10s  %-10s\n","学号","姓名","语文成绩","计算机成绩","总分")
typedef struct student                        //学生记录
{
    int  id;                                  //学号
    char name[20];                            //姓名,不超过 20 个字符
    int  chinese;                             //语文成绩
    int  computer;                            //计算机成绩
    int  sum;                                 //总分
}student;
static int n;                                 //记录学生信息条数
void menu();                                  //导航菜单键
void add(struct student stu[]);               //添加学生的信息
void show(struct student stu[],int i);        //显示第 i 个学生的信息
void showAll(struct student stu[]);           //显示所有学生的信息
void modify(struct student stu[]);            //修改学生的信息
void del(struct student stu[]);               //删除指定学生的信息
void search(struct student stu[]);            //查找满足条件的学生信息
```

```
void sort(struct student stu[]);     //按照学生总成绩的由高到低排序

void menu()
{
system("cls");                                 //清空屏幕
printf("\n");
printf("\t\t -------------学生成绩管理系统-------------\n");
printf("1 添加记录            | \n");
printf("2 显示记录            | \n");
printf("3 修改记录            | \n");
printf("4 删除记录            | \n");
printf("5 查找记录            | \n");
printf("6 排序记录            | \n");
printf("0 退出系统            | \n");
printf(" ------------------------- |\n");
printf("请选择(0~6):");
}

void add(struct student stu[])
{
int i,id=0;                                    //i作为循环变量,id用来保存新
                                               //学号
char quit;                                     //保存是否退出的选择
do
{
    printf("学号:");
    scanf("%d",&id);
    for(i=0;i<n;i++)
    {
        if(id==stu[i].id)                      //假如新学号等于数组中某学生的
                                               //学号
        {
            printf("此学号存在!\n");
            return;
        }
    }
    stu[i].id=id;
    printf("姓名:");
```

```
        scanf("%s",&stu[i].name);
        printf("语文成绩:");
        do{
        scanf("%d",&stu[i].chinese);
        if(stu[i].chinese >=0&&stu[i].chinese <=100)
        {
            printf("语文分数有效\n ");
            break;
        }
            else printf(" 语文分数无效 重新输入分数\n");
        } while(1);
        printf("计算机成绩:\n");
        do
        {
            scanf("%d",&stu[i].computer);
        if(stu[i].computer >=0&&stu[i].computer <=100)
        {
            printf("计算机分数有效\n ");
            break;
        }
        else printf(" 计算机分数无效 重新输入分数\n");
        } while(1);


        stu[i].sum=stu[i].chinese+stu[i].computer;   //计算出总成绩
        n++;                                          //记录条数加1
        printf("是否继续添加?(Y/N)");
        scanf("\t%c",&quit);
    } while(quit!='N');
    }

    void show(struct student stu[],int i)
    {
    printf("%-10d",stu[i].id);
    printf("%-10s",stu[i].name);
    printf("%-10d",stu[i].chinese);
    printf("%-10d",stu[i].computer);
```

```
printf("%-10d\n",stu[i].sum);
}

void showAll(struct student stu[])
{
int i;
HH;
for(i=0;i<n;i++)
{
    show(stu,i);
}
}

void modify(struct student stu[])
{
char name[8],ch;                        //name 用来保存姓名,ch 用来保存是
                                          否退出的选择
int i;
printf("修改学生的记录。\n");
printf("请输入学生的姓名:");
scanf("%s",&name);
for(i=0;i<n;i++)
{
    if(strcmp(name,stu[i].name)==0)
    {
        getchar();                      //提取并丢掉 Enter 键
        printf("找到该生的记录,如下所示:\n");
        HH;                             //显示记录的标题
        show(stu,i);                    //显示数组 stu 中的第 i 条记录
        printf("是否修改? (Y/N)\n");
        scanf("%c",&ch);
        if(ch=='Y' || ch=='y')
        {
            getchar();                  //提取并丢掉 Enter 键
            printf("姓名:");
            scanf("%s",&stu[i].name);
            printf("语文成绩:");
            scanf("%d",&stu[i].chinese);
```

```
            printf("计算机成绩:");
            scanf("%d",&stu[i].computer);
            stu[i].sum=stu[i].chinese+stu[i].computer;
                                          //计算出总成绩
            printf("修改完毕。\n");
        }
        return;
    }
}
printf("没有找到该学生的记录。\n");
}

void del(struct student stu[])
{
int id,i;
char ch;
printf("删除学生的记录。\n");
printf("请输入学号:");
scanf("%d",&id);
for(i=0;i<n;i++)
{
    if(id==stu[i].id)
    {
        getchar();
        printf("找到该学生的记录,如下所示:\n");
        HH;                               //显示记录的标题
        show(stu,i);                      //显示数组stu中的第i条记录
        printf("是否删除? (Y/N)\n");
        scanf("%c",&ch);
        if(ch=='Y' || ch=='y')
        {
            for(;i<n;i++)
                stu[i]=stu[i+1];          //被删除记录后面的记录均前移一位
            n--;                          //记录总条数减1
            printf("删除成功!");
        }
        return;
    }
}
```

```
printf("没有找到该学生的记录!\n");
}

void search(struct student stu[])
{
char name[8];
int i;
printf("查找学生的记录。\n");
printf("请输入学生的姓名:");
scanf("%s",&name);
for(i=0;i<n;i++)
{
    if(strcmp(name,stu[i].name)==0)
    {
        printf("找到该学生的记录,如下所示:\n");
        HH;                          //显示记录的标题
        show(stu,i);                 //显示数组 stu 中的第 i 条记录
        return;
    }
}
printf("没有找到该学生的记录。\n");
}

void sort(struct student stu[])
{
int i,j;
struct student t;
printf("按总成绩进行排序,");
for(i=0;i<n-1;i++)               //双层循环实现总分的比较与排序
{
    for(j=i+1;j<n;j++)
    {
        if(stu[i].sum<stu[j].sum)
        {
            t=stu[i];
            stu[i]=stu[j];
            stu[j]=t;
        }
```

```
        }
    }
    printf("排序结果如下:\n");
    showAll(stu);                                    //显示排序后的所有记录
    }
    //主函数入口地址
    int main()
    {
    struct student stu[50];
    int select,quit=0;
    while(1)
    {
        menu();
        scanf("%d",&select);
        switch(select)                               //根据菜单项进行选择某一菜单进行
                                                       执行
        {
            case 1:
                add(stu);
                break;
            case 2:
                showAll(stu);
                break;
            case 3:
                modify(stu);
                break;
            case 4:
                del(stu);
                break;
            case 5:
                search(stu);
                break;
            case 6:
                sort(stu);
                break;
            case 0:
                quit=1;
                break;
```

```
            default:
                printf("请输入0~6之间的数据\n");
                break;
        }
        if(quit ==1)
            break;
        printf("按任意键返回主菜单!\n");
        getchar();
        getchar();
    }
    printf("程序结束!\n");
    return 0;
    }
```

14.2 学生信息管理系统

【案例14-2】 问题描述：利用学到的C语言知识，设计一个学生信息管理系统，实现学生各种信息的添加、删除、修改、查找、成员管理、信息统计、显示输出结果等功能。

设计要求：

1）设计学生信息结构体。

2）具有信息的添加功能、修改功能。

3）具有信息的删除功能。

4）具有信息分类处理功能，如统计排序功能。

5）具有信息的查询统计、统计结果输出打印功能。

6）界面齐整，操作方便。

7）要求使用结构体、文件、分支、函数等知识。

案例要点解析

1. 需求分析：

总体功能设计：学生信息管理系统是存放了每个学生的学号、姓名、性别、年龄、出生年月日、地址、电话号码、E-mail信息的数据信息系统，每个人的信息包含在一个结构体变量中。主函数通过输入数字1-8选择菜单，从而执行各模块功能，主要模板功能包括：显示函数模块、追加函数模块、查询函数模块、删除函数模块、修改函数模块、排序函数模块、统计函数模块、退出模块，各个功能的调用通过主函数中的switch语句来实现选择。

2. 各模块功能

1）显示模块（数字1）：通过设计一个模块，实现学生信息的显示，以便于浏览学生的信息。

2）追加模块（数字2）：通过设计一个模块，可实现新的学生信息的加入。

3）查询模块（数字3）：通过设计一个模块，这个模块可以按学生的学号、姓名来查询学生所有的信息，并显示学生的所有信息，以便查询者浏览。

4）删除模块（数字4）：通过设计一个模块，当输入一个学生的学号或者姓名的时候，可以通过这个模块，将输入学号或者姓名的学生的所有信息从数据库中删除，然后这个学生的信息将不会出现在数据库中。

5）修改模块（数字5）：通过设计一个模块，当某个学生的信息发生变化的时候，可以通过修改模块来进行修改。修改模块具有多级子菜单，使用方便、灵活。

6）排序模块（数字6）：通过设计一个模块，实现数据库的信息按某项成员名的升序或者降序排列。这个模块提供了按学号、姓名、年龄三种方式来实现排序，使浏览者一目了然。

7）统计模块（数字7）：通过设计一个模块，这个模块可以按照学生性别、年龄两种方式分别进行统计，并将统计结果显示出来。

8）退出模块（数字8）：输入数字8，退出模块，返回主界面，函数结束。

in. txt 文本文件的内容，有两条记录，如下所示，当然也可以自行添加多条记录

//202001 zhangsan g 21 1999-01 xuchang 15634562123 345678899@ qq. com

//202002 zhangsiq b 20 2000-02 xuchang 15734562123 445678899@ qq. com

源程序

```
    //源程序包含的头文件
    #include <stdio.h>
    #include <string.h>
    #include <conio.h>
    #include <stdlib.h>
    int N=0;
    //学生信息结构体数据类型的定义
    typedef struct stu
    {
        long int num;              /*学号*/
        char name[10];             /*姓名 */
        char sex[4];               /*性别*/
        int age;                   /*年龄*/
        char brithday[10];         /*出生年月 */
        char address[10];          /*地址*/
        char phone[13];            /*电话号码*/
        char e_mail[20];           /*E-mail*/
    }stu;
    stu s[400];
    /*分别介绍10个自定义函数,其中,前面2个函数分别是从文件中读写数据函数;
后面8个函数功能对应于题目中8个主要功能模块,分别用数字菜单1-8来进行功能选
择。*/
```

```
void Re_file();    /* 文件读取函数,从指定文件中读取相关数据信息 */
void Wr_file();    /* 文件写入函数,把相关数据信息写入到指定位置的文件中 */
//下面 8 个数字功能函数
void Disp();       /* 功能 1:从显示器上输出打印相关学生信息 */
void Appe();       /* 功能 2:追加新增 n 条学生信息到数据库系统中 */
void Modi();       /* 功能 3:按照学号或者姓名字段修改系统中指定学生的
                      信息 */
void Dele();       /* 功能 4:按照学号或者姓名来删除系统中指定学号或者姓
                      名的学生信息 */
void Query();      /* 功能 5:按照学号或者姓名来查询系统中指定学号或者姓
                      名的学生信息 */
void Sort();       /* 功能 6:按照学号或者年龄对系统中学生信息进行从小到
                      大的顺序排序 */
void Total();      /* 功能 7:按照性别或者年龄对系统中的学生来进行统计分
                      析、计数等 */
void Quit();       /* 功能 8:退出主界面程序 */

/* 文件读取函数:从指定文件中读取相关数据信息 */
void Re_file()
{
    FILE *fp;
    fp = fopen("D:\in.txt","r");     //文件打开
    while(!feof(fp)
    {
        fscanf(fp,"%ld\n%s\n%s\n%d\n ", &s[N].num,s[N].name,s
[N].sex,&s[N].age);
        fscanf (fp,"%s\n%s\n%s\n%s\n", s[N].brithday,s[N]
.address,s[N].phone,s[N].e_mail);
        N++;
    }
    fclose(fp);                      //文件关闭
}
/* 文件写入函数:把相关数据信息写入到指定位置的文件中 */
void Wr_file()
{
    int i;
    FILE *fp;
    fp = fopen("D:\out.txt","w");
```

```
        for(i=0;i<N;i++)
        {
            fprintf(fp,"%-10ld%-11s%-7s%-10d", s[i].num, s[i].name,
  s[i].sex, s[i].age);
            fprintf(fp,"%-15s%-15s%-20s%-19s\n", s[i].brithday, s
  [i].address, s[i].phone, s[i].e_mail);
        }
        fclose(fp);
    }
    /*下面依次介绍本系统中的8个主要功能函数。*/
    /*功能1:从显示器上输出打印相关学生信息*/
    void Disp()
    {
        int i;
        printf("*********************************************\n");
        printf("学号 姓名 性别 年龄 出生年月 地址 电话 e-mail\n");
        printf("*********************************************\n");
        for(i=0;i<N;i++)
        {
            printf("%-10ld%-11s%-7s%-10d" , s[i].num, s[i].name, s
  [i].sex, s[i].age);
            printf("%-15s%-15s%-20s%-19s\n", s[i].brithday,s[i].
  address,s[i].phone,s[i].e_mail);
        }
        getchar();
    }
    /*功能2:追加新增n条学生信息到数据库系统中*/
    void Appe()
    {
        int n,i,a=1;
        system("cls");
        while(a==1)
        {
            printf("********************\n");
            printf("*请输入追加的个数n:");
            scanf("%d",&n);
            printf("请输入追加的数据:\n");
            printf("学号 姓名 性别(b/g) 年龄 出生年月 地址 电话 e-mail\n");
```

```
            for(i =0;i <n;i ++)
            {
                scanf("% ld% s% s% d", &s[N].num,s[N].name,s[N].sex,
&s[N].age);
                 scanf ("% s% s% s% s", s[N].brithday, s[N].address,
s[N].phone,s[N].e_mail);
                N ++;
            }
            printf("数据已输入完成!\n");
            printf(" *是否再次追加? *\n");
            printf("1. 是  2. 否 *\n");
            printf("*****************\n");
            printf("请选择 1-2:");
            scanf("% d",&a);
            if(a ==2)
            break;
        }
    }
    /* 功能 3:按照学号或者姓名字段修改系统中指定学生的信息 */
    void Modi()
    {
        int m,n,x,k =0,i,j,t;
        char st[20];
        system("cls");
        printf("------------ **------------\n");
        printf(" *请选择修改依据 *\n");
        printf("1. 学号 \n");
        printf("2. 姓名 \n");
        printf("3. 取消 \n");
        printf("请选择 1-3;");
        scanf("% d",&m);
        if(m ==1)
        {
            printf("请输入要修改学生的学号:");
            scanf("% d",&n);
            for(i =0;i <N;i ++)
            if(n == s[i].num)
            {k =1;j =i;}
        }
```

```
        else if(m==2)
        {
            printf("请输入要修改学生的姓名:");
            scanf("%s",st);
            for(i=0;i<N;i++)
            if(!strcmp(s[i].name,st))
            {k=1;j=i;}
        }
        if(k==1)
        {
            printf("------ *请选择修改项目*------\n");
            printf(" *[1]学号 [2]姓名 *\n");
            printf(" *[3]性别 [4]年龄 *\n");
            printf(" *[5]出生日期 [6]地址 *\n");
            printf(" *[7]电话 [8]E-mail   *\n");
            printf(" *[9]取消 *\n");
            printf("请选择想要修改的项目1-9:");
            scanf("%d",&x);
            switch(x)
            {
                case 1:scanf("%d",&t);s[j].num=t;break;
                case 2:scanf("%s",st);strcpy(s[j].name,st);break;
                case 3:scanf("%s",st);strcpy(s[j].sex,st);break;
                case 4:scanf("%d",&t);s[j].age=t;break;
                case 5:scanf("%s",st);strcpy(s[j].brithday,st);break;
                case 6:scanf("%s",st);strcpy(s[j].address,st);break;
                case 7:scanf("%s",st);strcpy(s[j].phone,st);break;
                case 8:scanf("%s",st);strcpy(s[j].e_mail,st);break;
                case 9:break;
            }
        }
        printf("你输入的指令错误!请重新输入。\n");
    }
    /*功能4:按照学号或者姓名来删除系统中指定学号或者姓名的学生信息*/
    void Dele()
    {
        int m,n,k=0,j,i;
        char str[10];
```

```
    system("cls");                      //清屏信息
    printf("------ *请选择删除的依据 *------\n");
    printf("[1]学号 \n");
    printf("[2]姓名 \n");
    printf("请选择删除的类型 1-2:");
    scanf("%d",&m);
    if(m==1)
    {
        printf("请输入要删除同学的学号:");
        scanf("%d",&n);
        for(i=0;i<N;i++)
        if(n==s[i].num)
        {
            k=1, j=i;
        }
    printf("删除成功!");
    }
    else if(m==2)
    {
        printf("请输入删除同学的姓名:");
        scanf("%s",str);
        for(i=0;i<N;i++)
        if(!strcmp(s[i].name,str))
        {
            k=1,j=i;
        }
        printf("删除成功!\n");
    }
    if(k==1)
    {
        for(i=j;i<N-1;i++)
        s[i]=s[i+1];
        N--;
    }
    else
        printf("指令错误,没有找到删除信息!\n");
}
/*功能5:按照学号或者姓名来查询系统中指定学号或者姓名的学生信息*/
```

```
void Query()
{
    int i,n,m,j,k=0;
    char str[10];
    system("cls");
    printf("------ *请选择查询的依据 *------\n");
    printf("[1]学号 \n");
    printf(" [2]姓名 \n");
    scanf("%d",&m);
    if(m==1)
    {
        printf("请输入学生学号:");
        scanf("%d",&n);
        for(i=0;i<N;i++)
        if(n==s[i].num)
        {k=1;j=i;}
    }
    else if(m==2)
    {
        printf("请输入学生姓名:");
        scanf("%s",str);
        for(i=0;i<N;i++)
        if(!strcmp(s[i].name,str))
        {k=1,j=i;}
    }
    if(k==1)
    {
        printf("查询结果如下:\n");
        printf("******************************************\n");
        printf("学号 姓名 性别 年龄 出生年月 地址 电话 E-mail \n");
        printf("******************************************\n");
        printf("%-4ld%-11s%-7s%-4d", s[j].num,s[j].name,s[j].
sex,s[j].age);
        printf("%-11s%-11s%-13s%-19s\n", s[j].brithday,s[j].ad-
dress,s[j].phone,s[j].e_mail);
    }
    else
    {
```

```
        printf("未查找到学生信息!请重新输入。\n");
    }
}
/*功能6:按照学号或者年龄对系统中的学生信息来进行从小到大的顺序排序*/
void Sort() /*排序*/
{
    int m,i,j;
    struct stu temp;
    system("cls");
    printf("------*请选择排序的依据*------\n");
    printf("[1]学号\n");
    printf("[2]年龄\n");
    printf("*************************\n");
    scanf("%d",&m);
    if(m==1)
    {
        for(i=0;i<N-1;i++)
        {
            for(j=i+1;j<N;j++)
            if(s[i].num>s[j].num)
            {temp=s[i];s[i]=s[j];s[j]=temp;}
            else if(m==2)
            {
                for(i=0;i<N-1;i++)
                    for(j=i+1;j<N;j++)
                    {
                        if(s[i].age>s[j].age)
                        {temp=s[i];s[i]=s[j];s[j]=temp;}
                        else if(s[i]. age==s[j].age)
                        {
                            if(s[i].num>s[j].num)
                            {temp=s[i];s[i]=s[j];s[j]=temp;}
                        }
                    }
            }
                else{
                        printf("指令错误!请重新输入。\n");
                    }
```

```
        }
    }
}
/*功能7:按照性别或者年龄对学生相关信息进行统计分析、计数等*/
void Total()
{
    int j=0;
    char sex[4];//性别
    int age;
    struct stu *p;
    int m;
    int kz=0;
    system("cls");
    printf("\n\n\n");
    printf("------- *请选统计项目*---------\n");
    printf("[1]性别 [2]年龄 \n");
    printf("[3]取消 \n");
    printf("请输入想要统计的项目1-3:");
    scanf("%d",&m);
    int gs=0;
    if(m==1)
    {
        printf("请输入学生性别:");
        scanf("%s",sex);
        for(p=s;p<s+N;p++)
        {
            if(strcmp(p->sex,sex)==0)
            gs++;
        }
        for(p=s;p<s+N;p++)
        {
            if(strcmp(p->sex,sex)==0)
            {
                j=1;
                if(kz==0)
                {
                    printf("统计到的信息如下:\n");
                    kz++;
```

```
                printf("符合该性别的人数:%d",gs);
            }
        }
    }
}
else if(m==2)
{
    printf("请输入学生年龄:");
    scanf("%d",&age);
    for(p=s;p<s+N;p++)
    {
        if(p->age==age)
        gs++;
    }
    for(p=s;p<s+N;p++)
    {
        if(p->age==age)
        {
            j=1;
            if(kz==0)
            {
                printf("统计到的信息如下:\n");
                kz++;
                printf("符合该年龄的人数:%d\n",gs);
            }
        }
    }
}
else
{
    printf("你输入的信息有误!请重新输入。\n");
}
}
/*功能8:退出主界面程序*/
void Quit() /*退出*/
{
    system("cls");
```

```
    printf(" 谢谢你的使用,欢迎再次光临\n");
}

/*主函数入口:*/
int main()
{
    int choice;
    Re_file();//从文件中读取相关学生信息,调用函数
    choice=1;
    while(choice)
    {
        clrscr();
        system("cls");
        printf("欢迎使用学生信息管理系统\n");
        printf("1:显示\n");
        printf("2:追加\n");
        printf("3:修改\n");
        printf("4:删除\n");
        printf("5:查询\n");
        printf("6:排序\n");
        printf("7:统计\n");
        printf("8:退出 \n");
        printf("\n 请输入你要选择的功能:1-8:");
        scanf("%d",&choice);  //输入你要选择的功能数字键
        switch(choice)
        {
            case 1:  Disp();            break;
            case 2:  Appe();  Disp();  break;
            case 3:  Modi();  Disp();  break;
            case 4:  Dele();  Disp();  break;
            case 5:  Query();          break;
            case 6:  Sort();  Disp();  break;
            case 7:  Total();          break;
            case 8:  Quit();  choice=0;break;
        }
        printf("\n 请按任意键继续....... \n");
        getchar();
    }
```

```
    Wr_file();          //把相关学生信息写入到指定文件中,调用写入函数
    return 0;
}
```

14.3 链表的综合运算

链表是一种常见的数据结构。它与常见数组是不同的，使用数组时，需要先指定数组的规模，即数组元素的个数。当向这个数组中加入的元素个数超过了数组大小时，便不能将内容全部保存下来。如果使用链表这种存储方式，其元素个数是不受限定的，当对链表进行添加、删除元素等操作时，链表元素的个数就会随之改变，而且链表的添加、删除、修改、查找等操作不需要移动很多元素，比起数组具有较大的优势。链表的使用是后面学习数据结构的前导基础，而链表的学习重点主要是掌握指针与结构体的使用方法。

【案例 14-3】 问题描述：给定一些整型元素，要求按照链表的结构进行创建，然后对链表中的元素进行添删改查。

设计要求：

1）设计链表结构体。

2）具备链表信息的添加、删除功能。

3）具备链表信息的修改功能。

4）具备链表信息的查询、统计功能。

5）界面美观、操作方便。

6）使用结构体、文件、结构体指针、链表等知识。

案例要点解析：

先定义链表的结构体成员，而且题目要求中有大量的删除、插入操作，所以用链表的方式比较方便。

对于菜单的实现，首先用 printf() 函数把程序的功能列出来，然后根据用户输入数字的不同而选择执行不同的函数，执行完了一个功能后又回到主菜单，文件的相关操作参考上一章的知识。

根据菜单选项实现链表创建、添加、删除、修改、插入等信息，具体菜单功能如下：

```
1. 创建链表                              |
2. 显示链表所有元素                      |
3. 删掉链表指定元素                      |
4. 修改指定链表元素                      |
5. 在链表中指定位置前，插入指定元素      |
6. 在链表中查找指定元素，返回其位置      |
0. 退出系统                              |
```

源程序

```
#include <stdio.h>
#include <malloc.h>
```

```
#include <string.h>
#include <stdlib.h>
typedef struct link
{
    int data;
    struct link *next;
}link;
link *t;
link *createlink()
{
link *h=NULL;
link *p1,*p2;             //p2=h
int t;
printf("输入第一个结点值:");
while(scanf("%d",&t)!=EOF)
{
    p1=(link *)malloc(sizeof(link));
    p1->data=t;
    if(h==NULL)
    {
        h=p2=p1;
    }
    else {
    p2->next=p1;
    p2=p1;
    }
printf("如果不想继续,请输入ctrl+z结束,继续的话,请输入结点值:");
}
p2->next=NULL;
return h;
}
void show(link *t)
{ printf("相关操作之后的结果:");
    while(t!=NULL)
    {
        printf("%d ",t->data);
        t=t->next;
    }
```

```
printf("\n");
}
void findx(link *t,int x)        //查找成功,返回结点的位置下标,从1
                                   开始,查找不成功,输出查找不成功
{  int i =1;
   while(t- >data! =x)
   {
       t =t- >next;
       i ++;
}
if(t! =NULL)
printf("查找成功% d 的位置为% d\n",x,i);
else
printf("查找不成功,链表无此元素\n");
}
link *deletelink(int k)
{
    link *h, *p, *q;
    h =t;
    //p 记录被删掉节点的前驱结点, *q 为删掉结点,p 的后继结点
    while(t- >data! =k)
    {  p =t;
       t =t- >next;
 }
 q =t;
 p- >next =q- >next;
 free(q);
    return h;
 }
 link *updatelink(int m,int n)  //查找结点 m,修改为 n
 {
     link *h;
     h =t;
     //查找结点 m
     while(t- >data! =m)
     {
         t =t- >next;
 }
```

```
 //找到用 n 替换
 t->data=n;
     return h;
     }
 //在 m 结点前面增加结点 n
 link *insertlink(int m,int n)
 {
     link *h, *p, *q;
     h=t;
     //p 记录被增加节点的前驱结点
     while(t->data!=m)
     {  p=t;
        t=t->next;
 }
 q=(link *)malloc(sizeof(link));
 q->data=n;                 //开辟结点,存储数据
 q->next=p->next;
 p->next=q;                 //插入结点:先弄后指针,在弄前指针
     return h;
 }
 void menu()
 {
 system("cls");             //清空屏幕
 printf("\n");
 printf("链表创建、添加删除修改插入显示          | \n");
 printf("1 创建链表                              | \n");
 printf("2 显示链表所有元素                      | \n");
 printf("3 删掉链表指定元素                      | \n");
 printf("4 修改指定链表元素                      | \n");
 printf("5 在链表中指定位置前,插入元素          | \n");
 printf("6 在链表中查找指定元素,返回其位置      | \n");
 printf("0 退出系统                              | \n");
 printf("请选择(0-6):");
 }
 int main()
 {
     int select,quit=0;
 printf("输入创建链表阶段:输入不同的结点值,直到 ctrl+z 结束");
```

```
    while(1)
    {
        menu();
        scanf("%d",&select);
        switch(select)        //根据菜单项进行选择某一菜单进行执行
        {
            case 1:
                t=createlink();;
                break;
            case 2:
                show(t);;
                break;
            case 3:
                {
                int k;
                printf("输入待删掉的结点的值:");
                scanf("%d",&k);
                t=deletelink(k);
                }  break;
            case 4:
                {
                printf("\n输入要修改的结点的源节点与目标结点的数据:");
                int m,n;        //找到m结点用n替换
                scanf("%d %d",&m,&n);
                t=updatelink(m,n);
                }  break;
            case 5:                //x结点前面插入y
                {int x,y;
                 printf("\n输入待插入的结点与被插入的结点");
                                //x前面插入y
                                scanf("%d%d",&x,&y);
                                t=insertlink(x,y);
                                printf("输出插入之后的结果:");
                                show(t);
                }  break;
            case 6:
            {
                printf("输入查找结点的数据值:");
```

```
                int x;
                    scanf("%d",&x);
                    findx(t,x);
                }break;
            default:
                printf("请输入 0~6 之间的数据\n");
                break;
        }
        if(quit==1)
            break;
        printf("按任意键返回主菜单!\n");
        getchar();
        getchar();
    }
    //show(t);

    return 0;
}
```

习　题　14

1. 图书信息及借阅管理系统

主要包括管理图书的库存信息、每本书的借阅信息以及每个人的借书信息。每种图书的库存信息包括编号、书名、作者、出版社、出版日期、金额、类别、总入库数量、当前库存量、已借出数量等。每本被借阅的书都包括如下信息：编号、书名、金额、借书证号、借书日期、到期日期、罚款金额等。每个人的借书信息包括借书证号、姓名、班级、学号等。

系统功能包括以下方面：

（1）借阅资料管理

要求把书籍、期刊、报刊分类管理，这样的话操作会更加灵活和方便，可以随时对相关资料进行添加、删除、修改、查询等操作。

（2）借阅管理

1）借出操作。

2）还书操作。

3）续借处理。

提示：以上处理需要互相配合，赔偿、罚款金额的编辑等操作完成图书借还业务的一部分。例如，读者还书时不仅要更新图书的库存信息，还应该自动计算该书应罚款金额。并显示该读者所有至当日内到期未还书信息。

（3）读者管理

读者等级：对借阅读者进行分类处理，例如，可分为教师和学生两类。并定义每类读者的可借书数量和相关的借阅时间等信息。

读者管理：可以录入读者信息，并且可对读者提供挂失或注销、查询等服务。

（4）统计分析

随时可以进行统计分析，以便及时了解当前的借阅情况和相关的资料状态，统计分析包括借阅排行榜、资料状态统计和借阅统计、显示所有至当日内到期未还书信息等。

（5）系统参数设置

可以设置相关的罚款金额，最多借阅天数等系统服务器参数。

2. 教师工资管理系统

每个教师的信息包括：教师号、姓名、性别、单位名称、家庭住址、联系电话、基本工资、津贴、生活补贴、应发工资、电话费、水电费、房租、所得税、卫生费、公积金、合计扣款、实发工资。注：应发工资 = 基本工资 + 津贴 + 生活补贴；合计扣款 = 电话费 + 水电费 + 房租 + 所得税 + 卫生费 + 公积金；实发工资 = 应发工资 − 合计扣款。

（1）教师信息处理

1）输入教师信息。

2）插入（修改）教师信息。

3）删除教师信息。

4）浏览教师信息。

5）排序、查询功能。

6）退出系统功能。

（2）教师数据处理

1）按教师号录入教师基本工资、津贴、生活补贴、电话费、水电费、房租、所得税、卫生费、公积金等基本数据。

2）教师实发工资、应发工资、合计扣款计算。

提示：计算规则参考题目。

3）教师数据管理

提示：输入教师号，读取并显示该教师信息，输入新数据，将改后信息写入文件中。

4）教师数据查询：

提示：输入教师号或其他信息，即读出所有数据信息，并显示出来。

5）教师综合信息输出

提示：输出教师信息到屏幕。

3. 设计银行储蓄系统

开发一个储蓄业务中功能比较常用的系统，在该系统中以储户信息为核心，围绕储户信息，实现存款、取款和查询等功能，模拟 ATM（自动柜员机）。该业务平台还应具有一定扩展性，可方便扩充其他功能，如挂失等。具体功能有：开户、销户、存款、取款、查询、保存与打开。

功能：能够输入和查询客户存款取款记录。在客户文件中，每个客户是一条记录，包括编号、客户姓名、支取密码、客户地址、客户电话、账户总金额；在存取款文件中，每次存取款是一条记录，包括编号、日期、类别、存取数目、经办人，类别分为取款和存款两种。本系统能够输入客户存款或取款记录；根据客户姓名查询存款和取款记录。

分步实施：

1）初步完成总体设计，搭好框架，确定人机对话界面，确定函数个数。

2）建立一个文件，输入客户的必要信息，能对文件进行显示、输入、修订、删除等。

3）进一步要求：完成以客户姓名查询存款和取款记录的功能，并能得到每次账户的总金额。

要求：

1）用C语言实现系统。

2）利用结构体数组实现信息的数据结构设计。

3）系统的各个功能模块要求用函数的形式实现。

4）界面友好（良好的人机交互），程序中加必要的注释。

课程设计实验报告要求包括：题目、课程设计任务、数据结构、程序的总体设计（算法）、功能模块划分、每个功能的流程图、主要功能的实现代码、主要功能的详细功能测试情况及调试中出现的问题与解决方案、实验报告心得体会等。

附　录

附录 A　相关参考表

表 A-1　ASCII 码表

ASCII 值	控制字符	ASCII 值	控制字符	ASCII 值	控制字符	ASCII 值	控制字符
0	NUT	32	(space)	64	@	96	、
1	SOH	33	!	65	A	97	a
2	STX	34	"	66	B	98	b
3	ETX	35	#	67	C	99	c
4	EOT	36	$	68	D	100	d
5	ENQ	37	%	69	E	101	e
6	ACK	38	&	70	F	102	f
7	BEL	39	,	71	G	103	g
8	BS	40	(	72	H	104	h
9	HT	41	)	73	I	105	i
10	LF	42	*	74	J	106	j
11	VT	43	+	75	K	107	k
12	FF	44	,	76	L	108	l
13	CR	45	-	77	M	109	m
14	SO	46	.	78	N	110	n
15	SI	47	/	79	O	111	o
16	DLE	48	0	80	P	112	p
17	DCI	49	1	81	Q	113	q
18	DC2	50	2	82	R	114	r
19	DC3	51	3	83	S	115	s
20	DC4	52	4	84	T	116	t
21	NAK	53	5	85	U	117	u
22	SYN	54	6	86	V	118	v
23	TB	55	7	87	W	119	w
24	CAN	56	8	88	X	120	x
25	EM	57	9	89	Y	121	y
26	SUB	58	:	90	Z	122	z
27	ESC	59	;	91	[	123	{
28	FS	60	<	92	/	124	|
29	GS	61	=	93	]	125	}
30	RS	62	>	94	^	126	`
31	US	63	?	95	_	127	DEL

表 A-2 运算符的优先级和结合的先后顺序

优先级	运算符	名称或含义	使 用 形 式	结合方向	说明
1	[ ]	数组下标	数组名［常量表达式］		
	( )	圆括号	（表达式）/函数名（形参表）	左到右	
	.	成员选择（对象）	对象．成员名		
	- >	成员选择（指针）	对象指针- > 成员名		
2	-	负号运算符	- 常量	右到左	单目运算符
	(type)	强制类型转换	（数据类型）表达式		
	++	自增运算符	++ 变量名		单目运算符
	--	自减运算符	-- 变量名		单目运算符
	*	取值运算符	* 指针变量		单目运算符
	&	取地址运算符	& 变量名		单目运算符
	!	逻辑非运算符	！表达式		单目运算符
	~	按位取反运算符	~ 表达式		单目运算符
	sizeof	长度运算符	sizeof（表达式）		
3	/	除	表达式/表达式	左到右	双目运算符
	*	乘	表达式 * 表达式		双目运算符
	%	余数（取模）	整型表达式% 整型表达式		双目运算符
4	+	加	表达式 + 表达式	左到右	双目运算符
	-	减	表达式 - 表达式		双目运算符
5	<<	左移	变量 << 表达式	左到右	双目运算符
	>>	右移	变量 >> 表达式		双目运算符
6	>	大于	表达式 > 表达式	左到右	双目运算符
	>=	大于等于	表达式 >= 表达式		双目运算符
	<	小于	表达式 < 表达式		双目运算符
	<=	小于等于	表达式 <= 表达式		双目运算符
7	==	等于	表达式 == 表达式	左到右	双目运算符
	! =	不等于	表达式! = 表达式		双目运算符
8	&	按位与	表达式 & 表达式	左到右	双目运算符
9	^	按位异或	表达式^表达式	左到右	双目运算符
10	|	按位或	表达式 | 表达式	左到右	双目运算符
11	&&	逻辑与	表达式 && 表达式	左到右	双目运算符
12	||	逻辑或	表达式 || 表达式	左到右	双目运算符
13	?:	条件运算符	表达式 1? 表达式 2：表达式 3	右到左	三目运算符
14	= += -= *= /=	加减乘除 赋值	变量 加减乘除 = 表达式	右到左	

（续）

优先级	运算符	名称或含义	使用形式	结合方向	说明
15	<<= >>= & =^=	左移，右移，按位与，按位异或后赋值	变量左移 右移 按位与 按位以后 = 表达式	左到右	
	，	逗号运算符	表达式，表达式，…		从左向右顺序运算

表 A-3　字符串和 <string. h >

函　　数	说　　明
int strlen（s）	返回字符串的长度，不包括字符结束符 NULL
char * strcpy（s，t）	将 t（包括‘\0’）复制到 s 中，并返回 s
char * strcat（s，t）	将 t 连接到 s 的尾部，并返回 s
int strcmp（s，t）	比较字符串 s 和 t，根据字符的大小相应返回负数、0、正数
char * strncpy（s，t，n）	将 t 的前 n 个字符复制到 s 中，并返回 s
char * strncat（s，t，n）	将 t 的前 n 个字符连接到 s 的尾部，并返回 s
int * strncmp（s，t，n）	比较字符串的前 n 个字符，并返回相应值，大于 0，前者大，小于 0 后者大，等于 0，相等
char * strchr（s，ch）	返回字符 ch 在 s 中第一次出现的位置，若不存在，返回 NULL
char * strrchr（s，ch）	返回字符 ch 在 s 中最后一次出现的位置，若不存在，返回 NULL
char * strstr（s，cht）	返回子串 chr 在 s 中第一次出现的位置
char * strpbrk（s，cht）	返回子串 chr 中的任意字符在 s 中第一次出现的位置

表 A-4　内存操作相关函数表 <stdlib. h >

函数名	函数原型	功　能	返　回　值
malloc	void * malloc（size_ t size）;	malloc 一次只能申请一个内存区	成功，返回分配内存块的首地址；失败，返回 NULL
calloc	void * calloc（size_ t num，size_ t size）;	calloc 一次可以申请多个内存区	成功，返回分配内存块的首地址；失败，返回 NULL
memset	void * memset（void * buffer，int c，int count）;	初始化所指定的内存空间	返回指向 buffer 的指针
memcpy	void * memcpy（void * dest，void * src，unsigned int count）;	拷贝内存空间	指向 dest 的指针
memmove	void * memmove（void * dest，void * src，unsigned int count）;	拷贝（移动）内存空间	指向 dest 的指针
memcmp	int memcmp（void * buf1，void * buf2，unsigned int count）;	比较两个内存空间的字符	memcmp 会比较内存区域 buf1 和 buf2 的前 count 个字节 . memcmp 回根据 ASCLL 码表顺序依次比较 . 当 buf1 <buf2 时，返回 <0；当 buf1 = buf2 时，返回 0；当 buf1 >buf2 时，返回 >0
free	void free（void * p）	释放 p 所指空间	无

表 A-5 常用的数学函数表 <math. h >

函数名	函数的功能	返 回 值	函数的原型
abs	求整型 x 的绝对值	返回计算结果	int abs (int x);
acos	计算 COS^{-1} (x) 的值	x 应在 -1 到 1 范围内	double acos (double x);
asin	计算 SIN^{-1} (x) 的值	x 应在 -1 到 1 范围内	double asin (double x);
atan	计算 TAN^{-1} (x) 的值	返回计算结果	double atan (double x);
cos	计算 COS (x) 的值	返回计算结果，x 的单位为弧度	double cos (double x);
exp	求 e^x 的值	返回计算结果	double exp (double x);
fabs	求 x 的绝对值	返回计算结果	duoble fabs (double x);
floor	求出不大于 x 的最大整数	返回该整数的双精度实数	double floor (double x)
log	In x	返回计算结果	double log (double x);
pow	计算 x 的 y 次方的值	返回计算结果	double pow (double x, double *iprt);
rand	产生 -90 ~ 32767 的随机整数	返回计算结果	int rand (void);
sin	计算 SIN (x) 的值	返回计算结果，x 单位为弧度	double sin (double x);
sqrt	计算根号 x	返回计算结果，x 应 >=0	double sqrt (double x);
tan:	计算 TAN(x) 的值	返回计算结果，x 单位为弧度	double tan (double x);

附录 B Dev C ++ 的调试步骤

1. 调试的目的

对代码调试主要目的是找到程序的逻辑错误，通过程序的单步执行，开发者可以详细地观察到每一行代码的执行过程及变量的变化情况，以便找到错误！

2. Dev 调试过程

编译器设置：

步骤 1：开启 Dev 调试模式：打开“工具”→“编译选项”菜单，如图 B-1 所示。

步骤 2：从打开的对话框中更改“设置编译器配置”选项为 Debug，设置效果如图 B-2 所示。

步骤 3 ：从“代码生成/优化”选项切换到“连接器”选项，更改产生调试信息的选项为“Yes”，效果如图 B-3 所示。

3. 调试的步骤

代码调试的步骤大概有 5 步，下面详细说明。

步骤 1：添加断点（在需要添加断点的行，单击最前边的行号，出现红色√），断点调试初始效果如图 B-4 所示。

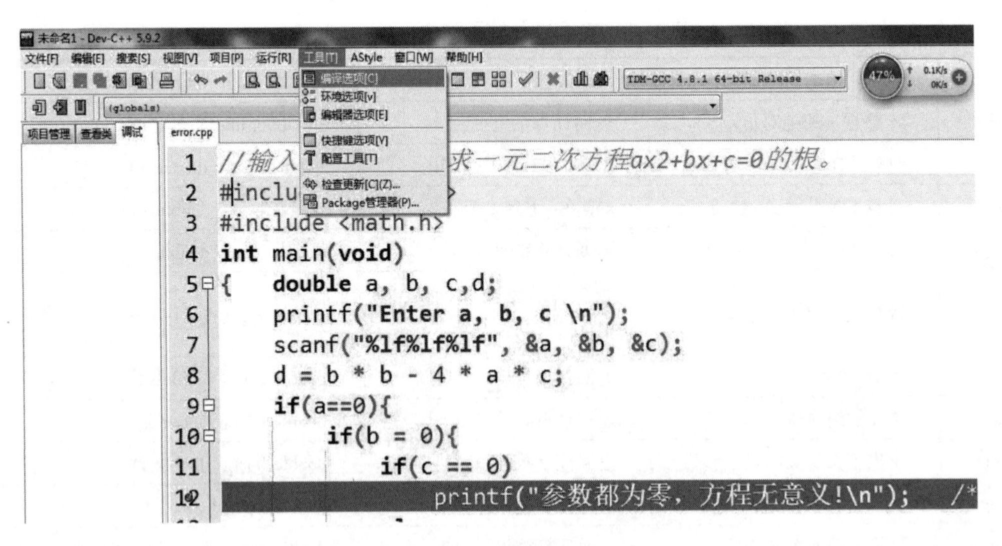

图 B-1　打开“编译选项”图

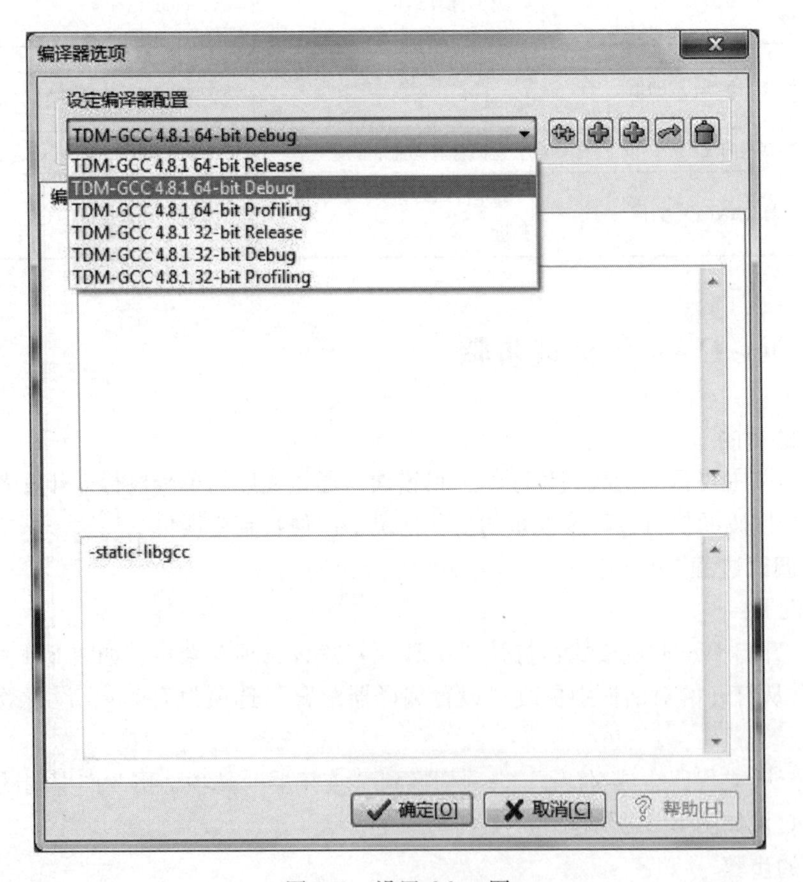

图 B-2　设置 debug 图

步骤 2：开始调试（单击下方调试或按下菜单“运行”→“调试”（F5）），如图 B-5 所示。

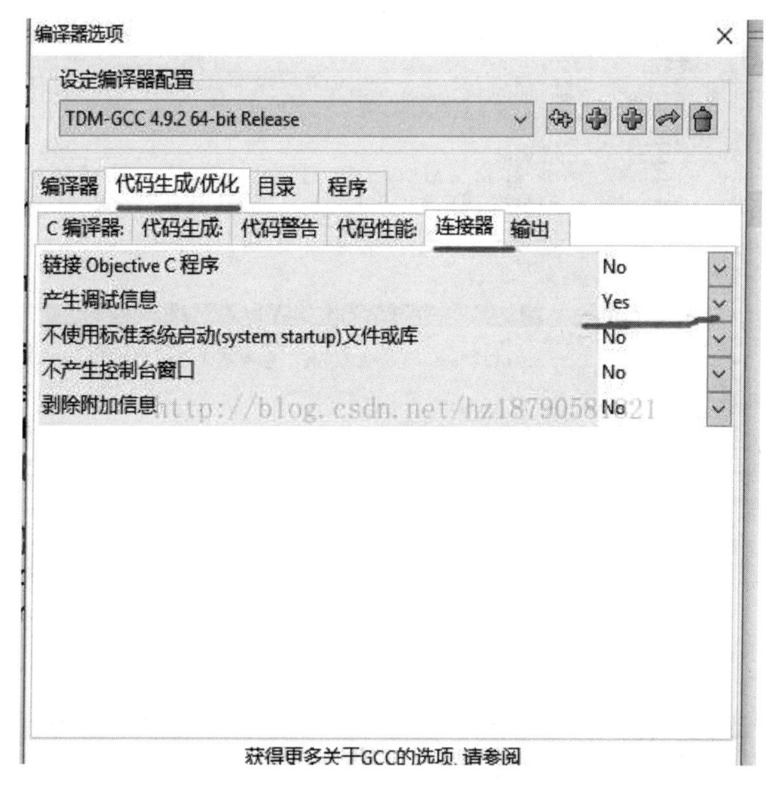

图 B-3　debug 设置成功效果图

```
4   int main(void)
5   {    double a, b, c,d;
6        printf("Enter a, b, c \n");
7        scanf("%lf%lf%lf", &a, &b, &c);
8        d = b * b - 4 * a * c;
9        if(a==0){
10           if(b = 0){
11               if(c == 0)
12                   printf("参数都为零，方程无意义!\n");    /*调试时设置断点*/
13               else
14                   printf("a和b为0，c不为0，方程不成立\n");
15           }
16           else
17               printf("x = %0.2f\n", -c/b);
18       }
19       else
20           if(d >= 0) {                                   /*调试时设置断点*/
```

图 B-4　断点设置初始图

步骤 3：按下调试后，出现蓝色箭头表示调试已经开始（注意：调试程序要先编译通过；断点前如有等待用户输入数据，要进行数据输入），如图 B-6 所示。

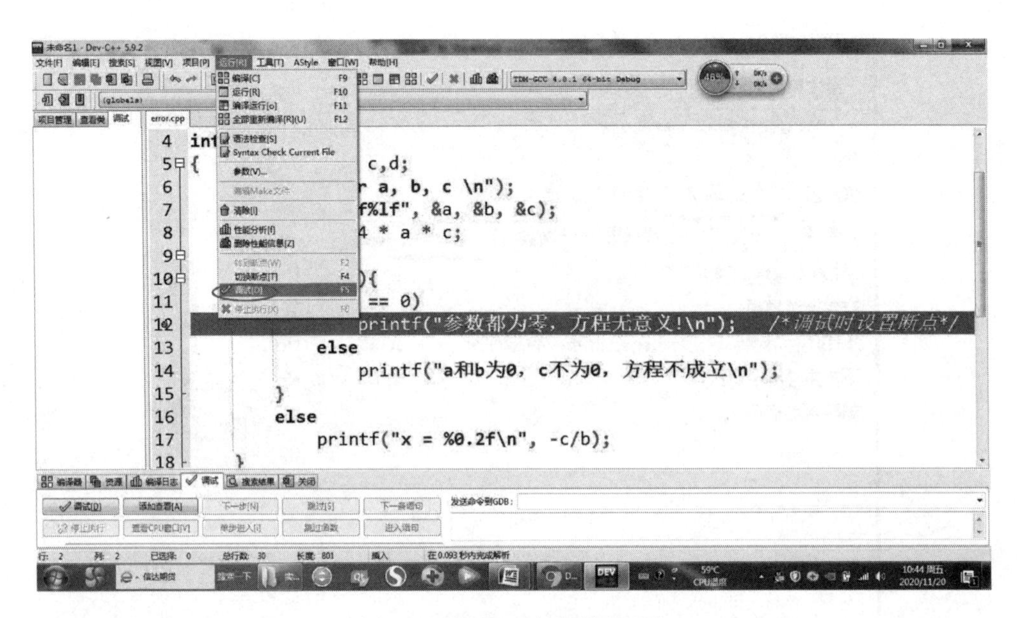

图 B-5　断点开始调试界面图

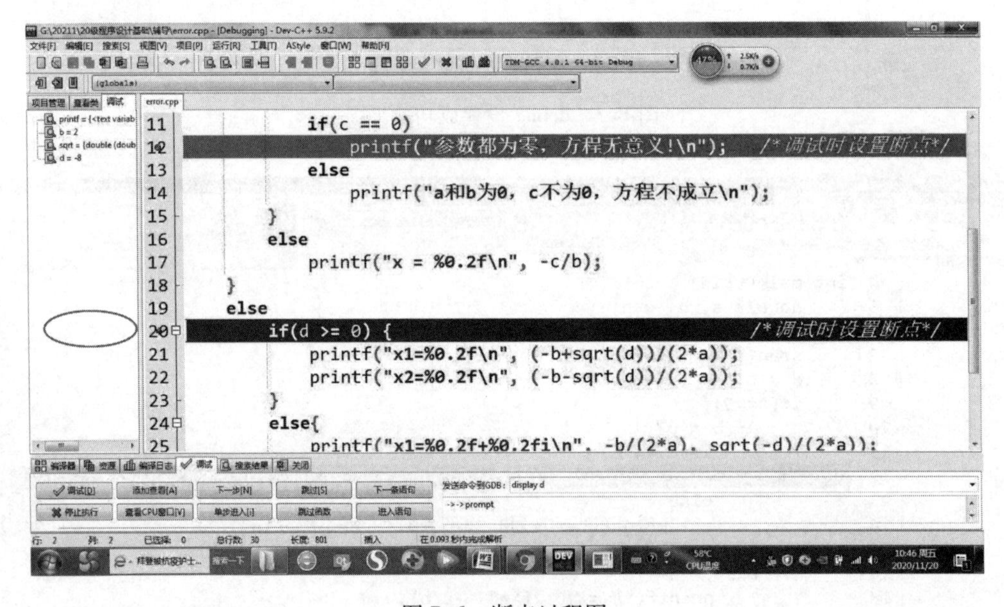

图 B-6　断点过程图

步骤 4：通过添加查看变量等，关注具体需要关注的变量，变量过程变化如图 B-7 所示，也可以通过菜单“工具”→“环境选项”，设置鼠标跟踪查看变量，如图 B-8 所示。

步骤 5：观察变量如何变化，单步执行调试的过程中如发现变量和预期不同，停止调试，找到了错误的原因，修改源代码，编译通过后可再次调试，直到出现预期结果，常用快捷键如下所示。

快捷键　F5　开始调试

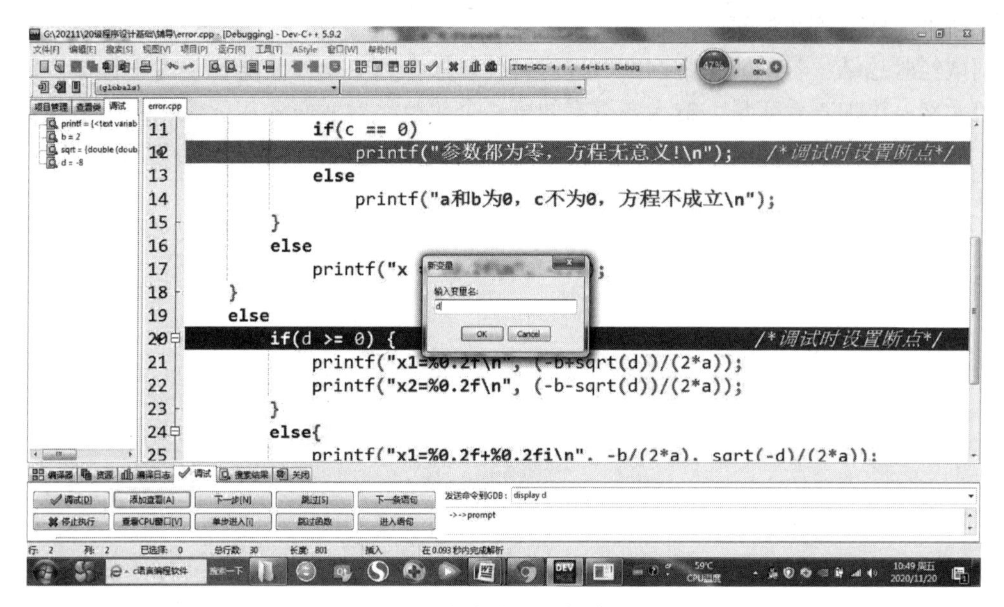

图 B-7　断点变量增加效果图

图 B-8　鼠标跟踪断点变量效果图设置

快捷键　F7　单步调试（运行下一步）

快捷键　F8　单步进入函数调试

快捷键　F9　停止调试

调试经验总结：若不能正常调试，试着将代码保存到 Dev 安装路径下后再调试。Dev 查看数组元素：添加查看变量，输入要查看的第一个数组元素 + @ 数组元素个数，假设数组 a 有 10 个元素，要查看数组所有元素在执行过程中的变化情况，只需添加查看 a[0] @10 即可。

参 考 文 献

[1] 张玉生. C语言程序设计案例式教程 [M]. 上海：上海交通大学出版社，2018.
[2] 何钦铭，颜晖，等. C语言程序设计 [M]. 北京：高等教育出版社，2015.
[3] 谭浩强. C程序设计 [M]. 北京：清华大学出版社，2017.
[4] 谭浩强. C程序设计习题解答与上机指导 [M]. 北京：清华大学出版社，2017.
[5] 武春岭. C语言程序设计基础 [M]. 北京：高等教育出版社，2014.
[6] 吴惠茹. 从零开始学C程序设计 [M]. 北京：机械工业出版社，2020.
[7] 郭伟青，赵建锋，何朝阳. C程序设计 [M]. 北京：清华大学出版社，2017.
[8] 李莉. C语言程序设计 [M]. 南京：南京大学出版社，2017.
[9] 陈维. C语言程序设计实训教程 [M]. 北京：人民邮电出版社，2018.
[10] 王春明. C语言程序设计与习题 [M]. 北京：中国铁道出版社，2016.
[11] 王淑琴. C语言程序设计教程 [M]. 北京：中国铁道出版社，2017.
[12] 颜晖，张泳. C语言程序设计 [M]. 北京：高等教育出版社，2020.